관광사업론
Tourism Business

제3판

관광사업론

고석면 · 고종원 · 김재호
서영수 · 유을순 · 정연국

Tourism Business

(주)백산출판사

머리말

을사년(乙巳年) 새해가 밝았다. 푸른 뱀(靑蛇)의 해라고 하며, 동양에서는 땅을 지키는 십이지신(十二支神) 중 하나로 지혜와 부귀의 상징으로 존중받아 왔다고 전해진다. 뱀을 상서로운 존재로 인식해 집과 마을을 지키는 수호신으로 여기고 있으니 관광을 발전시키는 행운이 도래(渡來)하기를 기대해 본다.

관광산업은 무공해 수출산업으로서 오랫동안 국가 발전에 공헌하여 왔다. 세계는 정보화의 지속으로 지구촌화되면서 한국의 K-culture는 세계인의 이목을 집중시켰고, 나아가 이미지를 높이고 국가 브랜드(brand)의 가치를 창출하는 데 크게 기여하였다. 이러한 홍보 활동으로 한국을 방문하고자 하는 관심도가 증가하게 된 것은 매우 고무적인 일이라고 생각한다.

그러나 관광의 현실은 어떠한가? 산업 환경의 급속한 변화와 정보화로 인하여 관광 분야의 생태계 또한 급변하고 있는 것이 오늘날의 추세이다. 한국은 저출산으로 인한 인구의 감소로 지방 소멸이라는 사회 환경에 직면해 있으며, 지방자치단체는 이러한 환경을 극복하고 지역의 관광을 발전시키고자 어려움을 견디는 각고(刻苦)의 노력을 다하고 있다.

관광객은 중요한 소비자라는 인식하에 관광객 행동과 소비자 트렌드(trends)

의 변화에 부응하는 상품개발 및 고품격 서비스를 제공하여 만족도를 높이고 관광을 활성화하기 위한 다양한 정책을 수립하여 추진하고 있다.

관광사업은 관광객을 대상으로 비즈니스를 하는 업종이다. 관광사업은 무한한 성장 가능성이 있다고 예견하지만 다양한 환경의 변화는 기회와 위험요인이 공존하기에 새로운 환경에 적응하기 위해 부단히 노력하고 있다.

관광사업은 관광객의 욕구를 이해하고 국민 모두의 가슴속에서 우러나오는 따뜻한 환대 정신이 필요하며, 관광객에 대한 미소와 친절, 예의를 갖추어 대하는 사업이라는 인식과 국민 모두가 관광사업자가 된다는 전환적 사고가 필요하다고 생각한다.

관광은 종합산업으로서 광범위하고 다양한 업종이 존재하는 복합 산업이며, 이러한 사업을 체계적으로 분류하여 정리하는 것은 매우 어려운 과제라는 생각이 든다. 그동안 관광이란 학문을 접하고 나름대로 생각하고 느낀 내용을 정리하고자 하였으며, 관광의 이론을 기초로 하여, 관광사업이라는 분야로 접근하고자 하였으나 많은 부분은 현실적인 내용을 제시하지 못해 아쉬움이 크기도 하다.

본 책이 출간될 수 있도록 도와주시고 조언을 해주신 분들에게 이 자리를 통해 감사의 말씀을 전하고자 하며, 지속적인 관심과 많은 조언을 부탁드린다.

2025년 1월

저자

차례

CHAPTER 03 관광발생과 관광행동 _63

CHAPTER 04 관광자원 _93

CHAPTER 05

관광사업 _123

CHAPTER 11 카지노와 국제회의 _303

CHAPTER 12 쇼핑과 정보사업 _331

CHAPTER 13 　관광과 환경 _355

CHAPTER

01

TOURISM
BUSINESS

관광의 이해

CHAPTER

01

관광의 이해

제**1**절 **관광의 의의**

1. 동양적 의미

일상적 용어로 사용되는 관광(觀光)은 요양·유람 등의 위락(慰樂)적 목적을 가지고 여행하는 것을 말한다.

관광이란 "빛나는 것을 직접 보는 것"이라고 직역(直譯)할 수 있으며, 자기 정주지를 떠나서 다른 곳의 문물, 풍습, 제도 등을 몸소 보고 체험하여 좋은 점을 선택하고 배워서 자기발전의 계기로 삼는 것을 의미한다.

동양에서의 관광은 중국의 주(周)나라 시대에 경전으로 집대성된 『역경(易經)』의 "觀國之光 利用賓于王(관국지광 이용빈우왕)"이라는 문구에서 찾아볼 수 있는데, 나라의 빛을 보게 하려면 무엇보다도 왕처럼 잘 대접해야 한다는 정신적인 사상이 있었다. 이 사상은 중국인들의 상술(商術)을 키워 오는 데 큰 동기가 되었다. 그후에 나온 『상전(象傳)』에도 이와 비슷한 "觀國之光 尙賓也(관국지광 상빈야)"라는 문구(文句)가 실려 있다. 이는 한나라(당시에는 봉건제후, 즉 노(魯)·연(燕)·제(薺) 등을 가리킴)의 광(光) 즉, 발전상(發展相)을 보러 간다는 것으로 그 나라의 풍속·제도·문물 등의 실정을 시찰하고 견문(見聞)을 넓힌다는 것을 의미한다.

한국에서 관광이라는 어휘가 최초로 사용된 것은 고려시대 예종 11년(1115)이었으며, 사회·문화적 활동으로서 '상국(上國)을 초빙하여 문물제도를 시찰하는 것'이었다. 조선시대에는 중종 6년(1511)과 정조 4년(1780), 헌종 10년에도 관광 또는 구경이라는 용어가 등장하였고, 유길준(兪吉濬)이 미국을 여행하고 지은 『서유견문(西遊見聞)』은 미국인들의 관광을 상세하게 설명하고 관광의 필요성을 역설하였다. 일제 강점기에는 관광지, 관광차 등과 같은 용어가 등장하고 있어 관광이라는 용어가 사용되었음을 알 수 있다. 그 후에도 관광의 어원에 관한 유래는 있었으며, 관광이라는 용어가 공식적으로 등장한 시기는 「관광사업진흥법」(1961년 8월 22일)의 제정, 공포라고 하겠다.

2. 서양적 의미

서구 사회의 관광은 수렵활동, 중세기 기사도(騎士道)의 구현을 위한 심신 수련, 문물이 발달한 로마, 파리 등의 도시로 유학하는 목적이었으며, 종교적 관점의 성지(聖地)순례, 종교 학교 등으로 여행하는 것이었다.

관광을 표현하는 투어리즘(tourism)은 영국 스포츠 월간 잡지 『Sporting Magazine』(1811)에서 처음 사용하였으며, 투어(tour)의 파생어로서 라틴어의 투르누스(turnus)가 턴(turn)으로 변하여 돌아다닌다 또는 회유(回遊)한다는 이른바, 소풍(逍風)이나 여행한다는 뜻으로 인식되었다.

그러나 제2차 세계대전 이후 여행이라는 동기와 형태가 구경이라는 의미에서 어떤 '명백한 목적의식을 갖는 행위'로 변화되었으며, 세계관광기구(UNWTO : World Tourism Organization)에서는 관광을 소비행위와 여행목적의 생활주기(life-cycle)성이 종합적으로 표현되는 트래블(travel)이라는 용어를 사용하기도 하였다.

관광(투어리즘, tourism)이란 경제적인 소비와 여행목적만을 가지고 이루어지는 행위가 아니라 생활제일주의 시대에 맞는 건전하면서도 효과적이고 참여적인 여행이라는 의미이다. 오늘날 관광의 의미는 여러 국가를 순회·여행하는 것을 가리킨다. 투어리즘이란 관광을 뜻하며 인간의 사회적 행동을 의미한다. 여행자에게 관광욕구를 자극하는 표현뿐만 아니라 여행, 호텔, 교통 등 다른 산업의 경제활동까지 포함한 관광사업을 지칭하는 경우도 있다.

관광이란 관광객의 이동 및 체재로 인하여 발생되는 경제·사회·문화·환경적인 측면에서의 여행을 지칭하며, 행위란 이동과 체재 중에 발생하는 여러 가지 오락 및 활동을 말한다.

제 **2** 절 **관광의 개념**

1. 관광개념에 대한 정의

개념에 대한 사전적 의미는 "사물현상에 대한 일반적인 지식이나 관념" 또는 "개개의 사물로부터 비본질적인 것을 버리고 본질적인 것만을 추출해 내는 사유(思惟)의 한 형식"이라고 기술하고 있다.

> **개념의 정의**
>
> 개념이란 첫째, 어떤 말이나 뜻을 명백히 밝혀 규정하는 일 둘째, 논리학적으로 어떤 의미가 포함되어 있는지를 해석하고 규정하는 일이다. 따라서 개념은 여러 가지 속성 가운데 본질적인 속성을 듣고 이해하며 다른 개념과 구별하여 그 의미를 한정하는 일이라 기술하고 있다.

흔히 우리는 어떤 사실이나 현상의 개념에 대해 규정한다고 하지만 그것을 어떻게 정의해야 할 것인가에 대해 고민하게 된다.

버카르트와 메드릭(A.J. Burkart & S. Medrick)은 관광의 개념을 정확하고 명확하게 규정해야 하는 이유를 다음과 같이 제시하였다. 첫째, 연구목적 둘째, 통계목적 셋째, 입법 및 행정목적 넷째, 산업목적. 이러한 목적은 관광을 여러 관점에서 활용하기 위한 것이라고 할 수 있다.

관광개념에 대한 학자들의 일반적인 학설과 일반적으로 규정한 정의는 관광이 일상 생활권을 떠나 타 지역으로 이동하는 행위 및 체재로 인해 발생되는 모든 현상이다. 이때 관광으로 인한 현상을 체계적으로 검토하고, 그 의미가 내포하는 범위를 정해서 정의를 내리는 것이 필요하다.

관광을 일반인들이 쉽게 이해하고 접근할 수 있도록 개념을 규정할 것인지, 관광의 학문적 체계를 정립하기 위한 학술적인 개념으로 규정할 것인지를 먼저 고려해야 하며, 관광의 개념을 정의하기 위해서는 다음과 같은 사항을 고려해야 한다. 첫째, 가급적 일상적 관점에서 용어를 이해하고 둘째, 동서고금의 저명한 학자가 정립한 개념 규정을 참고로 할 것이며 셋째, 규정된 개념이 학문적·지식적으로 이용하기 쉽도록 정의해야 한다는 것이다.

최근 들어 관광의 개념에도 정치, 경제, 사회, 문화, 환경 등의 모든 현상과의 연관성이 포함되어야 한다는 인식이 확산되면서 관광분야도 연구해야 할 대상과 범주가 지속적으로 확대되고 있다는 것을 의미하고 있다.

2. 관광개념에 대한 학자들의 정의

관광의 개념으로는 "즐거움을 추구하는 여행(travelling for pleasure)"이 널리 통용되고 있으며, 여행이란 사람이 공간적으로 이동하는 것으로서 정주지(定住地) 또는 일상 생활권으로부터 일시적으로 떠나 다른 곳으로 이동하는 것을 말한다.

관광의 정의는 국가, 시대의 변화 또는 학자에 따라 매우 다양하게 사용되어 왔기 때문에 관광의 개념을 간단명료하게 정의하는 것이 쉬운 일은 아니다. 그러나 관광 개념에 대한 정의는 관점에 따른 차이는 있지만 내용에 있어서는 유사한 면을 보여주고 있다.

관광개념에 대한 학자들의 정의

학자	정의
슐레른(H. Schülern, 1911, 독일)	일정한 지역·주 혹은 타국에 여행하여 체재하고, 다시 돌아오는 외래객의 유입(流入)·체재 및 유출(流出)이라는 형태를 취하는 모든 현상과 그 현상에 직접 결부되는 모든 사상, 그 가운데서도 특히 경제적인 모든 사상을 나타내는 개념이다.
마리오티(A. Mariotti, 1927, 이탈리아)	외국인 관광객의 이동을 관광의 개념으로 규정하였다.
보르만(Artur Bormann, 1931, 독일)	견문·휴양·유람·상용 등의 목적을 갖거나 혹은 그 밖의 이유인 특수한 사정에 의하여 정주지에서 일시적으로 떠나는 여행은 모두 관광이라고 할 수 있다고 규정하였는데, 다시 말하면 관광이란 정착하지 않은 지역에서 일시적인 체재를 목적으로 그 지역까지의 거리를 이동하는 인간의 활동이라고 정의하였다.

푀슐(Arnold Ernst Pöschl, 1962, 독일)	인류의 이동현상을 관광으로 규정하고 인류의 이동설(移動說)을 주장하였다.
베르네커 (P. Bernecker, 1962, 오스트리아)	『관광원론』에서 "상용 혹은 직업상의 여러 이유로써 이동하는 것이 아니라 일시적 또는 개인의 자유의사에 의해서 타 지역으로 이동한다는 사실과 결부된 모든 관계 또는 모든 결과를 관광이라고 정의하였다.
츠다 노보루 (津田昇, 일본)	사람이 일상 생활권을 떠나서 다시 돌아올 예정 아래 다른 나라 또는 다른 지역의 문물, 제도 등을 시찰하거나 풍광(風光)을 관상(觀賞) · 유람(遊覽)할 목적으로 여행하는 것이라고 정의하였다.
이노우에 만수조우 (井上萬壽藏, 일본)	인간이 일상생활을 떠나 다시 돌아올 예정 아래 이동하여 정신적 위안을 얻는 것이라고 정의하고, 정신적 위안이 관광의 본질이며, 관광의욕이란 것은 정신적 위안을 구하는 마음이라고 주장하였다.

마리오티의 『관광경제강의』

이탈리아의 관광사정(事情), 관광통계, 선전, 통신, 운수 및 교통기관, 직업교육, 호텔산업, 지역개발과 체재 및 관광을 위한 기지, 여행알선업, 관광흡인(吸引) 중심지의 이론 등에 관한 내용이다.

푀슐(Pöschl)의 관광의 발전법칙

푀슐은 관광의 발전법칙으로 발전의 교체(交替)법칙, 중력(重力)과 원심력(遠心力)의 법칙, 한계생산력(限界生産力)의 법칙을 제안하였다.

- 발전의 교체(交替)법칙 : 관광은 이동을 전제로 하며, 이동을 담당하는 교통수단의 발전은 사람의 이동을 급속도로 증가시켜 관광객도 급격히 증가한다는 법칙으로 주로 기술적 발전이 관광발전에 기여한다는 연관성을 설명하는 원리이다.

- 중력(重力)과 원심력(遠心力)의 법칙 : 사람들이 대도시로 유입(流入)되는 것은 사회적 현상으로 대도시 집중으로 인한 교통난, 소음 등으로 인한 스트레스가 심화되어 조용하고 공기가 좋은 곳으로 멀리 떠나려고 하는 사람의 심리적인 현상을 설명하는 원리이다.

- 한계생산력(限界生産力)의 법칙 : 관광상품의 생산과 공급에 있어서 관광은 상품이 이동하는 것이 아니라 사람이 이동하는 현상이다. 따라서 관광객이 급속하게 증가하여도 공급요소인 교통, 숙박 등을 공급하기 어려워 생산하는 데 한계점을 가지고 있다는 것이다. 이 법칙은 경제학적 측면에서의 원리라고 할 수 있다.

3. 관광개념에 대한 관점

1) 경영 · 경제적 관점

　관광의 정의를 사업적 · 경제적 현상으로 범위를 한정시키는 것으로 관광의 주체인 관광자를 경제단위 내지 소비단위로 인식하여 경영 · 경제적 관점에서 접근하는 것이다.

경영 · 경제적 관점

학자	정의	관점
매킨토시 (McIntosh)	여행자를 유인하고 수송하고 숙박시키며, 관광객의 요구와 욕망을 충족시키고자 하는 사업	관광주체를 산업으로 보면서 관광객의 요구와 욕구를 충족시켜 주는 것
오길비 (Ogilve)	1년을 넘지 않는 일정 기간 동안 집을 떠나 여행지에서 취득한 것이 아닌 돈을 소비하는 활동	비경제적 소비행동 강조
다나카 기이치 (田中喜一)	정주지를 떠나 체재지에서 향락(享樂)적 소비생활을 하는 것	금전적 지출을 강조

2) 통계 · 기술적 관점

　관광객의 이동에 따른 관광객 수 현황과 소비액, 관광수지를 산정하여 통계를 작성하기 위한 방법으로 접근하는 것이며, 행정을 담당하는 기관이 정책을 수립하거나 집행하기 위하여 실무적 차원에서 정의하는 것이다.

　특히 세계관광기구(UNWTO), 경제협력개발기구(OECD) 등과 같은 국제기구에서 관광객의 입국자 수, 소비액, 체재기간, 관광의 목적 등 통계적 차원을 중요시하는 관광의 정의라고 할 수 있다.

3) 단일 학문적 관점

　관광현상에 대하여 종합적인 학문의 적용이 아닌 하나의 학문적 관점에서 특징을 규명하는 정의이다. 관광의 특징을 사람들의 욕구를 중시하며, 일시적 이동과 체재, 휴식, 스트레스 해소, 문화적 동기, 교육적 관심, 자아실현과 같은 요소들이 개념에 도입된 단일 학문적 관점에서 접근하는 것이다.

단일 학문적 관점

학자	정의	관점
코헨 (Cohen)	관광은 일시적이며 자발적인 여행으로서 비교적 먼 비거주적인 지역까지 이동하여 귀환을 목적으로 여행하는 동안 신기함과 변화에 대한 즐거움을 기대하며 여행하는 행동	준거기준(자발성 여부, 여행기간, 여행 거리, 여행 빈도, 일반적 목적, 특정 목적 등)
메디싱 (Medicin)	사람이 기분전환을 하고 휴식을 하며 인간생활의 새로운 국면이나 미지의 자연과 접함으로써 경험과 교양을 넓힌다거나 정주지를 떠나 체재함으로써 성립되는 여가활동의 일종	관광을 여가활동의 일종으로 인식

4) 현상학적 관점

관광객이 관광하면서 발생할 수 있는 다양한 현상에 초점을 두고 현지주민과 관광객의 상호작용으로 발생되는 현상을 중요한 관점으로 연구하기 위한 접근방법이다.

현상학적 관점

학자	정의	관점
훈치커와 크라프 (W. Hunziker & K. Krapf)	소득과 관계없이 영구히 정주하지 아니할 목적으로 이동하여 여행기간 동안 비거주자의 여행으로부터 생기는 현상과 관계의 총체	관광객의 비경제적 여행목적 강조
글뢱스만 (R. Glücksman)	일시적으로 체재지에서 체재하는 사람과 관광 지역주민 사이의 여러 관계의 총체	관광객과 지역주민 사이의 상호작용

5) 체계 · 분석적 관점

관광행동은 복합적인 요인들이 작용하며 관광주체인 관광자를 중심으로 발생하는 복잡 다양한 여러 가지 현상과 이로 인한 환경적 측면을 모두 포함시키려는 정의라고 할 수 있다. 체계 · 분석적 관점이란 관광은 관광객과 관광사업(관광서비스)과의 관계, 관광객과 관광대상 지역과의 관계, 관광객, 관광대상 지역, 공공부문(정책수립 당국) 사이의 연계와 같은 일련의 교차관계로써 파악하는 것이다.

체계·분석적 관점

학자	정의	관점
자파리 (Jafari)	일상 생활권을 떠난 관광객, 관광객의 욕구에 상응하는 산업 그리고 관광객과 관광산업의 양자가 사회·문화적 및 물리적 환경에 미치는 영향에 관하여 연구하는 것	관광을 관광객, 관광산업, 관광영향을 중심으로 파악
레이퍼 (Leiper)	여행기간 동안 보수를 목적으로 하는 고용활동을 제외하고 인간이 일상거주지를 떠나 자유로이 여행하여 1박 이상 일시적으로 체류하는 것을 내용으로 하는 하나의 시스템	시스템 구성요소(5가지) : 관광객, 배출지, 교통루트, 목적지, 관광산업

제3절 관광의 유사개념

1. 여가와 관광

관광이 인간생활의 일부분이라고 볼 때, 여가활동과 밀접한 유사성을 지니고 있다. 인간의 생활시간을 구분하는 방식에는 여러 가지가 있을 수 있겠으나, 여가(leisure)는 인간생활의 구속적, 제약적 형태로부터 벗어난 자유로운 시간으로서 개인이 자유선택에 의해 활동할 수 있는 시간이다.

영어에서 여가(leisure)의 어원은 정지, 중지, 평화 및 평온을 뜻하는 그리스어의 스콜레(scole)와 아무것도 하지 않음을 뜻하는 로마어의 오티움(otium), 그리고 여유가 있는, 자유로움을 뜻하는 불어의 루와지(loisir), 라틴어의 리세레(licere)에서 유래하고 있다. 이들 어원은 모두 생활에서 구속이나 억압 없이 자유로이 활동할 수 있는 시간을 의미한다.

여가는 크게 시간적 의미로서의 여가, 활동적 의미로서의 여가, 시간·활동적 의미로서의 여가로 분류되기도 하고 정신적 활동을 중시하는 주관적 정의와 시간의 계량화를 중시하는 객관적 정의로 대별되기도 한다. 프랑스의 여가사회학자 듀마즈뒤에(Dumazedier)는 개인이 직장·가정·사회적 제약에서 벗어나 휴식, 기분전환, 지식의 넓힘, 자발적인 사회참여, 자유로운 창조력의 발휘를 위하여 행동하는 임의적 활동의 총체로 규정하고 있다.

여가와 관광의 관계에 있어서 여가를 자유시간과 동일시하는 경우가 있으나 관광연구에 있어 여가는 자유시간과 동일 개념일 수는 없다. 여가활동이 자유시간에 이루어질 수는 있지만 비(非)자유시간에도 여가가 행해질 수 있다는 점에서 유의할 필요가 있다. 따라서 여가와 관광의 관계는 시간적·활동적인 관점에서 함수관계가 있으며, 관광을 광의의 여가활동의 일종으로 보는 견해가 많다고 할 수 있다. 다만 관광은 공간적 이동을 전제로 하는 데 비하여 여가는 이러한 요소를 규정하고 있지 않을 뿐이다.

2. 레크리에이션과 관광

레크리에이션(recreation)은 보통 오락(娛樂)이라고 표현하는데, 이 말은 라틴어의 레크레티오(recreatio)에서 비롯된 것으로 '회복시키는' 또는 '새롭게 하는'이라는 뜻이다. 그러나 본질적 의미는 단순한 오락(entertainment)이 아니고 원기 회복과 재생을 내포하고 있다. 오락은 개념적 측면에서 여가와 밀접한 관계가 있으나 여가는 시간적 의미를 포함하는 데 비하여 오락은 어떤 종류의 활동을 지칭하는 것으로 인식하고 있다.

오락은 각자가 어떠한 구속도 받지 않는 시간에서 자발적 참여를 통하여 만족과 흥미를 얻게 되는 동시에 사회·문화적으로 어떠한 가치나 의미를 부여하는 여가활동의 하나이다. 오락은 사회생활에 유익한 효과가 있으며, 나아가 재(再)생산력을 창출하는 기능이 있다.

오락은 여가시간 내의 활동으로서 실내(室內)오락과 실외(室外)오락으로 구분할 수 있으며, 실내오락이 집안과 건물 내에서 행해지는 여가활동이라면 실외오락은 넓은 공간적 범위와 많은 자원요소가 필요하다는 점에서 관광과 유사점을 갖고 있다고 할 수 있다.

3. 놀이와 관광

놀이(play)는 하고 싶은 것에 자발적으로 행동하는 모든 종류의 활동이다. 따라서 관광을 규정하고 관광현상을 이해하는 데 유사한 개념으로 유용하게 활용하고 있다.

놀이는 자기표현인 동시에 인간의 본질적 행동이라고 할 수 있다. 인간의 본질을 '놀이하는 인간'으로 규정한 요한 하위징아(Johan Huizinga)는 『호모 루덴스(Homo Ludens)』(1938)에서 놀이는 자유에 기초를 두고 있으며, 정신의 자유를 찾기 위한 것이고, 창작의 자유에 호감을 부여하는 것으로써 놀이의 특징을 다음과 같이 제시하고 있다.

- 놀이는 그 자체가 자유로움이다.
- 놀이는 일상생활로부터의 일시적 일탈(逸脫)에서 시작된다.
- 놀이는 정해진 시간과 공간 속에서 진행된다.
- 놀이의 장(場)에는 하나의 고유한 절대적 질서가 지배한다.
- 놀이는 긴장을 해소하기 위하여 행해진다.

호모 루덴스(Homo Ludens)

놀이하는 인간, 노는 인간을 지칭하는 용어로서 인간은 놀면서 행복을 추구하는 존재이며, 삶을 놀이로 만드는 것이 인간의 의무이자, 성공의 길이며, 행복의 길이 될 수 있다는 의미이다. 우리의 시대보다 더 행복했던 시대에 인류는 자기 자신을 "호모 사피엔스(Homo Sapiens : 합리적인 생각을 하는 사람)"라고 불렀다. 그러나 세월이 흐르면서 우리 인류는 합리주의와 순수 직관론(直觀論)을 숭상했던 18세기 사람들의 주장과 달리 합리적인 존재가 아니라는 것이 밝혀졌다.

이상과 같이 놀이는 인간의 자기표현이며, 기분전환과 에너지 재창조로서 관광의 내용적 본질 또한 놀이의 본질에서 찾을 수 있다. 따라서 관광은 놀이의 한 가지 현상으로 행동 내면에는 자유성이 있는 것으로 인식할 수 있다.

관광과 유사개념 간의 관계

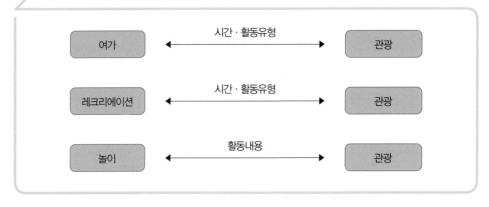

4. 여행과 관광

여행(travel)의 개념을 이해하기 위해서는 먼저 어의(語義)인 한자를 이해할 필요가 있다. 여(旅)에는 움직임의 뜻이 내포되어 있으며, 행(行)은 여행의 본질인 이동을 의미하는 것으로 여행의 개념은 '어느 곳을 다니면서(行), 두루 보고, 즐기는 것이다.

일본의 스에타게(末武直義)는 여행을 관광행위의 기초현상으로 파악하고 인간의 이동을 이주(migrant)와 여행(travel)으로 구분해서 정의하였다.

서양에서 여행(travel)의 개념은 반드시 먼 곳으로 가지 않고 단순히 가다(go), 나아가다(proceed) 등의 의미가 있으며, 여행(travel)이라는 말은 걱정·고생·노고(trouble)나 고통·힘든 일(toil)과 같은 어원인 고생·고역(travail)에서 파생된 말이다.

따라서 광의의 여행은 한 곳에서 다른 곳으로의 이동행위(the act going from one place to another)라고 할 수 있으며 협의의 여행은 오늘날의 관광과 거의 같은 개념으로 '일상생활과 관련 없이 정주지를 떠나서 다시 정주지로 돌아오는 동안의 모든 체험과정의 총체'라고 정의할 수 있다. 다만 여행과 관광의 차이는 관광은 다분히 위락적인 목적이 내포되어 있으나 여행은 위락적인 목적이 아니라는 점이다.

제4절 관광의 효과

1. 경제·산업적 효과

1) 경제발전 기여

관광의 경제적 측면이란 관광객의 이동으로 관광배출 지역 및 관광목적지의 경제에 미치는 경제적인 편익(economic benefit)을 의미한다. 관광배출국 입장에서 보면 관광객의 이동 증가는 국가 간, 지역 간의 인적 교류라는 일면이 있을 뿐만 아니라 국제수지가 흑자일 때 자국의 통화팽창을 방지하고 나아가 인플레이션을 억제하여 국민경제의 안정화를 도모할 수 있는 수단으로 활용될 수도 있다.

케인스(J.M. Kyenes)나 스미스(Adam Smith)는 국민경제에서 화폐의 취득을 중요시하였기 때문에 중상주의자(重商主義者)들과 같이 화폐가치 존중설에 의해서 자본을 으뜸으로 간주하였다.

이것은 외래객을 접대하는 효과가 상품무역과 같이 존중된다는 뜻이며, 새뮤엘슨(P.A. Samuelson)은 관광객이 소비하는 숙박비, 운송비, 기념품 구입비용과 같은 금전은 일정한 곳에 머무는 것이 아니라, 그 지역과 국가의 경제에 간접적인 소득효과를 나타낸다고 하였다.

관광이 경제발전에 기여한다는 연구는 미국 상무부(Department of commerce)와 아시아·태평양관광협회(PATA : Pacific Asia Travel Association)가 공동으로 가맹국가(17개국)에 대하여 실시(1958~1960)한 조사보고서인 "태평양·극동지역에 있어서의 관광사업의 장래"에 나타나 있다.

> **체키 리포트(Cheki Report)**
>
> 연구 보고서는 체키 회사에 의뢰하여 연구 보고되었기 때문에 체키 리포트(Cheki Report)라고 한다. 연구주제는 "태평양·극동지역에 있어서의 관광의 미래(The Future of Tourism in the Pacific and Far East)"(1962)이다.

관광으로 소비한 화폐의 회전 및 승수(乘數)효과를 분석해 본 결과 경제외적인 여건에 따라 일정하지는 않지만 당초에 소비한 돈은 1년 동안에 3.2회 내지 4.3회 정도 회전하는 것으로 나타난다.

관광객이 소비하는 여러 형태들은 그 최초의 소비가 점증적으로 회전하여 이른바 승수효과를 가져오며, 여러 부문으로 파급되어 간다는 것이다.

> **아시아 · 태평양관광협회(PATA)의 승수효과**
>
> 각 지역별 승수효과의 비교에 의하면 한국(3.2-4.3), 그리스(1.2-1.4), 하와이(0.9-1.3), 버뮤다(0.86-2.89), 카리브해(0.58-0.88)의 승수효과가 있는 것으로 나타났다.

2) 국제수지의 개선

국제수지(國際收支)란 거래관계에서 한 국가의 수입과 수출을 표시하는 회계 개념의 일종으로 경제와 관련된 상황을 파악하는 것이 목적이다.

관광객의 유치를 통한 외화획득의 목표는 부존자원 및 기술자본이 빈약하여 상품 수출이 어려운 국가에서 관광의 활용은 외화수입의 주요한 수단이 되고 있다. 부존자원이 부족하여 원자재를 대부분 수입에 의존하는 국가에서는 관광객 유치를 통한 국제수지를 개선하는 데 매우 중요한 의미가 있으며, 무역의 역조현상을 보전(補塡)하는 데 기여하고 있다.

일부 국가에서는 국제수지의 균형적인 달성을 위해 다양한 제한조치를 취하고 있다. 세계관광기구(UNWTO)가 발간한 『국제관광의 경제적 고찰』(1966)에서는 "나라의 국제 관광수지를 해결하기 위하여 자국민(自國民)의 해외여행을 극도로 제한하는 것은 어리석은 태도이며, 외국인의 유치 증진에 노력하여 관광수입을 증대시켜 나가는 것이 좋다"라고 하였다.

> **국제수지(國際收支)**
>
> 국제수지는 경상수지(經常收支)와 자본·금융 계정으로 분류한다. 경상수지는 상품수지가 핵심이며 상품의 수출과 수입의 거래에 대한 차이를 말한다. 서비스 수지는 여행, 운수, 통신서비스, 보험서비스, 특허권 사용료 등 서비스 거래로 인한 수입과 지출의 개념이다.

산업별 외화가득률 현황

산업별	상품	외화가득률(%)	순위
농림어업 및 광업	농림수산품	82.0	9
	광산품	83.6	7
제조업	음식료품	71.0	14
	섬유 및 가죽제품	65.6	17
	목재 및 종이 제품	60.6	22
	인쇄 및 복제	77.3	11
	석유, 석탄 제품	26.0	28
	화학제품	50.3	25
	비금속 광물제품	64.6	19
	제1차 금속	46.7	26
	금속제품	64.3	20
	일반기계	65.5	18
	전기 및 전자기기	50.4	24
	정밀기기	62.7	21
	수송장비	60.6	23
	기타 제조업 제품	66.9	16
전력, 가스 및 건설업	전력, 가스 및 수도	45.3	27
	건설	75.3	13
서비스업	도매	86.2	5
	운수 및 보관	75.6	12
	통신 및 방송	84.0	6
	금융 및 보험	91.3	1
	부동산 및 사업 서비스	91.0	2
	공공행정 및 국방	87.0	3
	교육 및 보건	86.9	4
	사회 및 기타 서비스	81.1	10
	기타	69.2	15
	관광산업	83.3	8

주 : 1. 산업별 분류는 한국표준산업분류(KSIC : Korean Standard Industrial Classification)를 기본적으로
　　　하였으나 최근의 산업분류와는 다소 차이가 있음
　　2. 관광산업에는 소매업(관광쇼핑), 식음료, 숙박업, 관광교통, 운수보조업, 차량 임대업, 여행업, 문화예술
　　　공연, 운동경기, 오락 및 유흥을 관광산업의 범주에 포함한 것임. 순위는 외화가득률을 기준으로 하여
　　　산정하였음
자료 : 이강욱, 관광산업의 경제효과 분석(2009년 산업 연관표 기준), 한국문화관광연구원, 2011, p.49를 참
　　　고하여 작성함

한국과 같이 부존자원이 부족하여 원자재를 대부분 수입에 의존하는 국가에서 외화가득률은 매우 중요한 의미가 있으며, 관광이 부가가치가 높은 산업이라는 것을 의미한다.

> **외화가득률(ER : Exchange Rate)**
>
> 관광외화수입(TE : Tourism Earning) – 획득을 위한 소비액(E : Expenditure)/관광외화수입
> (TE : Tourism Earning) ×100

한국문화관광연구원의 연구에 의하면 관광산업과 농림수산 및 광산업, 제조업, 전력가스 및 건설업, 서비스 등과 외화가득률을 비교해 보면 금융 및 보험(91.3%), 부동산 및 사업 서비스(91.0%), 교육 및 보건(86.9%), 통신 및 방송(84.0%) 등의 순으로 나타나고 있으며, 관광산업의 경우 비교적 높은 외화가득률을 보이고(83.3%) 있으며, 제조업보다 수입의존도가 낮은 고부가가치를 창출하는 산업으로 나타나고 있다.

3) 고용창출효과

고용창출효과란 관광부문의 승수효과로서 관광객의 소비지출이 얼마만큼의 고용기회를 증대시켰는지를 말하며, 구체적으로 관광소비 증가를 통해 창출되는 직·간접적인 고용 그리고 고용 유발효과를 의미한다.

세계여행관광협회(WTTC : World Travel & Tourism Council)는 전 세계 여행·관광산업(2023)이 코로나19 팬데믹(pandemic, 대유행) 이전 수준을 완전히 회복하지는 못해도 거의 근접할 것으로 전망했는데, 여행·관광부문의 일자리(3억 3천만 명)도 2019년의 95% 수준까지 회복되었으며, 2033년 고용규모는 글로벌 전체 일자리(12%) 수준(4억 3천만 명)에 이를 것으로 전망하고 있다.

산업의 활성화는 고용증대와 소득창출을 가져오는데, 관광산업은 노동집약적 측면이 높기 때문에 고용효과도 크다. 다른 산업부문의 잉여 노동력을 관광사업

부문이 흡수하여 고용·소득효과를 극대화함으로써 국민생활의 안정에 기여하는 기능을 하기도 한다.

한국문화관광연구원의 관광산업의 경제효과 분석(2009)에 의하면 관광산업의 고용유발승수(0.0120)는 전체 산업의 평균(0.0098)보다 상회하고 있으며, 제조업 평균(0.0074)보다 높아 관광산업이 노동집약적인 산업임과 동시에 신규 고용 창출에 유리한 산업이라는 것을 입증하고 있다.

노동 유발효과(2021년 6월 21일 공보 2021-06-26호)

한국은행의 보도자료(2021)에 의하면 고용유발 계수(2019)는 서비스(9.2명), 건설(8.4명), 광산품(7.3명), 공산품(4.7명), 농림수산품(4.2명)으로 조사되었으며, 소비액(10억 원)에 의한 부문별 취업유발계수는 농림수산품(25.0명), 서비스업(12.5명), 건설(10.8명), 광산품(8.9명), 공산품(6.2명) 순으로 나타나 서비스 취업유발계수는 공산품(6.2명)보다 2.02배 높은 것으로 나타났다.

관광산업은 인적서비스를 바탕으로 미래 일자리는 관광산업 내 혁신의 원동력이며 경쟁력 강화의 주요 수단이 되고 있다. 4차 산업혁명으로 인하여 새로운 패러다임(paradigm)으로 전환되고 있으며, 산업 간 융·복합의 경계 영역이 확대되고 있으며, 관광과 관련된 직업도 다양해지고 있다.

관광산업에서도 기술기반의 사업체가 증가하고 있는데, 디지털(digital) 전환은 일자리 정책의 새로운 방향이 필요하게 되었으며, 관광분야의 인력을 디지털로 전환하는 것을 촉진하고, 역량을 강화하며, 관광과 기술이 융합된 분야의 일자리 창출을 지원하는 정책을 추진하고 있다.

한국의 일자리 전망은 사업의 특성에 따라 증가하거나 감소하게 되는 업종이 있으며, 기술의 발전으로 상품과 서비스의 유통이 플랫폼 기반으로 변화하고 있고, 새로운 관광 비즈니스 사업체의 출현으로 관광산업 관련 일자리가 발생하고 있다. 따라서 관광산업과 연관 산업에서 새롭게 창출될 수 있는 분야에 대한 파악이 필요하며, 새로운 분야에 적응할 수 있도록 인력에 대한 교육, 훈련을 위한 계획 수립과 정책을 강화해야 할 시점이다.

한국의 관광분야 일자리

분야	일자리	직무	역량
관광 빅 데이터 분석	• 관광 빅 데이터(big data) 분석가 • 관광 빅 데이터 처리 엔지니어 • 관광 시스템 프로그램 전문가	데이터 설계·개선, 관광 관련 수집데이터의 처리 및 분석	관광산업 및 관광정보 이해력, 빅 데이터 분석 및 활용능력
관광 미디어 콘텐츠 (사진, 영상)	• 관광콘텐츠 크리에이터(creator) : 여행 작가, 여행 유튜버 • 관광 콘텐츠 기획, 제작, 유통 전문가	관광 미디어 콘텐츠 제작, 편집, 관광지 홍보 등	콘텐츠 제작, 편집, 기획 역량
관광 플랫폼	• 관광 플랫폼(platform) 디자이너 • 관광 플랫폼 코디네이터, 운영자 • OTA 리스팅(listing) 전문가	관광 플랫폼 관련 기획, 개발, 운영	관광 정보 수집, 매체 활용능력, 관광 플랫폼 기획력
관광 모빌리티	• 관광 교통 대여업자 : 개인 전동이동수단, 공유차량 등	관광 모빌리티 수단 대여, 관광지 안내, 통역 서비스	언어, 지역정보 제공 및 안내
지역 전문 관광	• 지역관광추진조직(DMO) 코디네이터 • 지역관광 크리에이터	지역주민 사이에서 중간 지원, 관광 콘텐츠 기획 및 제작, 홍보 등	콘텐츠 기획 역량, 조정능력, 리더십, 친화력
반려동물 동반여행	• 반려동물 여행시설 운영자	반려동물 여행시설 및 서비스, 반려동물 여행상품 판매, 반려동물 시설 관리 등	반려동물의 이해력, 반려동물 여행에 대한 정보 이해, 대인관계능력 등
맞춤형 관광	• 여행 콘셉트(concept) 기획가 : 맞춤형 관광 컨설턴트	맞춤형 여행상품 기획, 개발, 상담업무	기획력, 통찰력과 분석력, 서비스 정신, 친화력
소그룹 여행	• 소규모 관광 가이드	소규모 단체 여행상품의 기획, 개발, 상담업무	기획력, 통찰력과 분석력, 서비스 정신, 친화력
여행 안전관리	• 숙박시설 방역전문가 • 여행지 안전관리자 • 익스트림(extreme) 여행 안전관리	방역 및 소독 사고 위험방지, 사고 개선 종사자 안전교육 및 훈련 등	안전과 보안 지식, 사고 처리 능력
실버여행	• 실버(silver)여행 콘텐츠 개발자 • 실버여행 가이드	실버여행 상품의 기획, 개발, 상담업무	기획력, 통찰력과 분석력, 서비스 정신, 친화력

주 : 지역관광추진조직(DMO : Destination Marketing Organization)이란 지역관광을 홍보하고 마케팅하는 조직에서 출발함

자료 : 한희정, 관광산업의 미래 일자리 전망과 대응방향, 한국문화관광연구원, 2020, p.125를 참고하여 작성함

4) 산업적 효과

관광산업에 대한 구체적인 정의는 없으나 국가의 정부 및 관광 관련 국제기구에서는 관광과 관련성이 높은 산업들을 종합적으로 고려하여 관광산업에 대한 정의를 하고 있다.

정부에서도 관광효과를 감안하여 관광산업과 관련된 연관산업에서도 부가가치를 추가적으로 창출할 수 있는 방안을 찾게 되었으며, 예산과 인력을 투입하여 관광산업의 정책효과를 극대화하고 있다. 그러나 관광활동의 범위가 확대되고 관광산업의 범위 또한 기존의 전통적인 산업을 초월하여 다양한 산업과의 융·복합이 강조되면서 관광산업의 범위는 확대되고 있다.

관광산업의 발전을 위해서는 관광산업의 개별 주체는 물론 이와 관련된 산업들의 연관성을 종합적으로 고려해야 하며, 한국 관광산업의 활성화를 위한 중·장기적인 정책과제로 관광자원 개발 및 테마파크와 같은 산업의 전략적 육성, 다양한 상품개발은 물론 민간기업·정부 차원의 마케팅 활동의 강화가 필요하다고 제언하고 있다.

관광에 의한 직·간접적 수요 증가는 투자를 유도하고 소비를 창출하여 새로운 수요를 유발시키고, 새로운 수요는 관광사업의 발전과 동시에 다른 산업의 발전에도 영향을 미친다. 관광객들은 관광과 관련된 소비행동만을 하는 것이 아니라 문화탐방, 체험, 쇼핑, 의료, 농산물의 구매를 비롯하여 다양한 소비를 하게 되며, 관광객의 소비 증가는 관광과 연관된 산업을 활성화시키고 발전을 촉진하게 된다.

관광사업과 연관된 산업

관광사업	한국표준산업 분류에 의한 관련업종
여행업, 국제회의 기획업	농업·임업 및 어업, 숙박 및 음식점업, 정보통신업(정보서비스업), 금융 및 보험업, 사업시설 관리·사업 지원 및 임대 서비스업(사업지원 서비스업), 예술·스포츠 및 여가관련 서비스업 등
관광숙박업, 외국인관광도시 민박업, 한옥(韓屋)체험업,	농업·임업 및 어업, 숙박 및 음식점업, 전기·가스·증기 및 공기조절 공급업, 수도·하수 및 폐기물 처리·원료재생업, 건설업, 숙박 및 음식점업, 정보통신업, 부동산업, 전문·과학 및 기술 서비스업(건축

관광펜션업	기술·엔지니어링 및 기타 과학기술 서비스업), 사업시설 관리·사업 지원 및 임대 서비스업(사업시설 관리 및 조경 서비스업), 예술·스포츠 및 여가관련 서비스업 등
야영장업, 관광유람선업, 관광순환버스업, 여객자동차 터미널 시설업	제조업(자동차 및 트레일러 제조업), 건설업, 운수 및 창고업(수상 운송업, 창고 및 운송관련 서비스업), 숙박 및 음식점업 등
국제회의시설업	제조업(전자 부품·컴퓨터·영상·음향 및 통신장비 제조업), 전기·가스·증기 및 공기조절 공급업, 수도·하수 및 폐기물 처리·원료재생업, 건설업, 숙박 및 음식점업, 정보통신업(방송업, 통신업), 부동산업, 사업시설 관리·사업 지원 및 임대 서비스업(사업시설 관리 및 조경 서비스업)
카지노업	제조업(전자 부품·컴퓨터·영상·음향 및 통신장비 제조업), 건설업, 숙박 및 음식점업, 정보통신업(컴퓨터 프로그래밍·시스템 통합 및 관리업, 정보서비스업), 예술·스포츠 및 여가관련 서비스업(스포츠 및 오락관련 서비스업)
테마파크업(유원시설업), 관광궤도업	제조업(전기장비 제조업, 기타 기계 및 장비 제조업), 건설업, 사업시설 관리·사업 지원 및 임대 서비스업(사업 지원 서비스업), 예술·스포츠 및 여가관련 서비스업(스포츠 및 오락관련 서비스업)
관광면세업	제조업(식료품 제조업, 음료 제조업, 담배 제조업, 섬유제품 제조업, 의복·의복 액세서리 및 모피제품 제조업, 가죽·가방 및 신발 제조업, 목재 및 나무제품 제조업), 건설업, 운수 및 창고업(창고 및 운송관련 서비스업)
관광공연장업, 관광유흥음식점업, 관광식당업	제조업(식료품 제조업, 음료 제조업), 건설업, 숙박 및 음식점업(음식점 및 주점업), 예술·스포츠 및 여가관련 서비스업(창작·예술 및 여가관련 서비스업)
관광사진업	정보통신업(영상·오디오 기록물 제작 및 배급업)

주 : 1. 관광사업의 분류는 관광진흥법의 업종을 기준으로 분류하고자 하였으며, 한국표준산업에 의해서 관련 업종을 분류하였으나 인식의 정도에 따라 차이가 발생할 수 있다고 생각함
   2. 유원시설업이 테마파크업으로 변경(2025.8.28)될 예정으로 본 내용에서는 테마파크업으로 하였음
자료 : 심원섭, 해외 관광정책 추진사례와 향후 정책방향, 한국문화관광연구원, 2011, p.13 및 한국표준산업 분류의 대분류를 참고하였으며, ( ) 안은 중분류 현황임

2. 사회적 효과

현대문명의 발전은 인간의 신체적·정신적 분야에 많은 영향을 끼쳐왔다. 산업문명으로 인한 인구의 도시 집중화가 가져다준 폐해와 고도의 산업구조로 인한

조직적인 집단체계의 형성, 단조로운 노동의 연속 등은 현대인들에게 신체적 피로와 긴장을 축적시키고 있다.

이러한 현대인에게는 휴식을 통해 심리적, 육체적 리듬을 회복시켜 주는 역할을 하게 되는 것이 관광활동이다. 관광은 레크리에이션을 수반한 사람의 행동으로 심신을 단련하고 향상시키려고 하는 의미이며, 감상, 지식, 견학, 시찰, 체험, 활동, 휴양, 참가, 체육 등과 같은 여러 가지 형태가 포함된다. 관광은 자기의 실천을 지향하는 기본적인 욕구를 충족시키는 행위이며, 이것은 결국 기분전환을 하기 위한 모든 활동까지를 포함하게 되었다.

관광은 긴장과 억제에서 탈피하고자 하는 현대인의 욕구를 충족시켜 주기 위한 것이며, 자연과 접촉을 유도하고, 피로를 회복하며, 긴장과 불안을 해소할 수 있는 역할을 한다는 것이다.

관광은 일반적으로 물적 자원의 교류가 아닌 인적 자원의 교류이다. 지역과 국가 간의 왕래를 통하여 국민성 내지 민족성을 이해하게 되었으며, 국제관광은 국가 간의 오해·편견·의혹·공포의 이념을 없애고 국제친선의 증진에 커다란 공헌을 하고 있으며, 세계평화에도 기여하고 있다.

미국 대통령의 의뢰를 받아 작성된 랜돌 보고서는 국가 간의 여행은 국가의 이해와 평화를 구축하는 중요한 요인이라는 점을 강조하고, 미국인이 제2차 세계대전 이후 패전국가인 독일이나 일본을 널리 여행하게 함으로써 적대적인 관계에서 우호적인 관계로 전환시키려고 노력하였다. 또한 미국·러시아(소련) 간의 냉전체제를 완화하고 여행을 촉진하기 위한 새로운 협정을 체결하는 등의 일련의 조치들은 긴장 완화와 평화 촉진에 기여하였고 이를 관광이 갖고 있는 사회적인 효용성에서 국제교류를 통한 친선효과라고 한다.

따라서 관광은 지역과 국가 간의 여행을 통하여 다양하고 많은 사람들과 접촉함으로써 지역성, 국민성, 풍습, 습관 등을 이해하게 되는 것이며, 상호 간의 이해는 접촉(contact)하는 단계에서 대화(communication)하는 단계로 그리고 신뢰(confidence)하는 단계로 발전해 가는 것이다.

3. 문화적 효과

관광은 즐거움을 위한 여행이고 여행하는 자체가 목적이지만 여행을 통해서 얻어지는 지식과 경험은 다른 사람에게 전해질 수 있는 것이며, 또한 방문한 관광객을 통해서 서로 다른 문화를 접할 수 있는 것이다. 인류는 이상을 추구해 가는 과정에서 문화의 발달을 가져오게 되었고, 민족과 지역에 따라 각각의 문화 및 풍속에 차이가 생겨나게 되었으며, 지역사회에서 문화의 발달은 스스로의 고유한 문화와 전통을 유지하는 것이다. 관광지에서 외국 관광객과의 만남은 새로운 문화적인 경험의 기회를 제공할 수 있는데, 문화관광은 국가 고유의 문화·정신유산의 표현에 있어 비언어적인 요소가 있기 때문이다.

세계관광기구에서는 문화관광의 정의를 협의의 개념에서 광의의 개념으로 확대(1985)시켰는데, 개인의 문화수준을 향상시키고 새로운 지식이나 경험, 만남을 증가시키는 등 인간의 다양한 욕구를 충족시킨다는 의미에서 인간의 모든 행동을 포함시키는 것이라고 정의하였다. 문화관광은 계절에 관계없이 질적, 양적으로 이루어질 수 있고, 아직 입장료를 지불하고 행하는 문화관광의 행위가 다른 관광행위보다 비교적 저렴하게 행동할 수 있기 때문에 여행비용의 절약효과 측면에서도 바람직하다고 하겠다.

따라서 문화적 효과란 관광을 통해서 자신이 경험했던 문화와 타인이 가지고 있던 문화체계를 비교함으로써 타인의 세계를 이해하고 새로운 문화를 창출해 낼 수 있다.

4. 교육적 효과

일반적으로 관광을 통한 교육적 효과를 달성하고자 할 때 이를 교육관광이라고 할 수 있다. 그러나 교육관광을 특정한 범주에 포함시켜 볼 때는 교육시장에 대한 나이의 제한이 있을 수 있다.

교육관광은 참가자의 연령이 가정과 가족으로부터 편안하게 떨어져 여행할 수 있는 나이인 12세부터 학술적, 직업적 교육의 일환으로 특정한 목적을 달성하기 위해 여행하는 25세까지로 구분한다. 그러나 특정한 목적의 교육여행과 체험의 일환으로 실시되는 교육관광은 장년층 및 노년층을 포함하기도 한다.

관광은 청소년들에게 대인(對人)관계를 통한 건전한 윤리 확립에 기여하며, 단체생활을 통하여 협동정신을 배양하게 된다. 학교 교육의 연장으로 실시하는 현지답사나 확인교육은 교육의 현장화를 통한 직접체험의 효과를 가져다준다.

관광은 이러한 직접적인 체험을 통해서 많은 교육적인 효과를 기할 수 있는데, 관광이 사회에 제공하는 것이 문화적인 효과라고 할 때 관광객이 느끼고 보고 체험하는 것들은 개인의 교육적인 효과라고 할 수 있다. "백문불여일견(百聞不如一見)"이라는 말은 교육적인 효과를 강조하는 것이며, 철학자인 베이컨(Bacon)이 언급한 "관광은 노인에게는 경험의 일부이지만 젊은이에게는 교육의 일부이다"라고 한 표현과 유럽 근대시대에 유행했던 그랜드 투어(grand tour)의 궁극적인 목표는 교육에 있었다. 이것은 관광이 갖고 있는 교육적인 효과에 중점을 둔 것이라고 할 수 있다.

그랜드 투어(grand tour)

그랜드 투어(grand tour)는 원래 엘리자베스(Elizabeth) 여왕이 16세기 초 영국을 중심으로 유럽의 귀족계층 자제들이 고전문화와 귀족사회의 교양을 배우기 위해 프랑스나 이탈리아를 돌아보게 하기 위해서 하는 여행이었다.

신세계에 대한 열망에 따라 괴테(Goethe), 셸링(Schelling), 바이런(Byron) 등 저명한 문호, 사상가, 시인들이 대륙여행을 하게 되었으며, 이에 대한 자극을 받고 상류층 젊은이들은 교육 목적으로 유럽 전역의 순회여행을 하게 되었는데, 이 관습은 17-19세기에 일반화되었다.

자녀들에게 선량교육(善良敎育)을 시킬 목적으로 유럽지역을 순회하는 여행은 존 로크(J. Lock)의 "인간은 후천적인 교육으로 완성될 수 있다"는 '인간백지설(人間白紙說)'이라는 이론에 영향을 많이 받았다고 한다. 그들은 특정지역의 환경에 권태감을 느끼게 되면서 다른 지역으로 이동하고 건축, 고전, 예술, 정치, 사회, 경제 등에 대한 이해를 통해 체험과 지식을 추구하고자 하였다.

그랜드 투어라는 여행을 통해 프랑스어 교육은 물론이고 춤, 펜싱, 승마, 그림 등 전인적(全人的)인 교양교육이 실시되었지만 학생들의 일부는 파리에 장기간 체류하면서 도덕적으로 타락하기도 하였고 체재 비용이 높아 이탈리아로 건너가서 조각과 음악 그리고 미술 공부를 하는 풍조도 있었다고 한다. 이 그랜드 투어는 18세기 중엽 절정기를 맞이했으나 프랑스 혁명과 나폴레옹 전쟁(Napoleonic Wars)으로 중단되었다고 한다.

5. 환경적 효과

관광이 전 세계적인 산업으로 각광받기 시작하면서 관광으로 인하여 야기될 수 있는 많은 문제점이 제기되었고, 관광이 사회와 환경에 미치는 악(惡)영향을 최소화하기 위한 다양한 논의가 진행되었다. 세계관광기구(UNWTO)의 주관으로 개최한 '관광에 대한 의회 간 회의'(1989)에서는 자연과 관광의 상호 의존관계를 강조하고, 관광발전은 자연보존이 전제되어야 한다는 취지의 '헤이그 선언'을 발표하였다. '오사카선언'(1994)에서는 경제발전에 힘입어 국제관광객이 대폭 증가되고 교통·통신기술의 발달로 인한 연락망의 확대가 국제관광의 발전에 크게 기여했다고 하였다.

관광은 국가에서 차지하는 국내총생산(GDP: Gross Domestic Product)의 비중이 높고 고용창출 효과가 높은 산업으로 국가 간 인적 교류를 통해 상호 이해증진과 평화유지에 큰 역할을 하였으며, 무질서한 관광개발로부터 자연환경이나 전통을 보호하기 위하여 적극적인 노력이 필요하다는 것을 강조하였다.

세계관광기구는 '관광에 관한 발리선언'(1996)에서 지방분권화가 가속화됨에 따라 관광계획을 수립할 경우 지방자치단체의 책임을 강화하여 관광지의 주민들에게 생활의 질을 향상시킬 수 있는 방안을 모색하고, 지방자치단체의 정책을 결정하는 자들에게 관광이 지역경제의 활성화에 핵심적 역할을 하게 된다고 인식하게 만드는 계기가 되었고 한다.

세계적으로 천연자원과 사회·문화유산을 보호하면서도 필요한 개발을 추진하는 지속가능한 개발이 중요하게 대두되고 있고, 관광에 있어서 지속가능한 개발을 발전시키기 위해서는 개개인의 통합적인 시민의식이 중요하며, 관광도 사회적 책임을 갖고 이익차원을 넘어 사회에 기여할 수 있다는 인식이 확대되고 있다.

생태관광(eco tourism)

브라질에서 개최한 회담(1992)에서 관광산업이 희귀동물 및 산림, 문화적 유물 등을 통해 재정적인 이득을 얻는 만큼 이들을 보호해야 한다고 역설하였으며, 생태관광 개발은 국가의 개발전략적인 측면에서 볼 때, 관광의 역할을 평가해야 하며, 국가 차원의 생태관광위원회의 구성과 생태관광지의 개발에 따르는 관리가 필요하다고 할 수 있다. 한국도 생태관광의 상품화를 위한 방안의 모색과 민간자본에 의한 관광개발을 환경보호의 차원에서 규제할 필요성이 있다고 하겠다.

지속가능한 관광(sustainable tourism)

지속가능한 관광(sustainable tourism)이란 미래 세대에게 관광기회를 제공하고 관광을 증진시키는 동시에 관광객 및 지역사회의 필요를 충족시키는 것이다. 따라서 자연환경을 보호하고 문화와 역사를 보전하며 생물 다양성, 그리고 생물 지원체계를 유지하는 동시에 경제·사회·문화·환경적 필요를 충족시킬 수 있도록 모든 자원을 관리하는 것으로 관광개발에 있어서 국제자연보호연합(IUCN)의 공식문서(1980)인 세계자연보존전략(WCS)에서 처음으로 사용된 이후 공식적으로 인정되고 있다.

고석면, 인천의 관광산업현황과 효율적 육성방안, 인천상공회의소, 1993.

관광교재편찬위원회, 현대관광론, 서하문화사, 1987.

권태일, 관광산업 특수 분류 개정안에 기초한 관광산업 통계 생산방안 연구, 한국문화관광
　　　연구원, 2020.

김진섭, 관광사업론, 대왕사, 1994.

류광훈, 관광산업의 선진화를 위한 과제, 한국문화관광연구원, 2008.

손대현, 관광론(관광학 어떻게 볼 것인가), 일신사, 1993.

안종윤, 관광정책론(공공정책과 경영정책), 박영사, 1997.

윤대순, 관광경영학원론, 백산출판사, 1997.

윤창운, 현대적 관광산업의 재평가와 운용방향, 관광정보, 한국관광공사, 1994.

이강욱, 관광산업의 경제효과 분석(2009년 산업 연관표 기준), 한국문화관광연구원, 2011.

이강욱·최승묵, 관광산업의 지역경제 효과 분석, 한국문화관광연구원, 2003.

이선희, 여행업경영개론, 대왕사, 1996.

이항구, 관광학서설, 백산출판사, 1995.

장병권, 국민관광론, 기문사, 1997.

한희정, 관광산업의 미래 일자리 전망과 대응방향, 한국문화관광연구원, 2020.

연합뉴스(2023.05.08), 세계관광협의회 올해 관광산업 팬데믹 이전 수준 거의 회복.

한국관광공사, 교육관광, 관광정보(10월호), 1997.

A.J. Burkart & S. Medrick, Tourism : Past, Present & Future, Heinemann, 1975.

観光の現代的意義とその方向, 日本內閣總理大臣 官房審議室 編, 1970.

井上萬壽藏, 觀光と觀光事業, 國際觀光記念行事協力會 編, 1967.

02

TOURISM BUSINESS

관광과 시스템

02

관광과 시스템

제1절 / 관광의 기본적 체계

1. 관광의 구성요소

관광은 기본적으로 수요와 공급의 원리에 의해서 형성되며, 사람들에게 관광행동을 불러일으키게 하는 다양한 구성요소는 관광객의 심리와 경제적 요인도 중요하지만 관광행동에 직접적인 영향을 주는 교통, 숙박, 자원 등과 같은 요소가 있다.

관광에 대한 연구는 관광을 현상학적 관점으로 이해하고, 체계적으로 접근하려는 경향이 높았으며, 관광이 성립하기 위해서는 관련 조건들이 충족되어야 한다는 인식이 확산되었다.

학자들은 관광을 연구하려는 과정에서 학문적 관심영역에 따라 관광의 구성요소를 다양한 관점에서 접근하여 연구를 시작하게 되었으며, 국·내외 학자들은 관광의 구성요소를 중심으로 다양한 접근방법을 제시하고 있다.

관광과 관련한 초기의 연구는 관광주체인 관광객과 관광객체인 관광자원의 상호작용으로 이루어지는 현상으로 이해하려는 시스템적 접근이 시도되면서 2체계론(관광주체+관광객체)이 시작되었다. 그러나 관광현상이 복잡해지고 다양해짐에 따라 관광주체와 관광객체를 체계적으로 연결하는 관광매체가 등장하게 되었고 관광매체의 역할이 강조되면서 관광주체, 관광객체, 관광매체를 구성요소로 하는 3체계론(관광주체+관광객체+관광매체)이 등장하게 되었다.

1960년대부터 관광을 시스템적으로 이해하고 연구하려는 경향이 증가하게 되었고 관광의 구성요소들 상호 간의 역할과 관광과의 관계를 체계적으로 연구하고 분석하려는 시도가 증가하고 있다.

국내학자가 정의한 관광의 구성요소

학자	관광의 구성요소	내용	특징
김상훈	• 관광주체 : 관광객 • 관광객체 : 관광자원 • 관광매체 : 관광시설 　관광편의시설	순수관광 겸목적(兼目的)관광 자연, 문화, 사회, 산업적 관광자원 시간, 공간, 기능적 매체	관광발생
김진섭	• 제1요소 : 관광의욕 • 제2요소 : 관광대상(관광자원) • 제3요소 : 관광매체	심정(心情), 정신, 경제적 동기 공간, 시간, 기능적 매체	관광발생
김재민	• 관광주체 : 관광객 • 관광객체 • 관광매체	자연, 문화, 사회, 산업적 관광자원	관광발생
박석희	• 관광자 • 교통기관 • 마케팅 : 정보, 지도 • 매력물 : 서비스, 시설		관광계획 및 마케팅
이항구	• 3요소(주체·객체·매체)	관광이념 중시	경제적 소비 환경 중심설
손대현	• 관광주체 : 관광자 • 관광객체 : 관광자원, 관광시설	운송기관, 매스 미디어	관광발생
이장춘	• 관광객 • 관광객체 : 관광시설 • 관광매체 : 관광알선 • 관광주체 : 관광자원 • 독립변수 : 관광개발		관광개발

자료 : 채서묵, 관광사업개론요해, 백산출판사, 1993, p.39

국외학자가 정의한 관광의 구성요소

학자	관광의 구성요소	특징
마에다 이사무(前田勇)	• 관광주체 : 관광자 • 관광대상 : 관광자원, 관광시설(서비스 포함) • 관광매체 : 이동수단, 정보	관광발생
군(Clare, A. Gunn)	• 관광시장(markets) • 정보 및 홍보(information & promotion) • 교통기관(transportation) • 매력물(attractions) • 서비스 및 시설(services & facilities)	관광계획
매킨토시 & 골드너 (Rober W. McIntosh & Charles R. Goeldner Robert)	• 자연자원(natural resources) • 기반시설(infrastructure) • 상부시설(superstructure) • 교통 및 교통기관 • 환대(歡待) 및 문화적 자원	관광공급
밀 & 모리슨 (C. Mill & Alastair M. Morrison)	• 관광시장 • 관광목적지 • 여행 • 마케팅	관광마케팅
시킹(John Seekings)	• 수요 : 관광자 • 공급 : 교통, 관광자원, 관광시설 • 마케팅 : 소매업자, 도매업자, 마케팅 전문가	관광마케팅

자료 : 채서묵, 관광사업개론요해, 백산출판사, 1993, p.40

2. 관광의 일반적인 체계

1) 관광주체

　관광주체(觀光主體)는 관광행위의 주체로서 관광객을 의미한다. 관광객은 관광욕구(觀光慾求)를 가지고 있으며, 여행하는 여행자 및 상품을 구매하고자 하는 소비자라고 할 수 있다. 관광객의 관광욕구와 동기는 심리적 요인과 사회·경제적, 문화적 배경 등이 관광행동에 많은 영향을 끼친다.

　사람들의 내면에는 신체적 욕구, 문화적 욕구, 사회참여(소속)의 욕구, 사회적

인지(존경)의 욕구, 자아실현의 욕구 등과 같은 심리적 요인이 작용한다.

사회·경제적 요인은 산업사회의 발달에 따른 인간성 상실, 공해, 스트레스 등을 해소하기 위한 욕망으로서 일상성으로부터의 탈출욕구, 인간성 회복욕구, 신분 상승 욕구 등을 들 수 있다. 그러나 관광은 관광욕구가 있다고 해서 관광행동을 하는 것이 아니라 이동하고, 체재함으로써 관광이 성립되기 때문에 이동조건, 시간조건, 신체조건, 경제조건, 정보조건 등이 확보되어야 하며, 이러한 조건들은 관광행동의 척도가 된다.

2) 관광객체

관광객체(觀光客體)란 관광객을 만족시킬 수 있는 제(諸) 자원을 지칭하며, 관광객체를 관광대상이라고 표현하기도 한다. 관광대상이란 관광객의 욕구를 충족시킬 수 있고, 관광객을 끌어들이는 매력이 있어야 하는데, 독특성과 유인성 등이 있어야 한다. 그러나 관광자원의 특성이 부족하더라도 아이디어와 투자가 활성화된다면 관광목적지로 발전할 수 있다.

관광객이 관광객체가 있는 목적지까지 이동하기 위해서는 교통수단이 필요하며, 상품의 가치는 관광주체가 평가하고, 관광객체(資源)뿐만 아니라 관광활동의 과정에서 다양한 매체(시간적·공간적·기능적)들도 가치의 측정이 되기도 한다.

관광목적지의 기본조건(3A)

관광목적지가 되기 위한 기본조건을 3A라고 표현하기도 한다. 이는 접근성(Accessibility), 수용태세(Accommodation), 자원(Attractions)이다.

3) 관광매체

관광매체(觀光媒體)란 관광주체와 관광객체를 중개하는 역할을 하는데, 관광은 관광주체와 관광객체를 연결하는 매체가 그 역할을 하지 않는다면 관광행동이 이루어지기가 어렵다. 관광매체는 관광객을 대상으로 하는 활동이라는 점에서 시간적·공간적·기능적 관점을 충족시키는 기능을 한다.

(1) 시간적 매체

시간적 매체에는 숙박시설과 식당, 휴게시설 및 위락시설 등이 있고 관광목적지의 기본요소가 되며, 소비자는 이러한 시설들의 가격이 적정한지 품질이 우수한지의 여부를 판단하고 선택하기도 한다.

숙박시설에는 호텔, 모텔, 게스트 하우스(guest house), 비앤비(B&B : Bed & Breakfast), 농장(farm house), 아파트먼트(apartments)호텔, 빌라(villas), 별장(cottages), 콘도미니엄(condominium), 리조트(resorts), 휴가 마을(vacation village, holiday center), 회의 및 전시 센터(conference & exhibition center), 캐러밴(touring caravan), 캠핑장(camping sites), 마리나(marina) 등과 같은 다양한 시설이 있다.

(2) 공간적 매체

공간적 매체는 운송수단으로서 시간과 공간의 개념이 되며, 이용자들의 운송수단 선택은 가격을 비롯하여 안정성, 속도, 운항 횟수 등을 중요하게 고려한다.

운송수단은 육상, 항공, 해상운송으로 구분할 수 있고, 철도, 전세버스, 자동차, 비행기, 선박 등이 중요한 선택요인이 되며, 운송수단이 그 역할을 하기 위해서는 기반시설(infra-structure)인 도로, 철도, 공항, 항만, 주차장, 통신시설, 상·하수도 시설 등이 갖추어져야 한다. 또한 이동하고 체재하는 과정에서 숙박시설, 휴게시설, 안내시설, 식사시설 및 기타 여행과 관련되는 시설 등이 필요하게 되는데, 이를 여행 관계시설(super-structure)이라고 한다.

(3) 기능적 매체

기능적 매체는 관광객의 관광활동을 촉진시키는 역할을 하며, 일반적으로 관광사업자의 진흥활동이 중심이 된다.

관광촉진기관의 대표적인 조직에는 정부, 지방자치단체, 민간단체 등이 있으며, 교통, 숙박, 관광자원, 여행관련 조직자 등과 같은 사업자들과 유기적인 협력을 하며, 목적지 마케팅 활동을 위해 지역관광추진조직(DMO : Destination Marketing Organizer)을 중요하게 인식하고 있다.

> **지역관광추진조직(DMO : Destination Marketing Organizer)**
>
> 지역 내 관광공급자(여행·숙박·음식·쇼핑 등), 관광관련 산업, 협회, 주민조직과 협력 연계망을 구축하여 당면한 지역관광의 현안을 해결하는 등 지역의 관광산업 전반의 경영 또는 관리하는 법인으로서 지역관광에 대한 합의 및 조정을 이끌어내는 지역관광플랫폼 기능으로 관광사업 기획 및 계획, 관광홍보마케팅, 관광자원 관리, 관광산업 지원, 관광품질 관리 등의 기능을 수행한다.

관광촉진기관에는 정부 관광기구(NTO : National Tourism Organization), 지방 관광기구(RTO : Regional Tourism Organization), 지역 관광기구(LTO : Local Tourism Organization), 관광협회(tourism associations) 등이 있다.

여행조직이란 여행을 촉진시키거나 여행에 참여하도록 하는 조직으로서 여행 도매업자(tour wholesalers), 여행 소매업자(retail travel agents), 투어 오퍼레이터(tour operators), 회의 조직자(conference organizers), 예약 대리점(booking agencies), 인센티브 여행 조직자(incentive travel organizers) 등이 있다.

• 관광산업의 상관관계

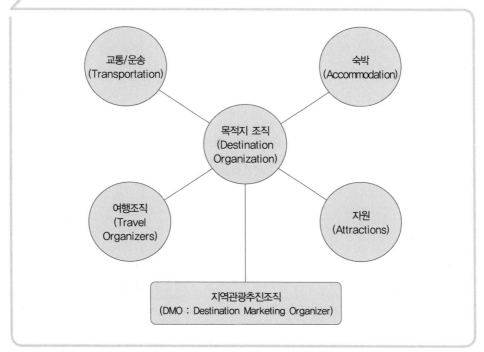

제2절 관광의 수요와 공급

1. 관광과 수요

사람은 생활하는 동안에 무수히 많은 의사결정을 하게 된다. 선택은 여러 가지 대안(代案)을 비교, 검토하여 최종적인 결정을 하게 되며, 어떠한 것이 중요한 가치가 있는지를 평가하게 된다. 가치란 어떤 행위나 사물의 상대적 중요성을 나타내는 척도(measure)이며, 측정하는 가치는 일정한 조건에서 변할 수 있는 가변성(可變性)이란 특성이 있다.

가치에 의해서 판단되는 재화나 서비스는 구매 욕구가 있는 소비자에 의해서 구체화되는 행위로서 이를 구매라고 하며, 구매행위는 수요자가 필요로 하는 욕구나 욕망의 가치에 따라 미치는 영향은 다양하다.

관광이란 관광객이 관광지를 찾는 이동하는 현상으로서 인간의 활동이라고 할 수 있으며, 사람이 관광하는 이유는 본능(本能)이라는 견해가 오늘날에도 많은 지지를 받고 있다.

일반적으로 사람은 마음속에는 욕구와 동기가 있으며, 관광하려고 하는 심리적인 원동력을 관광욕구 또는 관광동기(觀光動機)라고 하며, 관광의 수요자 또는 소비자라 하고 이들이 모여 있는 집단은 수요시장을 형성하게 된다.

수요시장의 분류

구분	내용
머피(Murphy)	동기(사회적 · 문화적 · 물리적 · 환경적 동기), 인식(과거 체험 · 선호 · 소문), 기대(관광 이미지) 등
미들턴(Middleton)	경제적 요인, 인구 통계적 요인, 지리적 요인, 사회 문화적 요인, 상대적 가격, 이동성, 정부 규제 요인, 대중매체 커뮤니케이션 등
허드만(Hudman)과 호킨스(Hawinks)	관광객 수, 여행 지출 경비, 체재 기간, 여행 동기, 출발지, 여행 수단, 숙박 수요, 선호 교통수단, 판매 형태, 사회 · 경제적 특성, 이용 계절 등

자료 : Hudman. E. & D. E. Hawinks, "Tourism In Contemporary Society : An Introductive Test," New Jersey, Persey, Prentice-Hall, 1989, p.188; 이흥윤, 지역관광개발을 위한 투자재원 조달 방안에 관한 연구, 배재대학교 대학원 박사학위논문, 1999, p.24를 참조하여 작성함

관광 수요시장(tourism demand market)이란 상품을 이용하려는 실제적 또는 잠재적 구매자의 집단을 말하며, 필요와 욕구가 있는 사람들로 구성되는데, 구매자(buyer)는 관광객 또는 여행자이다. 수요시장을 결정하는 요인은 다양하며, 학자들의 연구 동향은 다음과 같다.

학자들의 연구를 바탕으로 관광수요에 영향을 미치는 요인인 지리적 변수, 인구통계적 변수, 경제적 변수, 사회·문화적 변수, 행동·분석적 변수로 시장의 특성을 구분하고자 한다. 최근에는 경험 많은 관광객들이 다양한 목적지를 선택하여 특별한 경험을 찾고자 하며, 방문할 곳에 대한 다양하고 특별한 정보를 요구하기도 하는데, 소비자의 욕구에 부응하는 적절하고 정확한 정보는 관광수요를 창출할 수 있으며, 수요시장을 결정하는 중요한 변수가 되고 있다.

관광수요시장의 변수

구분	내용
지리적 변수	입지, 지형, 기후, 경관(景觀), 동·식물 등
인구·통계적 변수	인구수, 직업, 연령, 성별, 종교, 교육수준 등
경제적 변수	소득 수준, 구매력, 다른 재화와 상대가격, 경제 구조, 경기 동향 등
사회·문화적 변수	교육수준, 여가시간, 사용 언어, 기반시설(infrastructure), 교통환경
행동·분석적 변수	생활양식(life style), 태도, 사고방식, 소비자의 심리

자료 : 김사헌, 관광경제학, 경영문화원, 1985, pp.114-118을 참고하여 재작성함

2. 관광과 공급

공급이란 생산자가 재화와 용역을 소비자에게 제공하고자 하는 의도를 말한다. 이러한 공급의 개념은 생산자가 판매하고자 하는 양과 판매가 가능한 양으로 구분할 수 있다.

공급은 사람들에게 제공하는 상품과 서비스 제공 능력을 측정하는 기준이 되기 때문에 공급시장을 이해하고 특성을 분류하는 것은 매우 중요하다고 할 수 있다.

관광 공급시장(tourism supply market)이란 상품의 판매자(seller)가 소비자에게 판매하기 위해 무엇인가를 소유하고 있는 집단을 의미하며, 대기업, 중·소기업, 개인도 포함된다.

관광 공급은 관광지가 실제적 또는 잠재적 구매자에게 제공할 수 있는 요소가 갖추어져야 하며, 관광객을 방문하도록 유도할 수 있는 자연적, 인문적 환경은 물론, 다양한 상품과 서비스를 갖춘 범위를 포함하며, 수요시장과의 연계성까지도 고려해야 한다.

관광 공급은 관광객이 목적지까지의 이동을 가능하게 하는 교통수단뿐만 아니라 목적지에서의 체재, 위락 등 관광활동을 할 수 있는 다양한 시설들이 제공되어야 한다. 공급자는 최적의 환경, 최고의 설비, 서비스를 상품화하는 것이고, 품질(品質) 향상과 공급량의 확보는 관광객의 만족과 직결된다.

그러나 공급 요소들을 구비하고 개발하기 위해서는 경제적 재원이 필요하며, 너무 많은 공급은 비경제적 현상을 초래하게 되고, 반대로 적은 공급은 수요 부족의 사태가 발생하기 때문에 예상 수요에 맞는 적절한 공급을 하는 것이 매우 중요하다.

관광 공급시장은 폭넓게 분류되고 관광객에게 매력적인 상품으로 제공되어야 하며, 다음과 같이 분류하고자 한다.

공급시장의 분류

구분	내용
자연적 환경	지형, 기후, 공기, 동·식물, 수질, 해변, 경관(景觀) 등
기반 시설	공항, 철도, 항구 및 마리나(marina), 도로 및 주차장, 상수도, 전기 및 통신시설 등
교통 수단	항공, 기차, 버스, 배, 택시 등
숙박시설	숙박시설의 입지와 유형, 문화적 특성 등
문화적 자원	박물관과 미술관, 축제·쇼핑, 오락·유흥, 레저·스포츠 등
환대서비스	친절성, 예의, 관광 안내 등

자료 : Robert W. Mcintosh·Charles R. Goeldner J.R. Brent Ritchie, Tourism(Principles, Practices, Philosophies), John Wiley & Sons, Inc., 1995, p.269를 참고하여 작성함

● 관광의 수요·공급 모델

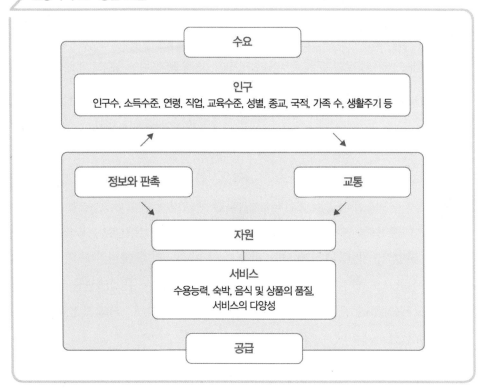

자료 : Clare A. Gunn, Tourism Planning, Taylor and Francis, 1988

1) 자연적 환경

　자연적 환경은 공급에 있어서 가장 중요한 역할을 하고 있으며, 입지적 특성이 강한 공급요소이며, 입지를 비롯하여 지형, 기후, 공기, 동·식물, 수질, 해변, 자연의 아름다움, 식수, 위생설비 등과 같은 것이 있다.

　자연적 환경은 입지가 수요시장과 가까울수록 수요가 높다고 할 수 있으며, 이용자 중심의 지역은 수요자와 가까운 거리에 있어야 한다. 그러나 이와 반대로 자연적 환경이 우수하다면 원거리라도 수요가 높을 수 있는데, 이는 교통수단의 이용 여부에 따라 달라질 수 있으며, 교통수단이 접근성을 개선할 수 있기 때문이다.

> ### 관광과 입지(立地)
>
> 드페르(J. Defert)는 『관광입지론』(1966)에서 거리(距離)라는 것이 관광객에게는 심리적인 영향을 줄 수 있는 행동 요인이 된다고 하였다. 심리적 감가(心理的 減價)란 관광지의 거리가 멀면 멀수록 관광객에게는 심리적(心理的) 부담으로 작용하여 상품의 가치를 떨어뜨릴 수 있다는 의미이며, 이러한 이유는 관광에서는 상품이 이동하는 것이 아니라 사람이 이동하기 때문이라고 하였다. 그러나 교통수단의 발달은 거리를 단축시키고 있으며, 관광객에게 주는 심리적 부담감을 감소시키려고 노력하고 있다.

관광 발전에 유리한 조건을 확보하기 위해서는 자연적인 환경을 다양한 방법으로 결합해야 하며, 중요한 요인으로는 계절의 변화와 여가선용에 대한 수요이다. 특히 연중 매력이 있는 지역이라면 관광지로 성공할 가능성이 높다고 할 수 있다.

그러나 자연적인 환경에 의해서만 관광이 발전하는 것이 아니라 자연적 환경을 생산적인 상품으로 발전시키기 위해서는 노동력의 활용과 운영방법을 잘 활용해야 하며, 품질(quality)을 유지하는 것도 중요한데, 생태학적·환경적인 특성을 고려한 적절한 관리계획이 수립되어야 한다.

2) 기반시설

기반시설(infrastructure)이란 지상, 지하에 건설되는 모든 구조물이다. 이러한 시설들은 많은 비용이 투자되어야 하고 건설하는 데 많은 시간이 소요되며, 시설의 확보 여부가 관광의 성패를 좌우하게 된다.

기반시설에는 공항, 항만, 철도, 도로, 주차장, 공원, 야간 조명시설, 마리나와 부두시설 등은 물론 상·하수도 처리시설, 가스, 전기·통신시설, 배수시설 등과 같은 시설은 필수적인 요소이다. 또한 숙박시설, 식당시설, 쇼핑센터, 오락장소, 박물관, 상점 등과 같은 건축시설이 있다.

(1) 공항

공항(airport)은 항공기, 항공노선과 더불어 항공수송의 3대 요소라고 할 수 있다. 공항이란 항공기가 이·착륙할 수 있는 시설을 갖춘 공용 비행장으로서 명칭,

위치 및 구역을 지정, 고시한 것이다. 공항은 국제선 공항, 국내선 공항 그리고 정기노선을 제외한 항공기가 이용할 수 있는 일반 비행장으로 구분할 수 있으며, 군용 비행장은 별도로 분류하고 있다.

(2) 항구

항구(港口, port)는 사용 목적에 따라 상업항, 공업항, 어항, 군항 및 피난항으로 구분되며, 항구가 그 기능을 충분히 발휘하기 위해서는 여객 수 및 화물량에 맞도록 시설을 구축해야 한다. 항만(港灣, harbor)은 육상교통과 해상교통의 연계 역할을 하는 주요 시설로서 배가 운반하는 여객 또는 화물을 싣거나 내리며, 배의 항해에 필요한 연료, 식량, 식수 등을 보급하는 곳이다.

(3) 철도

철도(railway)는 철제의 궤도를 설치하고 기관차와 차량을 운행하여 여객과 화물을 운송하는 시설이며, 철도교통이라는 표현을 한다. 철도는 전용노선을 이용하는 고속철도를 비롯하여 일정한 유도로(誘導路)에 따라 주행하는 지하철도(subway), 노면전차(tramway), 삭도(索道, rope-way), 모노레일(monorail), 케이블 카(cable way), 자기부상(磁氣浮上)열차 등의 모든 것을 총칭한다.

(4) 도로

도로(road)는 기반시설에서 중요한 역할을 하며, 사람이나 차가 다니는 길을 말한다. 도로는 인류와 함께하여 왔으며, 자동차 여행 시대에 필요한 고속도로에 이르기까지 근대화되어 발전되어 왔다. 관광에 있어서 자동차를 이용한 여행에서 도로의 이용은 보편화되었으며, 이용자들을 위한 도로 계획이 수립되어 왔다.

자동차여행이 많은 현대사회에서는 도로 표지판도 중요하며, 도로 표지를 하는 경우에는 방향과 거리를 표시하여 여행자에게 충분한 정보를 제공하고 있다. 특히 외국인 관광객이 많이 방문하는 국가, 지역은 도로 표지를 방문객들이 많은 국가의 언어를 병행하여 표기하는 것이 바람직하다고 할 수 있다.

여행자들의 편의를 위해 관광안내소를 설치하고 지도(map) 등을 구비하기도 하며, 공원, 피크닉(picnic) 식탁과 같은 휴식장소의 제공, 숙박과 음식, 주유소 등과 같은 정보를 제공하기도 한다.

3) 교통수단

관광은 정주지에서 목적지까지의 이동이라는 교통수단이 필요하고, 항공기를 비롯하여 자동차, 기차, 버스, 선박, 택시, 자동차, 모노레일, 삭도(索道) 등은 이용자들의 편의를 제공해 줄 수 있어야 한다.

이러한 교통서비스는 안전해야 하며, 가격도 적정해야 한다. 특히 관광지 내에서 관광활동을 위한 도보교통(徒步交通)도 중요한 역할을 한다는 인식이 필요하다.

(1) 항공기

항공기(航空機, aircraft)는 국제관광의 교통수단에서 중요한 위치를 차지하고 있다. 관광을 진흥 발전시키기 위해서는 항공사의 명칭, 운항횟수, 운항하는 기종 등이 항공교통의 특성을 평가하는 기준이 된다.

항공기가 운항하기 위해서는 공항의 시설도 충분해야 하며, 항공기 이용과 관련하여 출·입국하는 이용자를 위한 교통편과 화물의 탑재·하역을 위한 공간도 중요하다. 최근에 건설된 공항들은 이러한 문제들을 해결하는 데 역점을 두게 되었고 설계개선을 통해서 이용객들의 보행거리도 단축시켰으며, 비행기를 갈아타는 승객들을 위한 셔틀버스도 자주 운행하고 있다.

(2) 자동차

여행자를 위한 자동차는 넓은 차창과 안락한 의자, 냉·난방, 화장실 시설을 갖추는 것이 좋으며, 스프링이나 기타 시설이 잘 설계되어 운항에 따르는 충격을 최소화하거나 전혀 충격을 주지 않아야 한다. 승객에게는 이어폰의 제공과 더불어 자국어(自國語)로 된 안내 서비스를 제공하게 되면 주요 관광지에 대한 설명을 빠르고 쉽게 이해를 할 수 있다.

(3) 기차

여행하는 경우 사람들은 기차(汽車, train)여행을 선호하는 경우가 많다. 이러한 이유는 다른 교통수단에 비해서 안전성과 편리성이 높으며, 냉·난방시설이 설치된 차 안에서 경치를 내다볼 수 있는 안락함 때문이다. 고속열차의 등장은 여행자의 선호도를 증가시켰으며, 승무원을 고용하여 서비스의 가치를 더욱 높이고 있다.

(4) 선박

해상(海上)여행은 육상여행과 항공여행의 발달과 더불어 관광발전에 많은 기여를 하였고 선박(船舶, ship)에는 순항선(巡航船), 화물선, 페리(ferry)선, 전세보트, 요트(yacht), 거주용 배, 카누 등과 같은 다양한 종류가 있다.

순항선과 같은 대형 선박들은 항구 및 부두시설이 필수적이고 승객들을 위해 육상 또는 항공 수송편의 연계체계를 갖추어야 한다. 작은 선박들은 독(dock)시설이 필요하고 해상에 진입할 수 있도록 하역 램프시설도 갖추어야 한다.

(5) 택시

택시(taxi, cab)는 관광에 있어서 중요한 역할을 해왔으며, 항상 깨끗이 하고 승객을 맞이할 준비를 해야 한다. 택시 운전자는 승객이 탑승하고자 할 때 좌석에서 내려 차 문을 열어주는 것이 좋으며, 짐을 싣는 것도 도와주는 등 예의 바르게 서비스하는 것이 필요하다. 운전자는 여러 언어를 구사할 수 있으면 바람직하며, 특히 관광이 그 나라 경제에서 차지하는 비중이 높을 때 외국어의 표현과 사용은 매우 중요하다.

4) 숙박시설

숙박시설은 건축과의 연관성이 높고, 그 지역의 특색 있는 환경을 연출할 수 있는 건축물이 될 수 있다. 여행자들은 현대식 호텔도 중요하게 인식하지만 그 지역의 문화적인 특성이 반영되고 잘 어울리게 설계된 시설에 매력을 갖기도 한다.

숙박시설은 여행자들의 수요를 충족시켜야 하며, 다양한 숙박시설의 확보와 건설이 선행되어야 한다. 숙박시설의 유형에는 호텔을 비롯하여 한옥 호텔, 콘도미니엄, 펜션(pension) 등 다양하며, 입지 및 특성에 따라 시티(city) 호텔, 커머셜(commercial) 호텔, 리조트호텔, 온천호텔, 카지노 호텔, 아파트먼트 호텔 등으로 분류하기도 한다.

호텔은 물리적 설비의 청결상태, 서비스 등의 차이가 발생할 수 있다. 여행자들은 물리적 시설, 가격, 위치, 서비스 등에서 요구하는 기대 수준이 있으며, 이러한 요소들은 만족할 만한 수준에 도달해야 한다. 만약 시설과 서비스 수준이 떨어지면 수요가 감소하게 되고 관광에 많은 영향을 끼치게 된다.

따라서 많은 국가에서는 정부 또는 민간단체의 주관으로 이용자들에게 호텔선택의 기회를 부여하고 편의를 제공하기 위해 호텔 등급 제도를 시행하고 있으며, 시장에서의 경쟁을 유도하여 서비스 수준을 향상시키기 위한 노력을 하고 있다.

5) 문화적 자원

문화적 자원은 역사, 유적, 문학, 음악, 연극, 무용, 예술, 종교, 쇼핑, 스포츠 등으로 관광객의 관광동기 및 관광의욕을 일으킬 수 있는 관광대상이다.

문화적 자원들을 잘 활용한다면 훌륭한 상품을 창출할 수 있으며, 전통이 있고 고유한 축제, 놀이, 화려한 행렬 등도 중요한 상품이 될 수 있다.

(1) 박물관과 미술관

박물관(museum)은 다양한 학술자료를 수집, 연구, 진열해 놓은 곳이며, 역사, 예술, 산업, 과학 등의 분야에서 보관할 만한 가치가 있다고 판단되는 자료들을 수집하여 전시해 놓은 장소이다. 박물관을 잘 활용하면 관광객을 유치할 수 있으며, 고유의 문화를 널리 홍보할 수 있는 좋은 계기가 된다.

미술관(art gallery)은 미술과 관련된 회화, 조각, 공예, 사진 등의 자료들을 수집하고 전시하는 곳으로 외국에서는 박물관에 포함시키고 있다.

(2) 축제

축제(festival)는 개인 또는 집단에 특별한 의미가 있는 일 혹은 시간을 기념하는 일종의 의식을 의미하는 행사였다.

축제는 경제적 가치와 더불어 놀이 문화의 관점에서 주목받고 있고 관광객 유치에도 기여하고 있으며, 관람형태와 체험형태의 축제로 구분할 수 있다. 방문객을 유치하기 위해서 다양한 이벤트(events)를 개최하는 것도 효과적이며, 특별 프로그램을 기획하여 문화의 우수성과 즐거움을 제공하는 기회가 될 수 있다.

(3) 쇼핑

쇼핑(shopping)은 여행에 있어서 중요한 활동이 되고 있고 방문지에 대한 추억을 상기시킬 수 있는 중요한 요소이다. 구매하는 품목은 쇼핑하는 장소에 따라 차이가 있으나 면세점, 기념품점, 백화점, 전통시장 등 다양한 장소에서 발생된다.

여행자들은 토속적인 상품을 구매하는 경우가 높기 때문에 판매하는 상품의 신뢰성은 중요하며, 판매 과정에서도 상품의 진열(display)은 여행자들의 구매를 유도할 수 있는 좋은 방법이 된다.

쇼핑에 있어서 중요한 사항은 가격과 윤리적인 관행이다. 여행자들에게 현지 사람들보다 높은 가격으로 판매했을 경우 어떤 관광 요소보다 더욱 분노하게 되는데, 여행자들은 다른 상점과 가격을 비교할 수 있기 때문이다. 따라서 가능하면 판매가격은 다른 상점과 일치시키는 것이 좋다.

상점의 주인 및 판매원은 상냥하고 예의가 있어야 하고 상품의 가치를 충분히 설명해야 하며, 상품의 역사에 대한 설명과 정보 제공은 정확하고 진실해야 한다. 또한 판매원은 충분한 언어구사 능력을 갖추어야 하며, 여행자에 대한 친절, 상품 판매과정에서 인내심과 이해심이 있어야 미래의 구매자를 확보할 수 있다.

(4) 오락·유흥

여러 면에서 관광객의 기분을 즐겁게 하는 오락(娛樂)·유흥(遊興)을 개발하는 아이디어와 노력이 필요하다. 관광객의 관심을 끌 수 있는 음악, 춤, 연극, 시, 문학, 영화, 축제(festival), 이벤트(event), 박람회, 전시회, 쇼, 식음료 등은 고유한 문화적 특색이 있는 상품이 된다.

상품의 홍보는 호텔, 리조트 지역에 안내 데스크를 설치하여 행사계획을 알릴 수 있으며, 유동(流動)인구가 많은 지역에서는 게시판을 이용하여 행사를 공지하는 것도 좋은 방법이 된다.

(5) 레저·스포츠

레저·스포츠(leisure activity)는 휴일 등 남는 시간에 하는 모든 형식의 운동이라고 할 수 있으며, 골프, 테니스, 서핑, 수영, 등산, 스키, 사냥, 낚시, 하이킹 등을 필요로 하는 사람들을 위하여 적당한 시설과 서비스가 필요하다. 현대인은 정신적, 신체적, 사회적 건강을 중요시하고 운동을 생활화하는 경향이 높기 때문에 다양한 활동을 할 수 있도록 시설의 구비와 적정한 가격정책이 필요하다.

6) 환대 서비스

(1) 친절성

친절(kindness)은 예의와 진지한 관심, 방문객들에게 봉사하고 친해지려는 정신 그리고 따뜻하고 우정 어린 행동이다. 친절은 관광을 발전시킬 수 있는 기본이고 원동력이 될 수 있으며, 모든 사람은 방문객들을 환영하고 친절히 대하는 태도가 필요하다. 특히 관광분야의 종사원들은 관광객에게 친절히 봉사하고자 하는 환대(hospitality)정신이 필수 조건이다.

방문객의 환영을 위해서 공항이나 항구와 같은 입국 지점에 환영 표지판이나 특별 환영소를 설치하여 운영하는 것은 바람직한 서비스 활동이다.

(2) 관광안내

여행하는 사람에게 여러 가지 정보를 알려주고 설명하는 것을 관광안내라고 하며, 안내할 사람은 친절성과 예의를 갖추고 지식이 풍부해야 한다.

통역사(interpreter)란 언어가 통하지 않는 사람들에게 언어로 의사소통이 될 수 있도록 도와주는 일이며, 통역업무는 주요 관광지에 대한 안내는 물론 버스가 정차하고 이동할 때마다 승객을 도와주는 일도 하며, 이러한 임무를 수행하기 위해서는 교육과 훈련이 필요하다.

관광객을 안내할 사람은 기본적으로 용모를 단정히 하고 방문객에 대한 인사예절을 갖추는 것이 필요하며, 다양한 정보를 습득하여 도움을 줄 수 있어야 한다. 그러나 무엇보다도 중요한 것은 친절하고 예의 바른 행동을 하려는 마음을 소유하는 것이 중요하다.

많은 국가에서는 관광안내를 담당하게 하기 위하여 자격제도를 도입하여 운영하고 있으며, 교육기관에서 높은 수준의 교과 과정을 이수하도록 하고 있다. 교육 내용으로는 정치, 경제, 사회, 문화, 역사, 고고학, 민속학 등 전반적인 내용이 필요하며, 외국인 관광객을 위한 통역안내는 언어 구사능력이 필수적인 자격조건이 된다.

제**3**절　관광수요와 공급시장 분석

1. 관광수요의 예측

여행자들은 환대하는 마음이 강하고 서비스 받을 수 있는 지역을 선호하게 된다. 관광분야에서 수요와 공급의 원리는 그동안 많은 논의의 대상이 되었다.

관광분야에서 적절한 수용 규모를 확보하는 것은 기술적인 문제이기도 하지만 계획에 맞추어 추진하는 것은 매우 어렵기 때문이다. 관광은 계절에 의한 수요변화의 폭이 크며, 성수기와 비수기가 발생되고, 상품의 특성이 저장되지 않기 때문이다. 이러한 이유로 인하여 수요와 공급을 조정하는 것은 매우 어려운 일이고 예상 수요를 고려하여 적정한 공급을 하기 위해 노력해야 하며, 계절적 요인에 의한 수요변동의 폭을 최소화하는 것이 합리적인 방법이 될 수도 있다.

수요와 공급의 조화를 적절히 조정하기 위해서는 사업 분석이 필요하고, 공식을 사용하여 수요산출이 가능하며, 수요예측을 위한 통계·조사기술의 활용이 필요하다.

수요예측(需要豫測)을 위해서는 현재의 상황을 분석하고 구체적인 시장을 확정하며, 가장 합리적인 대안이 무엇인지를 선택하는 것이다. 수요예측은 선택 단계에서 시작되며, 대안별로 수요현황 분석이 필요하다.

수요현황의 분석이란 수요자들에 대하여 여행형태(단체, 개별) 현황, 방문목적(사업, 위락), 동반형태(가족, 친구), 교통수단 이용현황, 계절별 여행현황, 특별 목적(축제, 이벤트, 박람회) 여행과 관련된 상황을 조사, 분석하는 것이다. 또한 수요에 영향을 줄 수 있는 미래의 경제·사회·문화적 환경과 같은 다양한 환경을 조사하는 것도 필요하다.

이러한 현황분석을 실시함으로써 시장 특성을 확인할 수 있고 시장 잠재력의 발견이 가능하며, 판매방법을 분석하여 경쟁력 있는 지역으로 발전할 수 있는지에 대한 연구 등도 할 수 있다.

2. 관광공급의 분석

공급이란 수요자들에게 공급할 수 있는 상품의 적절성을 확인하는 것이며, 관광객을 수용하기 위한 다양한 시설에 의해 좌우된다. 여기에는 자연적 환경, 기반시설, 교통수단, 숙박시설, 문화적 자원, 환대 서비스 등과 같은 요소들이 있다.

공급이 충분한 경우에는 더 이상의 개발이나 계획이 필요하지 않지만, 충분하지 못한 경우에는 계획안을 수립해서 추진하는 것이 바람직하다. 그러나 공급에는 비용이 많이 투자되어야 하고, 조속한 시간 내에 확장하기 어렵기 때문에 합리적인 계획과 충분한 검토가 있어야 한다.

공급은 시장경제 체제에서 수요자에게 재화나 서비스가 제공될 수 있는 구체적인 수요량이 중요하며, 생산자가 특정한 조건에서 판매하려고 한다면 생산비용을 포함한 상품가격을 산출해야 하고 공급하기 위한 현황분석과 계획을 수립하는 것은 필수적이다. 공급의 양(量)이 많거나 품질이 떨어진다면 수요의 폭이 감소할 수 있으며, 공급이 부족하다면 수요자들이 이용하지 못함으로써 관광에 막대한 영향을 주게 된다.

공급현황 분석은 자원의 특성을 비롯하여 여행사, 호텔, 운송 등과 관련된 사업자 및 관광을 촉진시키는 단체 등과 같은 전문가들을 중심으로 집단적 표본조사 방법이 반드시 필요하다.

3. 관광수요와 공급의 조정

관광은 다양한 환경에 영향을 받는 사업이다. 자연적 환경, 경제적 환경, 정치적 환경, 사회적 환경 등의 영향에 의해서 다양한 패턴을 보인다. 관광수요와 관광공급도 이러한 환경요인에 의해 성수기, 비수기가 상존하게 된다.

성수기에는 공급이 부족하고 비수기에는 공급이 초과된다는 것을 의미하며, 수요와 공급의 불균형은 전반적인 현상이다. 고객을 최대한 만족시키고 연중 시설을 이용할 수 있도록 하기 위해서는 다양한 상품 개발과 가격 차별화를 통해 적절히 대처하는 방법이 필요하게 되었다.

- 공급이 수요를 충족시킨다. 성수기에 찾아오는 관광객들이 안락하게 이용할 수 있음을 나타낸다. 그러나 비수기에는 낮은 점유율 때문에 수익성이 낮아지게 된다.
- 공급이 낮은 수준이다. 성수기의 시설이 부족해서 관광객이 감소할 수 있으며, 관광객의 만족 수준도 낮아지게 되어, 관광의 미래 전망이 불투명해진다.

1) 상품 개발

관광은 계절적 요인으로 인해 수요패턴에 영향을 미치는 특성이 있다. 계절적 요인을 극복하기 위하여 마케팅 활동과 더불어 관광상품 개발과 같은 다양한 정책이 필요하다. 관광수요를 창출하기 위해서는 축제, 특별행사, 회의, 스포츠 행사 등 다양한 행사를 개최할 수 있는 상품 개발이 필요하다.

상품 개발은 수요환기에 기여할 수 있는데, 여름(夏季)의 관광지가 성수기로 각광을 받으면서 비수기(가을, 겨울, 봄)까지 수요를 연장할 수 있으며, 가을의 낙엽투어, 겨울(冬季)의 스포츠 활동, 봄의 꽃 축제와 같은 다양한 행사 이벤트를 활용한다면 비수기에도 수요 창출이 가능하다고 할 수 있다.

비수기에는 일반적으로 여행수요가 감소하는 경향이 높기 때문에 성수기에 다양한 행사 등을 개최하여 비수기까지 행사를 연장함으로써 비수기를 극복할 수 있다.

2) 가격 차별화

가격 차별화 정책은 성수기에서 비수기로 수요를 이동시키는 효과적인 방법이며, 비수기에 시장을 개척하기 위한 방안으로 가격 차별화 정책을 효과적으로 활용하게 된다. 성수기(盛需期)에 비해 비수기(非需期)에는 수요가 많지 않아 가격을 차별화함으로써 비수기의 수요를 환기시킬 수 있다. 비수기에는 가격을 저렴하게 책정하는 것이 일반적이지만 항공 등을 대체하는 교통수단이 활용되고 적정요금

수준을 유지하여 운항횟수가 많아지면 비수기에도 수요를 자극할 수 있다.

3) 휴가제도의 조정

　일부 국가에서는 수요와 공급을 조정하기 위한 방안으로 휴가제도의 자율성을 도입하여 성수기와 비수기의 수요격차를 완화시키는 노력을 하고 있다. 성수기 수요의 여행 시기를 비수기로 전환하는 정책으로 시차제 휴일, 연중 휴가 제도를 도입하고 있다.

　휴가제도의 자율성은 여행 시기를 조정함으로써 비수기의 수요를 확대하기 위한 방안이 되는데, 비수기에 여행함으로써 높은 수준의 서비스를 제공받을 수 있기 때문이다. 또한 편안하게 시설을 이용함으로써 만족도가 증가하게 되어 재방문하게 되고, 고정비용이 높은 관광사업체는 시설 이용률을 높일 수 있어 경영에도 많은 도움이 된다.

김사헌, 관광경제학, 경영문화원, 1985.

김천중, 관광정보론(관광정보와 인터넷), 대왕사, 1998.

이흥윤, 지역 관광개발을 위한 투자재원 조달방안에 관한 연구, 배재대학교 대학원 박사학
위논문, 1999.

정석중 외 8명, 관광학, 백산출판사, 1997.

채서묵, 관광사업개론요해, 백산출판사, 1993.

표성수 · 장혜숙, 최신관광계획개발론, 형설출판사, 1994.

문화체육관광부, 2021년 관광동향에 관한 연차보고서, 2022.

Clare A. Gunn, Tourism Planning, Taylor and Francis, 1988.

Hudman, E. & D.E. Hawinks, "Tourism In Contemporary Society : An Introductive Test,"
New Jersey, Persey : Prentice-Hall, 1989.

Robert W. McIntosh, Charles R. Goeldner & J.R. Brent Ritchie, Tourism(Principles,
Practices, Philosophies), John Wiley & Sons, Inc., 1995.

CHAPTER

03

TOURISM
BUSINESS

관광발생과
관광행동

관광발생과 관광행동

제1절 관광발생의 요인

1. 관광주체적 요인

1) 관광·여가에 대한 의식

관광발생(觀光發生)은 과거, 현재, 미래에 대한 기대 등에서 연유되는 많은 요인에 의해 영향을 받는다. 즉 인간을 둘러싸고 있는 환경, 즉 자연적, 사회적, 경제적 요인과, 문화적 가치, 관습, 역할 등에 의해서도 영향을 받게 된다. 이러한 내·외적 요인에 의한 영향을 받으면서 관광객들은 외부환경과 심리적 측면에서의 갈등을 극복하고 자기 목표를 지향하기 위해 행동을 한다.

개인은 가치관, 인생의 궁극적인 목적과 관련된 인식에 따라 생활양식(pattern)에 많은 영향을 받게 되고, 특히 관광과 여가에 대한 의식은 관광행동에 있어 중요한 변수로 작용하게 된다.

2) 경제적 조건

관광은 일종의 소비 행동인 만큼 경제적 조건은 관광행동에 있어서 중요한 변수가 된다. 관광이 특정 계층의 전유물에서 벗어나 모든 사람이 관광을 즐길 수 있는 대중(mass)관광 시대의 출현 역시 그 근원에는 경제적 여건의 향상이 있었기에 가능하게 되었다. 생활환경과 경제적인 능력의 변화, 즉 국민소득의 증가, 특히 가처분소득(disposable income)의 증가 여부는 경제적 조건에 의한 관광발생에 직접적인 영향을 미치게 된다.

> **가처분소득(假處分所得)(disposable income)**
>
> 개인의 자유의사에 따라 쓸 수 있는 소득을 의미하며, 가처분소득의 증가 여부는 소비자들의 소비심리에 직접적인 영향을 미치며, 소비와 구매력의 원천이 된다.

3) 시간적 조건

근로시간을 제외한 여유시간의 여부는 관광행동에 영향을 끼치게 된다. 시간적 조건은 사회 환경적 변수로서 근로시간과 자유(leisure)시간, 휴가제도 등과 같은 산업사회의 정책 및 제도적 특성에 영향을 받게 되며, 관광객의 자유(leisure)시간의 양과 질에 의해서 결정되며, 관광발생에 영향을 끼치게 된다.

4) 정보 획득조건

정보·통신의 발전은 사회 전반에 걸쳐 영향력을 발휘하고 있으며, 관광환경을 변화시키는 요인이 되고 있다. 이러한 현상은 관광과 여가에 대한 욕구가 높아가고 있으며 관광이 행동으로 이어지기 위해서는 개인의 정보획득 역시 중요한 변수로 작용하게 된다. 각종 정보를 얼마나 많이 획득할 수 있으며 또한 정보를 획득할 수 있는 정보환경의 구축 여부가 관광객의 욕구를 자극하여 관광발생을 불러일으키며, 관광 수요에도 많은 영향을 주게 된다.

2. 관광객체적 요인

1) 자연적 조건

관광객의 행동에 많은 영향을 끼치는 것이 자연적 조건이다. 관광지가 위치한 지역의 자연적·사회적 제반 환경과 자원의 조건에 따라 관광행동에 많은 영향을 끼치게 된다. 자연적 조건의 매력(魅力)이란 기후의 연교차(年較差)인 한·서(寒·暑)가 적어야 하며, 좋은 날씨(good weather), 훌륭한 경치(scenery), 청정한 자연(無公害) 등이 선택요인이 되고 관광발생에 직접적인 영향을 주게 된다.

2) 관광자원의 조건

관광자원이란 관광객의 욕구를 충족시켜 주는 대상이 되며, 매력과 유인성을 갖고 있어야 한다. 매력(attractiveness)이란 사람을 끌어들여 관심을 유발하는 힘을 말하며, 관광자원의 특성에서 기본조건이 된다고 할 수 있다. 매력은 관광객의 욕구에 따라 다양한 관점의 차이는 있으나, 관광 동기를 유발하거나 관광 욕구를 충족시켜 줄 수 있는 매력성(魅力性)은 매우 중요한 의미가 있다고 할 수 있다.

3) 관광지의 조건

관광지까지의 거리와 걸리는 시간은 관광객에게 심리적인 영향을 끼치게 되며, 목적지까지의 편리한 운송수단은 관광지의 중요한 조건이 된다. 또한 관광객이 방문하고자 하는 관광지의 지역주민들이 관광객을 환영하는 정신(hospitality)도 선택행동에 영향을 미친다. 관광객을 위한 관광지의 기반시설 및 편의시설의 확충과 마케팅 활동은 관광객을 유치할 수 있는 유리한 조건이 된다.

관광 목적지로 발전하기 위해서 관광자원의 매력이 다소 부족하더라도 아이디어, 투자가 있으면 목적지로 성공할 수 있으며, 기반시설과 관련 시설의 투자와 확충을 통해서 관광지의 조건을 개선하기 위한 노력을 하고 있다.

투자(investment)

투자란 항상 위험을 수반하며, 투자하여 이익을 내지 못하고 손실을 볼 수 있다는 것은 당연한 결과인지도 모른다. 투자 시에는 이익을 최대로 하고, 위험을 줄이는 방안을 연구해야 하며, 투자가들은 이러한 위험부담을 피하려고 하며, 위험부담이 큰 투자는 높은 수익성을 창출할 가능성이 있어야 한다고 하였다.

3. 사회 · 문화적 요인

1) 사회적 요인

산업화로 인한 도시의 인구 집중화 현상은 현대인들을 도시로부터 일시적으로 일탈(逸脫)하려는 현상으로 표출된다. 인간의 기본적인 본능은 삶을 유지하기 위하여 공해 · 소음으로부터 탈출하기를 원하게 되고, 거주하는 지역보다 먼 곳으로 이동하고자 하는 욕구가 강해지는 원심력(遠心力)이 증가하게 된다.

교육제도가 체계화되면서 교육 기회가 증가하고 교육 수준이 향상되어 문맹률이 낮아지고(低下), 고학력 사회로 변화, 발전되어 가면서 학습효과에 의해 새로운 곳에 대한 흥미가 증가되고 있다.

매스컴(mass communication)을 통한 광고 · 선전은 관광욕구를 자극하게 되었고 컴퓨터 중심 사회로의 전환은 정보 획득이 쉽고 간편해짐에 따라 관광발생의 요인이 되고 있다.

근로시간의 단축으로 인한 자유시간의 증가, 유급 휴가(paid holiday)제도의 도입, 사회보장제도(social security system)의 발달은 관광발생에 많은 영향을 끼치고 있다.

2) 문화적 요인

문화적 요인인 종교나 민족의 문화는 국가나 사회 전반의 가치관과 윤리관을 형성하게 되며, 전통적인 문화적 가치나 행동에 대해서 이질적 문화를 체험하고자 하는 집단(集團)에게 자기 나라(지역)와는 다른 정서나 멋이 있는 이국정서(異國情緒)라는 곳이 매력적인 장소가 되면서 관광발생에 영향을 끼치게 된다.

국제화 · 개방화로 인한 문화 활동에 대한 참여 욕구의 증대, 문화 수준의 중요성에 대한 인식이 확대되면서 역사적 유래 및 문화유산이 있는 사적지의 방문, 문화적 풍습 · 습관이 있는 지역의 탐방, 매력적인 향토음식의 시식(試食), 토속적인 관광기념품 구입이 가능한 지역을 방문하고자 하는 경향이 증가하고 있다.

4. 정치 · 경제적 요인

1) 정치 · 군사적 요인

관광은 국가의 정치 및 안보 상황에 민감하게 반응하고 행동하게 된다. 정치적 불안정, 군사적 상황은 존재할 수 있으며, 불안과 공포를 초래(招來)하는 정치 · 군사적 요인은 관광발생에 영향을 주며, 전쟁이나 쿠데타, 테러 등과 같은 안전이 확보되지 않은 불안은 관광에 가장 큰 장애 요인이 되고 있다.

따라서 정치가 안정되어 있고 범죄 및 테러가 없으며, 군사적인 평화 분위기 (mood)가 조성되어 있다면 관광객은 안전하게 관광활동을 할 수 있다는 인식을 하게 되며, 이는 관광발생에 직접적인 영향을 끼치는 요인이다.

2) 경제적 요인

소비자들이 목적지를 선택하고 행동하기 위한 조건(先決)은 물가수준이다. 관광행동에는 소비가 수반되며, 관광객은 경기변동과 물가, 환율변동에 민감하게 반응하고 개인의 소득과 소비 지출에 영향을 주는 요인들이 있다면 관광발생에 영향을 주게 된다.

물가수준은 일반적으로 관광객의 구매력을 좌우하며, 높은 물가수준은 여행비용에 직접적인 부담으로 이어지게 되어 소비를 자제하게 하는 심리적인 요인이 된다. 관광객이 고환율(高換率) 국가에서 저환율(低換率) 국가로 이동하는 것은 화폐가치의 척도와 직결되는 경제적 요인과 연관성이 높다는 것을 나타내는 사례가 된다.

5. 정책 · 기술적 요인

1) 정책 · 제도적 요인

정부는 여러 상황에 따라 관광에 대한 지원이나 규제 등과 같은 일련의 조치들을 시행하게 되는데, 휴가제도와 관광·여가에 대한 국가의 다양한 정책이 여기에 속한다고 할 수 있다.

관광객에게 편의를 제공할 수 있는 출입국 수속(手續) 및 세관 통관절차의 간소화와 같은 법·제도적인 조치와 적극적인 교통망 확대, 교통수단 개선, 요금 할인 등과 같은 정책은 관광지 및 관광자원의 이용을 확대하기 위한 장려정책이다.

산업사회의 발전과 기계화로 인하여 노동시간의 단축에 따른 자유시간이 확대되고 근로자를 위한 각종 휴가제도는 관광발생에 많은 영향을 주고 있다.

2) 기술적 요인

관광은 이동을 수반하기 때문에 목적지까지의 이동과 연관된 교통수단의 역할은 중요하며, 기술의 발전은 관광객의 이동을 편리하게 하여 관광의 기회를 확산시켰다. 기술의 발달로 도로·항만·통신·공항·용수·전력 등과 같은 사회간접시설을 확충하게 되었으며, 시설이 개선되어 관광지·관광자원까지의 시간과 거리를 단축하여 관광객 이동에 따른 심리적 부담요인을 감소시켰다.

기술의 발달로 교통수단은 관광객 이동에 영향을 주는 요인을 개선하기 위하여 노력하게 되었으며, 안전(safety)성 확보, 편리(convenience)성, 시간의 정시(定時, on-time)성, 운항횟수(flight frequency), 시설의 우수(excellence of facilities)성, 서비스(service) 등을 제공하여 관광객이 안전하고 편리하게 이용할 수 있도록 한 것은 관광발생에 많은 영향을 끼치는 요인이 되고 있다.

교통수단의 ESLM 요소

교통수단의 ESLM 요소란 경제성(Economy), 속도성(Speed), 호화성(Luxury), 이동성(Mobility)을 뜻한다.

제 **2** 절 / **관광행동의 의의와 영향요인**

1. 관광행동의 의의

관광을 '즐거움을 위한 여행'이라고 한다면 이 행위는 기본적으로는 개인적인 행동이고, 현상으로서의 관광은 개인적 행동의 집합인 사회현상으로 이해할 수 있다. 인간이 왜 여행을 하는가 하는 문제는 개인의 행동으로써 고찰할 필요성이 있으며, 관광행동(觀光行動)의 구조를 이해하는 것은 관광 전체를 이해하는 데 그 기초가 된다고 볼 수 있다.

관광을 인간행동의 한 가지 형태로 이해해야 하며, 여행의 과정이나 일정 또는 목적지에서 경험하고 관찰하는 여러 활동이며, 이동행위, 체재행위, 활동행위 등을 총칭해서 관광행동이라고 할 수 있다.

관광객 행동(tourist behavior)이란 관광객이 여행하기 위하여 계획을 세우는 단계부터 여행과정에서 실제로 행동하면서 발생하게 되는 여러 상황을 포함하는 폭넓은 개념이며, 관광객 행동은 개인행동, 집단행동, 자유행동, 특수행동 등으로 분류할 수 있다.

문화인류학적 관점에서 관광객의 행동은 소비 행동에 속한다고 인식하고 있으며, 관광행동을 소비 행동의 하나로 규정하기도 한다. 소비 행동에서 관광객이 구입하는 것은 신체적 위안(慰安), 보고 들은 지식정보, 참가에 따른 즐거움 등 다양한 측면이 포함되어 있다.

관광자와 관광객의 개념은 인식하는 관점에 따라 차이가 있다. 관광자는 '관광하려는 사람'을 주체적 및 주관적으로 표현하는 것이며, 관광하려고 하는 경우 목적지 선택을 신중히 고려해서 구매 행동을 하려는 사람들이다. 즉 주체성이라는 관점에서 관광행동을 연구하는 경우에는 관광자라는 용어로 표현하는 것이 적합할 것이다.

관광객이란 '관광사업의 대상이 되는 사람, 즉 소비자로서의 고객'을 지칭하는 경우가 많으며, 사업을 운영하는 경영자 관점에서는 관광객이라는 용어로 표현하는 것이 의미가 있다고 할 수 있다.

2. 관광행동의 영향요인

관광행동을 하기 위해 판단하고 선택하는 행위 또는 과정을 의사결정이라고 한다. 관광객의 의사결정에 영향을 주는 심리적인 요인들은 무엇이며, 어떤 요인들이 있는지에 대한 이해를 하는 것은 중요하고, 관광행동에 영향을 주는 변수를 학습해야 할 필요성이 있다.

관광행동에 영향을 주는 요인에 대해서는 학자들의 주관에 따라 다양한 접근방법이 있지만 본 내용에서는 다음과 같이 분류하고자 한다.

관광행동의 영향요인

구분	내용
개인적 영향요인 (심리적 영향요인)	지각(perception), 학습(learning), 성격(personality), 동기(motivation), 태도(attitude), 생활양식(life style)
사회적 영향요인	가족(family), 사회계층(social class), 준거집단(reference group)
문화적 영향요인	국적(nationality), 종교(religion), 인종(race), 언어(language), 지역(region)

관광행동의 영향요인

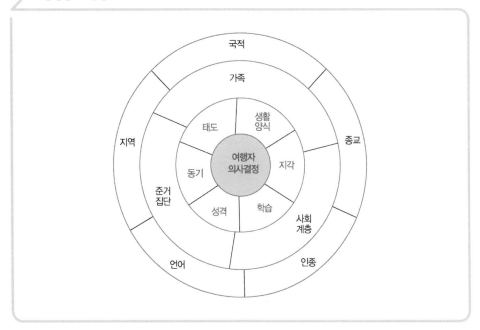

1) 개인적 영향요인

(1) 지각

인간은 시각·청각·미각·후각·촉각 등 감각기관을 통해 세상의 사물과 사건을 알게 된다. 지각(知覺, perception)이란 특정한 감각기관이 포착한 환경으로서 외부환경뿐만 아니라 신체의 상태도 포함하면서 주변의 세계를 이해하는 과정이라 할 수 있다.

지각에 영향을 주는 요인에는 자극요소(stimulus factors), 개인적 요소(personal factors), 상황적 요소(situational factors)가 있다. 자극요소는 크기, 색깔, 구조, 모양, 주변 환경 등과 같은 대상이나 상품의 물리적 특징으로 구분할 수 있다. 개인적 요소란 인구 통계적 요소인 연령, 직업, 소득, 성별, 국적 등을 비롯하여 자신의 개인 태도와 동기, 관심과 경험, 기대, 감정 상태와 같은 요소이다.

상황적 요소(situational factors)는 같은 자극이라 해도 사물이나 사건을 보는 시간과 장소, 주위환경이 바뀜에 따라 각각 다르게 지각에 영향을 미칠 수 있는 요소이다.

(2) 학습

학습(learning)은 어떤 행위의 경험 결과에 따라 나타나는 영속적 행위이며, 심리학자들은 학습을 인간행동을 이해하기 위한 기본적 과정이라 설명하고 있다. 목적지를 선택하는 과정에 있어 쉽고 빠른 의사결정이 이루어지는 것은 경험에 의한 학습의 반복적 결과라고 볼 수 있기 때문이다.

일반적으로 관광객의 학습은 사전의 경험과 정보에 의해 이루어진다. 관광하려고 할 때 경제 사정에 변화가 온다면 다른 목적지를 선택하도록 학습할 수 있으며, 관광객의 행동은 개인적으로 느끼는 인지(認知)도에 의한 학습결과로 나타난다고 볼 수 있다.

학습은 동태(動態)적 과정이기도 하며, 독서·관찰·사고 등을 통해 새롭게 획득하는 지식이나 실제 경험의 결과로써 나타나며, 진화하고 발전한다. 학습하는 사물이 중요하고 자극 발생이 높으며, 사물에 대해 느끼는 심상(image)이 강할수록 오랫동안 기억되며, 관광행동의 선택을 더욱더 신속하게 한다.

(3) 성격

성격(personality)이란 개인의 특징을 나타내는 행동 또는 체험의 기반이며, 학습, 지각, 동기, 감정과 역할의 복합적 현상이라고 할 수 있다. 따라서 어떤 학자들은 성격을 '특성의 축적'이라고도 한다. 성격에는 여러 가지 특성이 복합적으로 형성되어 있으며, 성격 형성에 관한 심리학 연구에는 정신분석학 이론, 현상학 이론, 자아(自我)심리 이론, 특성이론, 자질론, 신프로이트(S. Freud) 이론 등이 있다.

성격이 관광행동에 어떠한 영향을 미치는지에 대한 학자들의 연구에 의하면 성격유형에 따른 관광행동의 유형을 내향적인 사람(introverts)과 외향적인 사람(extroverts)으로 구분하였다. 플로그(Plog)는 관광객의 성격적 특성에 따라 내부중심(psycho-centric)형과 외부중심(allo-centric)형, 중간(mid-centric)형으로 구분하기도 하였다.

성격에 따른 관광행동 특성

내부중심형(내향성)	외부중심형(외향성)
• 친숙한 관광지 선호	• 일반 관광객이 잘 가지 않는 곳을 선호
• 관광지에서 평범한 활동 선호	• 다른 사람이 방문하기 전에 새로운 경험을 했다는 느낌을 갖고자 함
• 휴식을 줄 수 있는 태양과 즐거움이 있는 곳을 선호	• 새롭고 색다른 관광지 선호
• 활동 수준이 비교적 낮음	• 활동 수준이 높음
• 자동차 여행을 선호	• 항공기 여행을 선호
• 대형호텔, 가족식당, 기념품점 등 많은 사람이 모이는 곳을 선호	• 훌륭한 호텔과 음식을 선호하는 편이지만 현대적이거나 체인 호텔을 원하지는 않음 • 인적이 드문 관광시설 선호
• 가족적인 분위기, 친숙한 오락활동을 선호 • 이국적인 분위기가 나지 않는 곳을 선호	• 타 문화권 사람들과 만나거나 교제를 시도
• 활동 일정이 꽉 짜인 완벽한 패키지(package) 여행 선호	• 교통 · 호텔 등 기본적인 것만 여행 일정에 포함시키는 경우가 있음 • 자유와 융통성을 주는 활동 선호

자료 : Robert, McIntosh & Shashikant Gupta, Tourism, Third Edition, Grid Publishing Inc., 1980, p.72을 참조하여 작성함

일반적으로 내향적인 성격의 소유자(introverts)들은 자기 생활에 대한 예측(豫測)적인 성향이 강하고, 이러한 사람들은 직접 운전하여 갈 수 있는 친숙한 관광지를 방문하는 성향이 있다고 한다. 그러나 외향적인 성격의 소유자(extroverts)들은 자기 생활을 예측하지 않는 성향이 강해서 목적지를 선택하는 경우 멀리 떨어져 있고 많이 알려지지 않은 곳을 선호하는 경향이 있다고 할 수 있다.

(4) 동기

동기(motivation)란 행동을 일으키게 하는 심리적인 직접요인(直接要因)을 말하며, 목적에 대한 의미가 강하다. 동기에서는 유인(誘引)요인(pull factor)과 추진(推進)요인(push factor)의 개념을 중요시한다.

유인요인이란 여행자의 내적ㆍ심리적 상황에서 특정한 유인 대상물(attraction)에 의해 발생하는 것으로, 매력적인 요인을 말한다. 독특한 상품(축제 등), 친구나 친척의 방문, 스포츠 참가 및 관전 등을 예로 들 수 있다.

반면에 추진요인이란 여행자의 사회ㆍ심리적 요인에 의하여 발생하는 것으로, 위기적 요인을 말하며, 일상생활이나 직장의 환경 및 도시의 오염이나 교통 혼잡 등에서 탈출하고 싶다는 것을 의미한다.

• 관광욕구와 관광행동과의 관계

일반적으로 관광객의 관광행동은 목적지를 선정하는 데 있어서 다양한 유인요인이 존재하며, 유사한 목적지인 경우에는 사전에 면밀히 비교, 분석하는 과정을 거치게 된다.

(5) 태도

태도(attitude)란 어떤 일이나 상황에 대해서 느끼는 마음가짐 또는 자세로서 호의(好意) 또는 비호의(非好意)로 표현된다. 관광객이 어떤 상품 및 서비스 등에 대해서 느끼는 전반적이고 지속성을 갖게 되는 긍정적 또는 부정적인 느낌을 의미한다.

태도는 학습된 성향에 의해서 표출되는 심리적 표현이라 할 수 있고, 대상물에 대해서 느끼는 태도가 여러 부문에서 나타나게 되며, 목적지까지의 거리, 시간, 요금, 서비스의 내용, 관련 시설의 품질 등과 같은 요인들에 대해서 인식하는 정도의 차이라고 할 수 있다. 심리적으로 느끼는 태도는 목적지 선택에 많은 영향을 끼치게 되는데, 관광자의 태도를 변화시켜 관광행동으로 전환시키는 것은 마케팅의 중요한 목표이다. 마케팅 담당자는 마케팅 활동을 통해서 개인이 지향하는 가치, 개인의 목표 및 추구하는 목적 등의 태도를 변화시키는 데 중요한 역할을 한다.

태도와 의사결정

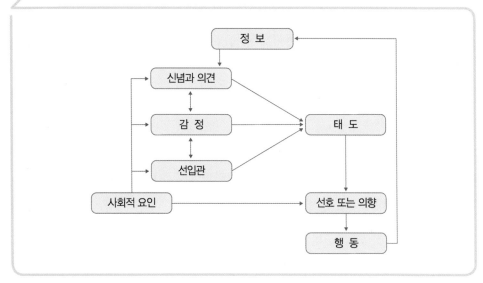

(6) 생활양식

생활양식(life style)이란 사회학에서 사용하는 용어로서 인생관, 생활태도까지를 포함할 수 있는 개념이다. 개인이나 집단이 삶의 목표를 어떻게 추구하는지에 대한 방식을 결정해 주는 신념뿐만 아니라 살아가는 방식을 의미하며, 행동으로 나타나게 된다. 생활양식은 구체적인 행동으로 나타나는 것이기 때문에 단순한 가치관도 아니며, 또한 태도와도 다르지만 가치와 태도를 모두 포함하는 복합적인 개념이라고 할 수 있다.

생활양식은 개인의 행동이나 사고방식에 따라 독특한 방식이 있으며, 이 방식을 이해함으로써 전체 혹은 개인의 특성을 이해할 수 있고 국민성, 문화, 각 사회집단의 생활 및 관습과 더불어 개인의 재화에 대한 소비양식, 직업, 자녀양육, 교육수준과 교육 유형에 의해서 형성된다.

2) 사회적 영향요인

(1) 가족

가족(family)은 개인과 사회의 중간에 위치한 가장 기본적인 사회단위로서 관광행동에 광범위하고 지속적인 영향을 주는 소집단이다.

가족은 가족형태, 가족의 수, 세대별 유형 등에 따라 생활주기가 다르게 나타날 수 있으며, 가족 구성원의 의사결정에 따라 관광행동에 미치는 영향이 크게 작용할 수 있다.

(2) 사회계층

사회계층(social class)은 개인 및 집단 사이에 존재하는 불평등을 논할 때 사용되는 개념이다. 경제적 소득이나 지위, 권력과 같은 사회적 지위 등으로 구별되는 생활양식의 차이이다. 구별되는 계층의 기준이 많아지면 계층 간의 장벽이 생기기도 하고 높아지게 된다.

계층을 구성하는 기준은 다양하지만 경제적 요소로 계층을 구분하는 경향이 많으며, 이러한 생활양식의 차이를 기준으로 구성원들은 유사한 사고, 행동, 신념, 태도, 가치관 등을 갖기도 하며, 행동양식도 동일한 형태로 나타나는 경향이 높다고 할 수 있다.

사회계층의 구별은 관광사업이 만든 상품을 특정한 사회계층에 맞추어 판매할 수 있기 때문에 휴양지나 골프장 같은 시설들을 이용할 수 있도록 시설을 개발하여 판매하기도 하며, 마케팅 활동에서 메시지를 선택, 집중함으로써 비용의 효율성을 기할 수 있을 것이다.

(3) 준거집단

준거집단(reference group)은 인간의 행동에 가장 강하게 영향을 미치는 집단으로서 개인이 비록 그 구성원은 아니더라도 귀속(歸屬)의식을 갖거나 귀속하기를 희망하는 집단을 말한다.

준거집단(準據集團)에는 개인의 행동을 지배하는 규범과 기준이 있으며, 특정한 가치를 추구하며, 개인의 행동에 영향을 미치는 신념 및 태도, 행동 방향을 결정할 때 기준으로 삼는 사회집단이라고 할 수 있다.

관광사업자는 상품을 판매하는 과정에서 의사결정이 어느 준거집단의 영향을 받았는지를 파악할 필요가 있으며, 특히 준거집단의 의견 선도자(opinion leader)와 접촉하는 것은 효과적인 마케팅 방법이 될 수 있다.

3) 문화적 영향요인

문화는 사회구성원들이 지키는 전통이며, 공유하고 있는 생활양식으로 사회생활을 통해 배운 행위의 유형이며, 의식과 믿음의 총체이다.

문화는 관광행동에 광범위하게 영향을 미치는 요인이자 개인의 욕구와 행동 변화에 근본적으로 영향을 주는 요인이다. 문화의 내부에서 독자적이고 정체성을 보여주는 소집단의 문화를 하위문화(subculture)라고 한다. 하위(下位)문화란 사회의 전통적인 문화에 대하여 어떤 특정한 집단만이 가지는 문화적 가치나 행동양식 가운데서 이질적 특성을 가진 세분화된 문화를 말한다. 오상락(吳尙樂) 교수는 하위문화를 국적, 종교, 인종, 지역의 4가지로 구분하는데, 본 내용에서는 국적, 종교, 인종, 언어, 지역으로 구분하고자 한다.

(1) 국적

국적(nationality)이란 국가의 구성원이라는 것을 나타내는 자격이다. 사람은 국적에 의해서 특정한 국가에 소속되고 국가의 구성원이 되는 정치적·법적인 개념이다. 개인을 그 나라의 국민으로 하는가는 전통·경제·인구정책 등 그 나라의 이해와 직접적으로 관련되는 것이며, 일부 국가에서는 국적법상 국적과 관련하여 시민권(citizenship)이라는 용어가 사용된다. 국적이 국민으로서의 자격을 의미하는 것과 마찬가지로 시민권은 시민(citizen)으로서의 자격을 의미한다.

(2) 종교

종교(religion)는 불교, 기독교, 유교 등의 개별 종교들을 총칭하는 개념으로 사용되고 있다. 종교는 인간의 정신문화 양식의 하나로 경험을 초월한 존재나 원리의 힘을 빌려 해결하기 어려운 인간의 불안·죽음의 문제, 심각한 고민 등을 일반적인 방법으로 해결하려는 것이다.

종교는 정치·경제·사상·예술·과학 등 사회의 전 영역에 깊이 관련되어 있고, 절대적이며 사람의 가치체계를 형성하는 역할을 해왔다.

종교생활에 참여하는 사람들은 관광의 기회와 행동을 종교와 연관해서 행동하려는 경향이 높다고 할 수 있다.

(3) 인종

인종(race)은 유전적으로 부여된 신체적, 생물학적 특성에 따라 구분되는 인류집단이다. 신체적 특징, 사회적·문화적으로 차이가 발생된다고 느껴지는 개념을 구분하여 임의적으로 분류하고는 있지만 생물학적 구분은 사실상 무의미하며, 피부색, 문화, 종교 등의 요소가 작용하기도 한다.

(4) 언어

언어(language)는 다른 동물과 구별해 주는 특징의 하나이다. 지구상의 모든 인류는 언어를 가지고 있다. 언어란 생각이나 느낌을 나타내거나 전달하기 위하여 사용하는 음성·문자·몸짓 등의 수단으로서 사회·관습적 체계이다.

(5) 지역

지역(region)이란 사회과학적 측면에서 동질적인 특징이 있는 지구(地區)를 지칭하며, 지방 또는 지구 등과 동의어로 쓰이기도 한다. 기역의 학술적 의미는 일정한 목적과 방법에 따라 구획된 곳을 의미하며, 자연환경에 의하여 구분되는 자연지역과 정치적·행정적으로 구분하는 정치·경제 지역, 역사·문화적으로 구분하는 유적(遺蹟)지역 등으로 구분할 수 있다.

지역은 지리적인 면에서 다른 곳과 구별되는 지표상의 공간적 범위로서 관광목적지까지의 거리는 관광행동에 있어서 지속적인 영향을 미치며, 심리적인 영향이 크다고 할 수 있다.

제3절 관광행동의 유형

1. 관광행동의 형태

관광은 인류의 출현과 더불어 지속되어 온 활동이다. 초기의 관광은 삶의 목적으로 생활하기 위한 관광으로부터 종교목적의 관광, 건강목적의 관광, 자기만족을 위한 관광 등의 다양한 관광형태가 있다고 할 수 있다.

마리오티(A. Mariotti)는 관광의 유형을 7가지로 분류하였다. ① 견학관광(상업도시, 전적지, 동굴 및 명소 등을 시찰·견학), ② 스포츠관광(자동차 여행, 승마, 등산 및 경기대회에 참가하고 관람하는 여행), ③ 교육적 관광(수학여행, 고고학적 탐사를 위한 여행), ④ 종교적 관광(성지순례, 성당의 탐방을 위한 관광), ⑤ 예술적 관광(연주여행, 음악회 및 기타 공연을 감상하기 위한 것), ⑥ 상업적 관광(상품전시회, 무역박람회, 시장 및 출장 판매를 위한 여행), ⑦ 보건적 관광(保健的觀光 ; 온천, 요양 등을 위한 관광)이다.

베르네커(P. Bernecker)는 관광의 종류를 6가지로 분류하였다. ① 요양적(療養的) 관광, ② 문화적 관광(명승·고적의 관람), ③ 사회적 관광(신혼여행, 친목여행), ④ 스포츠관광, ⑤ 정치적 관광, ⑥ 경제적 관광이다.

훈치커와 크라프(Hunziker & Krapf)는 관광의 형태를 3가지로 분류하였다. ① 개인 자신을 지탱하기 위한 여행(이주, 보양 및 요양여행, 직업여행), ② 종족을 유지하기 위한 여행(신혼여행, 성묘(省墓)관계로 인한 여행, 친척 방문), ③ 개인발전을 목적으로 한 여행(위락목적의 여행, 연구 및 교육목적, 종교적 근거에 따른 신앙목적)이다.

일반적으로 관광행동은 한 가지만으로 특성화될 수 없고 대부분은 중복되고 복합적인 현상으로 나타난다고 할 수 있다.

2. 특정 관심분야의 관광

1) 특정 관심분야 관광의 발전

관광은 복합적인 성격과 최근 수요시장의 변화로 인하여 각 개인이 특별히 관심을 갖는 분야에 대한 지식과 경험을 높이기 위하여 특정한 주제와 관련된 장소 또는 지역을 방문하는 단체 또는 개별여행자들의 관광이 많이 증가하게 되었고, 같은 직업이나 취미 등을 가진 동호인들이 특정 분야에 관심을 갖는 관광(SIT : Special Interest Tour)의 형태가 탄생하게 되었다.

특정 관심분야의 관광은 과거의 휴식, 쾌락(快樂)의 차원을 탈피하여 자기 발전을 위한 활동의 기회를 갖기 위한 관광동기로 변화하였고, 소득 및 여가시간의 증대, 소비자들의 학식 및 여행에 대한 경험의 증대에 따라 여행의 결정요인이 여행의 경비도 중요하지만 여행의 만족도를 중요시하게 되었다. 또한 보는 관광, 단순히 휴식을 취하는 관광에서 벗어나 자신이 관심을 가진 분야에 중점을 두어 직접 경험을 하면서 식견(識見)을 높일 수 있는 관광의 형태로 변화되었다.

시장의 단계적 특성

단계별	시장의 특성	관광의 동기
1단계	노동 지향 (삶을 위해서 일함)	• 피로회복 : 휴식을 하지 않음 • 자유 : 관심이 없음
2단계	즐거움을 추구하는 생활양식 (즐겁게 살기 위해서 일함)	• 무엇인가 다른 경험, 변화를 하고 싶어 함 • 즐거움을 추구하고 놀이를 하고자 함. 스스로 즐김 • 활동적이 되고, 다른 사람들과 교류(交流)하고자 함 • 스트레스 없이 편안히 쉬고 하고 싶은 대로 행동함 • 자연과의 접촉, 환경과의 접촉을 즐김
3단계	생활에서의 여가 추구 (일과 여가와의 양극성이 축소됨)	• 식견을 넓히기 위해 무엇인가를 배우려 함 • 개방된 마음을 갖고 타인들과 의견을 교류하고자 함 • 자연으로 회귀(回歸)하고자 함 • 새로운 활동을 하고자 하는 창조성이 있음 • 언제나 여가활동을 해보고 싶어 하는 자세를 가짐

자료 : 한국관광공사, 관광패턴의 변화와 새로운 관광상품의 등장, 관광정보(5 · 6월호), 1994, p.41을 참고하여 작성함

2) 특정 관심분야 관광의 특징

특정 관심분야의 관광은 일반적으로 활동적이고 경험적이며, 교육적이고 참여적이다. 또한 양보다는 질적인 여행을 추구하는 것이 특징이라고 할 수 있다. 관광객은 주로 고학력이며, 소득 수준도 비교적 높고 전문직업이 많다. 특히 일반관광에 비해서 여행기간이 길고 관광활동에 있어서도 자연조건에 큰 영향을 받지 않는다. 리드(Read)라는 학자는 특정 관심분야 관광의 특성을 ① 보람(rewarding)이 있고, ② 몸과 마음을 풍요롭게 하고(enriching), ③ 모험성(adventuresome)이 있으며, ④ 교육적인(learning) 특징이 있다고 해서 진짜 여행(real tourism)이라고 표현하기도 하였다. 특정 관심분야 관광은 종류가 다양해서 그 영역을 한정하기 어렵지만 전문잡지 및 관광안내 책자 등의 자료들을 중심으로 설정할 수 있다.

특정 관심분야 관광의 영역

구분	Specialty Travel Index誌(미국)	Fodor's Guide Book(남미편)
종류	고고학 탐방, 기구 타기(ballooning), 자전거여행, 양조장 관광, 운하 크루즈, 염소 달구지 여행, 골프관광, 미식여행, 건강관리여행, 오페라 관광, 사진촬영 여행, 뗏목 타기, 사파리, 스쿠버 다이빙, 테니스 여행, 열차여행, 포도주 생산현장 관광 등	하이킹 및 트레킹(trekking), 낚시여행, 고고학 탐방, 건축물 탐방, 예술여행, 흑인문화여행, 동식물관광, 클럽메드(Club Med) 등

자료 : 한국관광공사, SIT의 개념과 사례, 관광정보(3·4월호), 1995, p.33을 참고하여 작성함

3) 특정 관심분야 관광의 분류

특정 관심분야 관광(SIT)의 영역은 다음의 7가지로 구분한다. : ① 교육관광(educational travel), ② 예술 및 유적 관광(arts and heritage tourism), ③ 모국(母國) 관광(ethnic tourism), ④ 자연관광(nature based tourism), ⑤ 모험관광(adventure tourism), ⑥ 스포츠관광(sports tourism), ⑦ 건강관광(health tourism)

그러나 특정 관심분야의 종류 중에서 모험관광·스포츠관광·건강관광은 관광동기가 유사한 기능이 있다. 개인의 삶의 질을 중요시하며, 적극적인 참여활동 그리고

신체의 활용이 필요하고 전반적으로 야외에서 행해지는 활동이 많다는 것이다.

모험관광, 스포츠관광, 건강관광의 여행 동기 및 활동성 비교

활동성 동기	비경쟁적 ◄──────────────► 경쟁적		
비경쟁적 ↕ 경쟁적	건강관광 (온천관광)	건강관광 (휴양지의 신체 단련시설 이용)	모험관광 (급류 뗏목 타기, 스쿠버 다이빙)
	모험관광 (전세요트 타기)	건강·스포츠·모험관광의 요소를 복합적으로 가진 활동 (사이클링, 바다에서 카약 타기)	모험관광 (등반)
	스포츠관광 (경기 관전)	스포츠관광 (골프, 볼링)	스포츠관광 (해양 스포츠 경주)

자료 : 한국관광공사, SIT의 개념과 사례, 관광정보(3·4월호), 1995, p.44을 참고하여 작성함

(1) 교육관광

일반적으로 교육관광(educational travel)이란 관심분야에 대한 배움의 욕구를 충족시켜 줄 수 있는 지식과 경험을 포함하는 여행이라고 할 수 있다.

교육여행의 기원은 17세기 유럽에서 유행을 추구하는 사람들이 유럽의 지역들을 여행하는 경향이 높았으며, 이것을 교양관광(grand tour)이라고 하였다. 당시에는 신사나 권력층의 교육에 있어서 중요한 역할을 하였으며, 배움을 목적으로 한 여행은 미국 및 유럽의 고등교육에서 필수적인 관광이 되었다.

그러나 교육관광은 관광산업으로부터 관심을 끌지 못했으며, 불확실한 자리매김으로 교육관광에 대한 연구는 부진하였다. 관광분야에서는 교육관광을 관리·통제하기 어렵고, 젊은이들을 상대로 해야 하며, 구매력도 낮은 수학여행과 같다는 전통적 관념으로 그 비중을 낮게 취급하여 왔다.

그러나 교육관광은 보편화된 수학여행으로서 건전한 발전을 이룰 수 있는 학생인구의 급속한 성장과 자신의 가치를 높이기 위해서 투자하는 성인시장 그리고 교육과 레저(leisure)의 결합으로 인하여 그 중요성이 높아지고 있다.

(2) 예술 및 유적 관광

예술 및 유적 관광(arts and heritage tourism)은 예술관광과 유적관광을 통칭하며 이 두 가지의 관광형태는 문화성이 높다는 공통점이 있으므로 병행되는 경우가 많다. 예술관광은 미술, 조각, 연극, 기타 인간표현과 노력의 창조적 형태를 경험하는 것을 말하며, 유적관광이란 다양한 문화적 환경을 경험하려는 욕구에 기반을 둔 유적을 주제로 한 관광을 말한다. 여기서 유적이란 형태가 있는 기념물뿐만 아니라 민속축제, 생활관습과 같이 무형의 유적 및 자연유적도 포함된다.

예술 및 유적 관광과 문화관광과의 상관성에 대해 살펴보면 세계관광기구(UNWTO)에서는 공연예술을 비롯한 각종 예술 감상 관광, 축제 및 기타 문화행사 참가, 명소 및 기념물 방문, 자연·민속·예술·언어 등의 학습여행, 순례 등과 같은 문화적 동기에 의한 이동을 문화관광(culture tourism)이라 지칭하고 있다.

(3) 모국관광

모국(母國)관광(ethnic tourism)이란 박물관이나 문화센터 등에서는 살아 있는 문화를 느낄 수 없으며, 이러한 관광유형은 인간의 실질적인 접촉을 통한 인간의 생활모습을 경험할 수 없다. 따라서 원시자연의 생활환경과 사람들의 삶의 모습을 경험코자 하는 욕구가 증가하게 되어 이를 만족시켜 주기 위한 관광의 형태로 발전하게 되었으며, 관광객은 마을주민 등과 함께 어울려 인종·문화적 배경이 다른 사람들과 직접적인 접촉을 통해 삶을 느끼고 체험하는 관광이다.

> **모국(母國)관광(ethnic tourism)**
>
> 모국관광을 일부에서는 고국(故國)관광, 종족생활의 체험관광이라고 하는 경우도 있다.

(4) 자연관광

자연관광(nature based tourism)이란 자연환경을 기반으로 자연을 훼손시키지 않으면서 직접적으로 체험하고 즐길 수 있는 관광형태이다. 자연관광은 자연이나 생태계를 활용한다는 관점에서 자연여행(nature travel), 자연 지향적 관광(nature oriented tourism), 생태관광(ecotourism)이라고 한다.

또한 자연을 훼손시키지 않기 위해 노력한다는 점에서 책임지는 관광(responsible tourism), 녹색관광(green tourism), 지속가능한 관광(sustainable tourism)이라고도 한다. 오늘날 관광목적지로 성공한 경우는 자연환경의 보호·보존이 우수하고 물리적 환경이 청결하며, 해당지역의 특성이 명확히 구분되는 문화적 패턴을 갖춘 곳이다.

(5) 모험관광

모험관광(adventure tourism)은 1970년대 말부터 1980년대 초기에 서구사회, 특히 호주, 북미, 아시아지역을 중심으로 급속히 성장하였으며, 모험성이 강한 관광객이 야외 레크리에이션 활동을 즐기기 위한 것이다.

모험관광에는 도보여행(밀림 탐험), 트레킹(trekking), 크로스컨트리(cross country) 스키, 뗏목 타기(rafting), 행글라이딩, 사이클링, 사냥, 낚시, 등반, 열기구 타기, 줄 타고 암벽 내려오기(repelling), 산악자전거 타기, 암벽 등반, 스쿠버 다이빙, 동굴 탐험, 번지점프, 보트 항해(sailing) 등 다양한 종류가 있다.

세계 스쿠버 다이빙 관광지

세계에서 유명한 스쿠버 다이빙 관광지로는 바하마(Commonwealth of The Bahamas), 케이만 군도(Cayman Islands), 멕시코의 코주멜(Cozumel), 하와이(Hawaiian Islands), 미국령 버진 아일랜드(United States Virgin Islands), 멕시코의 칸쿤(Cancun), 영국령 버진 아일랜드(British Virgin Islands), 자메이카(Jamaica), 온두라스의 베이 아일랜드(Bay Island) 등이 있다.

(6) 스포츠관광

스포츠관광(sports tourism)이란 비상업적 목적으로 스포츠를 즐기거나 관전하기 위한 여행으로 신체단련을 특징으로 하며, 경쟁을 유발하여 조직의 활성화와 일체감을 형성할 수 있다. 스포츠관광은 활동적이라는 관점에서 모험관광과 많은 유사성이 있고 스포츠경기를 관람하기 위해서 떠나는 관광형태가 급증하고 있다.

(7) 건강관광

건강관광(health tourism)이란 건강을 증진시키기 위한 목적으로 집을 떠나 레저를 즐기는 관광으로서 온천(hot spring), 광천(鑛泉, mineral spring)여행이 대표적이며, 이러한 관광형태는 로마시대부터 시작되어 현대 리조트(resort) 탄생의 기반이 되기도 하였다.

건강관광의 종류로는 태양과 휴식을 취하는 여행, 건강에 도움이 되는 활동 여행(하이킹, 골프 및 모험 등), 건강을 향상시키고 유지하기 위한 여행(사우나·온천), 지병(持病)의 치료 및 요양을 위한 관광 등이 있다.

제4절　트렌드 변화와 관광행동의 분류

1. 환경변화와 트렌드

관광현상에서 관광 주체는 바로 인간이며, 인간은 환경에 의해 형성·제약(制約)받고, 환경과의 상호 의존성이 증대된다고 할 수 있다. 현대사회에 들어와 환경변화가 관광행동에 영향을 미치고 관광은 환경으로부터 영향을 받기도 하고, 반대로 환경에 영향을 주기도 한다는 새로운 인식을 하게 되었다.

관광에 대한 인식도 경제적인 관점뿐만 아니라 현상학적 관점에서 이해하고자 하는 경향이 높아지면서 관광은 환경과 연관성이 있으며, 관광환경은 국가 및 사회뿐만 아니라 관광객에게도 직·간접적으로 영향을 준다는 것을 의미한다.

환경요인별 트렌드

환경	트렌드
정치	거버넌스(governance)의 중요성 증대, 남·북 관계 및 국제협력의 중요성 확대 등
경제	세계경제의 변화, 융합 패러다임 및 공유경제 확산, 저성장 및 양극화 심화, 주력 소비시장으로 여성 및 아시아 국가의 부상, 신흥 경제국의 성장 등
사회	저(低)출산·고령화 사회, 새로운 가구 유형(소규모 가구), 개인 성향 증대, 안전의식의 중요성 증대, 소비문화의 변화 및 세분화, 일과 생활(life balancing)의 병행 추구, 웰빙(wellbeing) 및 힐링(healing) 생활방식(life style)의 변화 등
문화	신한류(음악, 드라마, 영화 등), 문화마케팅, 창조산업(소프트웨어 등 관련 산업)
생태	친환경 패러다임(paradigm) 확산, 지구환경 변화의 심각성 인식, 에너지 절감 및 자원 활용의 가치 제고, 기후변화 대응노력 강화 등
기술	SNS의 무한 확장, 초연결 사회로의 진전(사물 인터넷, 빅 데이터, 클라우드 서비스 등), 모바일 활용의 심화, ICT 기반 융합산업의 확대 등

자료 : 고석면·이재섭·이재곤, 관광정책론, 대왕사, 2018, pp.293-306을 참고하여 재구성함

트렌드(trend)란 어떠한 경향이나 동향, 추세 또는 단기간 지속되는 변화나 현상을 의미하며, 소비자들이 필요로 하고 원하는 취향이나 생활양식에 영향을 주는

현상의 방향이라고 표현할 수 있다. 유행(流行)이란 상품 자체에 적용되는 의미가 강하지만 트렌드는 소비자들이 물건을 구매하도록 하는 원동력이라고도 하며, 그 의미는 광범위하다고 할 수 있다.

트렌드에 민감한 소비자들은 변화의 의지가 강하고 독특한 브랜드를 추구하기도 하며, 다양성을 선호하는 경향이 높다고 할 수 있다.

개인의 욕구 증대와 사회, 문화적 환경변화는 생활에도 많은 변화로 나타나고 있으며, 일이라는 개념을 초월하여 자유(leisure)시간을 활용하여 다양한 취미생활을 하려는 성향이 높아지고 있다.

2. 관광행동의 분류

서구사회에서 초기에 등장한 종교관광을 비롯하여 식도락(食道樂), 예술 및 유적관광, 교육관광, 모국(母國)관광, 자연관광, 모험관광, 건강관광, 스포츠관광 등과 같은 형태가 주종을 이루었다.

개인이 추구하고자 하는 욕구와 특성이 변화하고 있으며, 체험활동이 반영된 상품의 필요성이 증대하면서 관광행동도 다양한 형태로 세분화하고 있으며, 의료(醫療)와 관광을 접목한 의료(medical)관광을 비롯하여 골프관광, 포도주(wine)관광, 축제 및 이벤트(festival & event), 쇼핑관광, 도시(urban)관광, 농촌(rural)관광, 크루즈(cruise), 마이스(MICE), 포상여행(incentive tour), 다크 투어리즘(dark tourism), 팸투어(FAM tour), 안보관광, 노인(silver)관광 등 다양한 형태의 관광이 탄생하게 되었다.

마이스(MICE)

마이스(MICE)란 기업회의(Meeting), 포상(Incentive), 컨벤션(Convention), 전시(Exhibition)의 분야를 통틀어 표현하는 용어이다.

인센티브 투어(incentive tour)

포상여행(褒賞旅行)의 개념으로 기업, 단체 등에서 직원 또는 회원을 상대로 근로의욕을 고취(鼓吹)하거나 협동심을 높이기 위해 실시하는 여행이다.

다크 투어리즘(dark tourism)

잔혹한 참상이 벌어졌던 역사적 장소나 재난·재해 현장을 돌아보며 교훈을 얻는 여행으로 블랙투어리즘(black tourism), 네거티브 헤리티지(negative heritage ; 부정적 문화유산), 그리프 투어리즘(grief tourism)이라고도 한다.
비극적 역사의 현장이나 재난과 재해가 일어났던 곳을 돌아보며 교훈을 얻기 위하여 떠나는 여행을 일컫는다.

팸 투어(FAM Tour : Familiarization Tour)

정부, 지방자치단체, 항공사, 여행사, 호텔업자, 기타 공급업자들이 자기네 관광상품이나 특정 관광지를 홍보하기 위하여 유관인사, 여행 전문 기고가, 보도 관계자, 블로거(blogger), 협력업체 등을 초청하여 설명회를 개최하고 관광, 숙박, 식사 등을 제공하여 실시하는 일종의 사전 답사여행(踏査旅行)을 지칭한다.

관광활동과 관련한 연구도 활발히 진행되었고 다양한 시각에서 유형(類型)을 제시하고는 있으나 대다수의 관광유형은 시장에서 배타적(排他的)인 형태가 아닌 중복적인 형태로 발전되어 왔다.

관광객 행동에 관한 연구도 개인적인 관심에서 출발하였으나 자신에게만 국한되는 것이 아니라 기존 관광활동의 유형과 병행되어 왔기 때문에 그 유형과 범주를 한정시키는 것이 매우 어려운 과제라고 할 수 있다.

소비자들의 욕구는 변화하고 있으며, 새롭고 다양한 상품을 추구하려는 경향이 높아지고 있고 상품과 정보의 홍수 속에서 소비자들은 선택의 폭이 넓어지고 있으며, 욕구도 다양해지고, 쉽게 변하기도 한다. 따라서 트렌드 변화를 예측하고 관광객의 욕구를 자극할 수 있는 상품을 개발하여 수요를 창출하는 비즈니스 활동이 필요하게 되었다.

관광행태의 새로운 분류

구분	사례	비고
교육	수학여행, 역사 탐방, 고고학(考古學) 탐사	
예술 및 유적	박물관(국립, 도립, 시립, 사설), 미술관, 고궁(古宮)	
모국(母國)	생활체험, 종족(種族)생활 체험	
자연	생태(生態)관광	힐링(healing)
모험	오지(奧地) 탐험, 동굴 탐험	
스포츠	스포츠 관람(태권도, 택견, 씨름, 축구, 농구, 배구, 야구 등)	
건강	온천관광, 골프관광, 산악관광(등산)	웰니스(wellness)
사회	신혼(honeymoon)여행, 효도여행, 실버(silver)관광	
산업	산업시찰(technical visit), 농업(farm)관광 등	
문화/축제/ 이벤트	축제(festival), 이벤트(event), 다도(茶道)관광, 공연관광, 역사관광, 체험관광	
종교	종교관광(불교, 기독교, 천주교, 힌두교, 이슬람교 등)	
장소	드라마 관광(드라마 세트장 등)	
의료	미용(beauty), 요양(療養)관광, 한방(韓方)관광	웰니스(wellness)
식도락(食道樂)	음식관광, 포도주(wine)관광, 맥주관광, 막걸리관광	웰빙(wellbeing)
회의	MICE관광(Meeting, Incentive, Convention, Exhibition)	
지역	도시(urban)관광, 농촌(rural)관광, 어촌(漁村)관광 등	
교통수단	크루즈(cruise), 기차, 전세버스, 자전거	도보(徒步)관광
상품 개발	창조(creative)관광, 한류(韓流)관광	
쇼핑	면세점, 백화점, 기념품점, 전통시장	
안보	전적지(戰跡地), 격전지(激戰地)	다크 투어리즘 (dark tourism), 블랙 투어리즘 (black tourism)

주 : 관광행동의 분류는 중복적이고 인식하는 관점에 따라 다양한 접근이 가능하다고 할 수 있음
자료 : 고석면 · 이재섭 · 이재곤, 관광정책론, 대왕사, 2012, p.225를 참고하여 작성함

참고
문헌
REFERENCE
▼

고석면 · 이재섭 · 이재곤, 관광정책론, 대왕사, 2018.
오상락, 마케팅관리론, 박영사, 1983.
표성수, 관광사업투자론, 백산출판사, 1996.

한국관광공사, SIT의 개념과 사례, 관광정보(3 · 4월호), 1995.
한국관광공사, 관광패턴의 변화와 새로운 관광상품의 등장, 관광정보, 1994.
한국관광공사, 환경적으로 지속 가능한 관광개발, 1997.

Robert, McIntosh & Shashikant Gupta, Tourism, Third Edition, Grid Publishing Inc., 1980.

CHAPTER

04

TOURISM BUSINESS

관광자원

관광자원

제1절 관광자원의 의의와 가치

1. 관광자원의 개념

자원(resource)이란 "인간이 시간적 및 공간적 차원에서의 생태계에 대하여 기술을 매체로 얻을 수 있는 경제행위의 성과"라고 규정하고 있다. 자원이란 한 가지 사물을 생성하는 재료, 즉 자산의 원천을 의미했으나 최근에는 인간을 육성 시키는 재료의 일체까지도 포함시켜 자원으로 이해되고 있다.

일반적으로 자원이란 존재하는 것이 아니라 산출되는 것이라고 하여 자원을 생 산적 의미로 파악하는 견해가 있으며, 또 하나는 자원을 물리적, 인간적 세계의 상호작용의 결과로 정의하고 시간·공간·기술을 자원변화에 작용하는 요인으로 보는 견해가 있다.

자원이란 자연이 부여한 것으로서 기술의 발달이나 시간의 흐름 또는 소득의 증가에 따라 변화하면서 질적·양적·기술적 측면에서 경제성을 가지고 인간의 요구나 욕구를 충족시킬 수 있는 속성을 지녀야 한다.

관광자원(tourism resources)이라는 용어는 1920년대 이후부터 사용되어 왔다. 이러한 관광자원은 관광객의 주관에 의하여 관광가치가 결정되기 때문에 매우 다 종다양할 뿐만 아니라 광범위하다. 어떤 의미에서는 모든 대상이 관광자원으로서 가치를 지니고 있다고 할 수 있다. 관광자원에 대한 정의는 관광자원의 대상과 범 위 및 성격에 따라 국가별·기관별·학자별로 다양하게 규정하고 있는데 관광자원은 넓은 의미에 있어 관광대상을 지칭하는 것이며, 관광객체로서 활용될 수 있는 모든 것을 포함한다.

관광 및 여행의 동기가 되는 매력적인 자연 또는 인류의 문화전반과 관련된 대상물을 관광자원이라고 한다. 따라서 관광객에게 관광의 매력물이 되는 요소가 되거나 관광객체(tourist objects) 또는 관광대상(tourist attractions)으로서 가치를 지닌 것들은 모두가 관광자원이 된다고 할 수 있다.

관광자원(tourism resources)이란 관광객의 관광동기(tourist motivation)를 유발하거나 관광욕구를 충족시켜 줄 수 있는 것으로서 매력(attraction)과 신기성(novelty)을 갖춘 생태계 내의 유형·무형의 제(諸) 자원으로서 보호·보존하지 않으면 가치를 상실하거나 감소할 성질을 내포하고 있는 자원으로 정의하고자 한다.

2. 관광자원의 가치

관광자원이란 관광객의 욕구충족 대상으로서 매력과 유인성을 갖고 있으며, 보호·보존하지 않으면 가치가 상실되는 특성이 있다. 관광자원은 그 범주가 광범위하며, 넓은 의미(廣義)의 관광자원이란 관광객의 욕구를 충족시킬 수 있는 모든 대상물을 지칭한다고 할 수 있고 자원이 갖고 있는 가치의 특성에 따라 많은 차이가 있다.

관광자원은 관광객의 동기와 욕구를 충족시켜 주는 대상이지만 자원의 특성상 다양한 상품성을 띠고 있으며, 관광자원의 가치는 개인의 느낌, 관광객의 주관, 인식의 정도에 따라 많은 차이가 발생한다.

인간은 끊임없이 변화를 추구하며, 변화의 욕구가 인간의 본능이라고 할 때 관광자원의 가치는 인간의 선천적인 본능(本能)과 상통하지만, 사회의 환경과 관광객의 소비형태, 욕구의 변화로 기존(既存)의 관광자원이 매력을 상실해 가기도 하고 새로운 자원이 각광받기도 한다. 따라서 관광자원은 절대성 내지는 우월성을 가질 수가 없으며, 영원성을 갖는 것이 아니라고 할 수 있다.

부카르트와 메들릭(Burkart & Medlik)은 관광자원의 가치가 매력성(attractiveness),

이미지(image), 관광자원의 유형(type), 접근성(accessibility), 기반시설(infrastructure), 관광시설(tourism facilities) 등에 의해서 결정된다고 하였다.

관광은 관광객이 관광욕구 또는 동기를 충족시키는 과정이며, 관광객은 이러한 자신의 욕구를 충족시킬 수 있고 가치가 있다고 생각되는 대상을 선택하게 된다.

1) 매력성

매력성(attractiveness)이란 사람을 끌어들여 관심을 유발하는 힘을 말하며, 관광자원의 특성에서 가장 기본이 된다고 할 수 있다. 관광객이 관광목적지를 선택하는 데 직접적인 연관성이 높으며, 관광객을 유치하는 데도 유리한 조건이 된다.

2) 이미지

관광자원의 이미지(image)란 한 사람 또는 집단이 갖는 관광대상에 대한 느낌과 생각이며, 이미지는 관광객이 목적지를 선택하고 결정하며, 여행참여를 유도할 수 있는 중요한 동기이다. 관광객의 생각과 느낌에는 관광목적지의 시설도 중요한 역할을 하는데, 이는 편의시설·숙박시설·위락시설 등의 여부이며, 이러한 시설들은 관광객에게 즐거움을 줄 수 있는 요소들이다.

3) 관광자원의 유형

관광자원의 유형(type)은 일반적으로 자연적 자원(자연경관·경치), 문화적 자원(유적·고적), 사회적 자원(축제 및 이벤트), 산업적 자원(농장, 목장) 등으로 분류할 수 있다.

관광객의 활동형태에 따라서는 감상형태, 휴양(피서·피한)형, 오락형태, 스포츠형 등으로도 구분할 수 있다. 관광자원의 유형은 관광객의 관광행위 발생 및 행동패턴에 많은 영향을 미치는 요인이 된다.

4) 접근성

접근성(accessibility)은 관광객이 느끼는 목적지에 대한 거리(距離)와 시간의 개념이다. 매력 있는 관광자원이라 해도 목적지까지 도착하는 방법과 걸리는 시간은 관광객의 목적지 선택과 행동에 많은 영향을 준다. 일반적으로 관광객은 물리적인 거리도 중요하지만 시간거리와 비용에 의한 경제적 측면도 중요하게 인식하는 요인이며, 관광자원의 매력을 높이기 위해서는 접근성을 개선하는 것이 필요하다.

5) 기반시설

기반시설(infrastructure)이란 관광객이 관광지나 관광자원에 접근하거나 이용하는 데 필요한 것이며, 시설의 확보 여부가 관광의 성패를 좌우하게 된다. 기반시설은 관광여행의 주된 목적대상은 아니지만 관광객에게 가장 기초적인 편의를 제공해 줄 수 있어야 한다. 기반시설에는 공항, 항만, 철도, 도로, 주차장, 공원, 야간 조명시설, 마리나(marina)와 부두시설 등은 물론 상·하수도 처리시설, 가스, 전기·통신시설, 배수시설 등과 같은 시설은 필수적인 요소이다.

또한 공공·문화체육(문화시설 등), 보건 위생(의료시설 등)과 같은 시설들도 중요하며, 기반시설은 여행 목적의 대상은 아니지만 관광객에게 가장 기초적인 편의를 제공해 줄 수 있어야 한다.

6) 관광시설

관광시설(tourism facilities)이란 관광객에게 편의를 제공하기 위해 만든 시설이지만 관광대상이 되기도 하여 관광자원으로서의 역할도 한다.

일반적으로 관광시설은 교통시설, 숙박시설, 휴식시설, 식사시설, 안내시설을 포함하여 관광객이 이용할 수 있는 오락, 관람 시설 등을 지칭하는데, 영업목적으로 기업이 경영하는 것이 대부분이고 사실상 관광사업의 주체가 되고 있다.

관광시설을 효과적으로 운영하여 관광객의 욕구를 만족시키고 만족도를 높이면 관광지의 가치를 더욱 향상시킬 수 있는 중요한 역할을 하게 된다.

관광자원의 특성

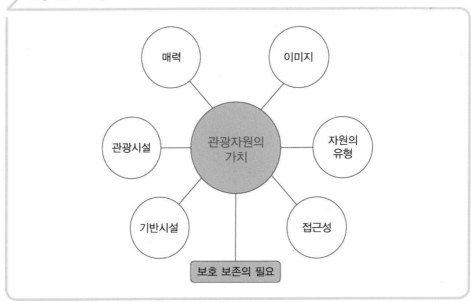

제 2 절   관광자원의 현대적 특징과 분류

1. 관광자원의 현대적 특징

관광자원은 시대적 발전과 함께 그 대상도 변화되고 있다. 관광자원을 상품으로 제공하는 관광사업은 관광객의 욕구 변화에 맞는 상품을 개발, 제공해야 하기 때문에 정부 및 공공기관, 민간기업의 역할도 중요해지고 있다.

관광자원의 분류는 관광자원의 현황을 파악하고 효율적인 관광개발을 위해서 필요하며, 자원이 지닌 매력(attractiveness)과 특성을 고려하여 그 중요도에 따라 개발의 우선순위를 정할 수 있는 기초자료를 제공하여 준다.

관광자원을 분류하는 데 다양한 기준이 적용되고 있으며, 학자들에 따라서도 차이가 있으나, 일반적으로 자원의 속성을 기준으로 분류하는 경향이 높다고 할 수 있다.

관광자원은 일반적으로 시대적인 흐름에 따른 자원 선호도의 변화, 관광객이 인식하는 관광자원의 상대적 변화, 새로운 관광자원의 출현이라는 관점이 있으나 관광자원은 입지적 측면, 가시적(可視的) 속성, 관광객의 행동패턴, 관광시장의 특성 그리고 법·제도상의 기준 등에 의해서 분류할 수 있다.

관광자원의 특징은 동질의 자원을 한 종류로 분류하여 이용 및 보전의 효율성을 높이고 자원의 이용과 개발에 특성을 부여하는 것이며, 관광자원을 최대한 효과적으로 활용하기 위해서는 관광개발을 하는 것이 필연적일 수밖에 없으며, 관광자원을 보호·보존하기 위한 방안으로 선택하는 과정이 개발이라는 것이다.

그러나 무분별한 개발로 인하여 자연환경이 파괴되는 경향도 있으며, 개발은 장기적이고 계획적인 관점에서 시작해야 하며, 관광객을 위한 시설 확충과 서비스 향상은 관광객이 안전하고 편안한 여행을 할 수 있도록 하는 데 있다.

2. 관광자원의 분류

관광자원은 자원의 특성, 입지적 측면, 관광객의 행동패턴, 수요시장의 특성에 따라 분류할 수 있지만, 본 내용에서는 자원의 특성과 관광객의 행동 패턴에 따른 분류를 제시하고자 한다.

1) 자원의 특성에 따른 분류

관광자원이 가지고 있는 속성과 특성을 기준으로 분류하는 방법이다. 관광자원의 속성이 자연적인 것인가, 인문적인 것인가에 따라 관광자원을 자연적 관광자원과 인문(人文)적 관광자원으로 구분하고 있다.

특성에 의한 분류

학 자	분 류	종 류
츠다 노보루 (津田昇)	자연관광자원	기후, 풍토, 풍경, 온천, 천연자원, 동식물, 도시공원
	문화관광자원	유형문화재, 무형문화재, 민속자원, 기념물
	사회관광자원	인정, 풍속, 행사, 국민성, 생활, 예술, 문화, 교육
	산업관광자원	공장시설, 농장, 사회공공시설, 박람회
스에다게 (未武直義)	자연관광자원	관상적 자원(지형, 지질, 생물, 기상 등), 보양적 자원(지형, 기상, 온천)
	인문관광자원	문화적 자원(문화유산, 문화적 시설), 사회적 자원(사회형태, 생활형태)
	산업관광자원	농업(농장·목장 등), 어업(어획방법, 해산물 가공시설), 공업(공장시설, 기계설비), 상업(박람회, 전시회 등)
김진섭	자연관광자원	지형, 지질, 천문, 기상, 동물, 식물
	문화관광자원	유형문화재, 무형문화재, 민속 문화재, 기념물
	사회관광자원	풍속, 행사, 국민성, 생활, 예술, 문화, 교육 등
	산업관광자원	공장시설, 농장, 목장시설, 공항, 항만, 댐 등의 사회공공시설
김홍운	자연관광자원	산악, 화산, 고원, 폭포, 계곡, 산림, 동식물, 온천, 지형, 천문, 기상 등
	문화관광자원	고고학적 유적, 사적, 건축물, 유·무형 문화재, 기념물, 민속자료, 민속예술제, 박물관, 미술관 등
	사회관광자원	인정, 풍속, 행사, 국민성, 생활, 예술, 문화, 교육, 종교 등
	위락관광자원	캠프장, 수영장, 놀이시설, 레저타운, 수렵장, 쇼핑센터, 카지노, 나이트클럽, 경마장 등
건 (Gunn)	자연자원 의존형	해변, 피크닉 장소, 캠핑 장소, 일반 경관지역, 암석 채취장소, 화석 채취장소, 사냥지역, 낚시지역, 스키, 동계스포츠 지역, 스노모빌 지역, 보트장, 카누장, 항해장, 동계 휴양지, 하계 휴양지, 마리나 보트

		계류장, 야생지, 동물관찰지역, 수로, 휴가촌, 전망대, 산림채취장소, 자전거 탐방지역, 자연오솔길, 탐조지역, 동굴 탐사지역, 스쿠버, 해저탐험지역, 마리나 요트 계류장, 자연경관 주유지역
	문화자원 의존형	고고학적 유적, 박물관, 역사유적 및 복원 지역, 최초의 사건 발생지, 특수 인종적 문화, 과학적 불가사의, 제조공장, 장엄한 건물, 성지, 문화적 주유 관광지, 관광목장, 전설 유래지
	인공시설자원 의존형	콘서트, 드라마, 연극장, 공예품 전시장, 도시 캠핑장소, 대형 운동경기장, 골프장, 테마공원, 쇼핑센터, 나이트클럽, 호텔·모텔, 관광음식점, 정보센터, 휴식처, 놀이터, 친척·친구집, 축제 퍼레이드, 경마장, 회의장, 운동경기장
류 (Lew)	자연관광자원	풍광(산, 해변, 평야, 사막, 섬), 랜드 마크(지리적·생물학적), 생태적(기후, 국립공원, 자연보호구역)
	자연·인문 중간형 관광자원	관찰형(농업시설, 동식물원 등), 레저형(공원, 리조트), 참여형(산악·수상·야외활동을 할 수 있는 장소)
	인문관광자원	거주지 인프라(교육, 과학, 종교, 삶의 방식, 민속 등), 관광인프라(관광목적지 및 루트, 숙박, 음식점), 레저 상부구조(공연, 스포츠 활동, 위락시설, 박물관, 공연·축제, 음식 등)

2) 관광객의 행동패턴에 의한 분류

관광자원을 관광행동의 유형에 따라 분류하는 것으로 관광객의 활동과 체재기간에 따라 주유(周遊)형과 체재(滯在)형으로 분류할 수 있다.

(1) 주유형

주유(周遊)형은 경유(經由)형(touring type)이라고도 하며, 관광지에서 체재하지 않고 일시적으로 통과하는 것을 의미한다. 주유형태는 주로 정적(靜的)이고 시각적인 활동이 중심이 되어 이루어지는 관광형태라고 할 수 있다.

(2) 체재형

체재(滯在)형(destination type)은 체류(滯留)형이라고도 하는데, 숙박을 하고 식사를 하면서 문화탐방, 체험, 각종 스포츠 활동 등이 복합적으로 이루어진다. 체재형태는 일반적으로 활동적이고 체험적인 관광활동을 하는 것이 특징이다.

관광객의 지역 방문을 유도하여 체류기간을 증대시키며, 생활방식을 체험(생활관광)하게 함으로써 지역(local)관광을 활성화하여 경제발전에 기여하기 위한 다양한 프로그램을 개발하여 운영하는 환경을 조성하고 있다.

생활관광

생활관광이란 나들이형과 살아보기형으로 구분하고 있으며, 3일 이상(2박 3일) 지역에 머물면서 지역 고유의 문화와 역사, 먹거리 등 생활방식을 체험해 보는 체류형 여행상품이다. 지역 맛집이나 현지에서만 경험할 수 있는 문화 등 지역 고유의 여행경험에 대한 수요가 꾸준히 증가하고 있다.

또한 디지털 관광 주민증을 활용하여 지역소멸 위기와 관광을 매개로 하여 여행객들의 지역방문 횟수와 체류기간을 늘리기 위해서 기획한 것이다.

제3절 관광자원의 유형과 특징

1. 자연적 관광자원

자연적 관광자원(natural tourism resources)은 관광욕구와 결합된 자연적인 관광대상으로서 주로 경관미(景觀美)와 위락적인 기능의 특성을 지닌 자원을 의미한다. 모든 자연대상이 관광자원이 될 수 있지만 관광자원은 관광욕구 충족이나 관광매력과 결합될 수 있는 자원이어야 하며, 이러한 자연적 관광자원에 대한 관광매력은 자연경관의 감상 또는 휴식, 위락적인 특성이 있다.

자연적 자원은 산악, 해양, 하천, 호소(湖沼), 삼림, 초화(草花), 동물, 온천 등으로 분류할 수 있다. 일반적으로 자연적 자원은 인간 생활환경의 보호와 생태계의 보호라고 하는 차원에서 자연공원의 지정·보존·이용 및 관리에 관한 사항을 규정함으로써 자연 생태계와 자연풍경지를 보호하고 지속가능한 이용을 도모하여 국민의 보건 향상에 기여하기 위하여 자연공원법에 의해 운영되고 있다.

> **자연공원법**
>
> 한국의 자연공원법에 의하면 자연공원을 국립공원, 도립공원, 군립(郡立)공원 및 지질공원으로 구분하고 있다.

1) 산악관광자원

산악관광자원은 주로 경관미의 감상과 산악 스포츠, 레저 활동을 기능으로 하는 복합자원으로서 고산(高山), 영봉(靈峰), 원시적인 산림, 기암(奇巖), 단애(斷崖), 계곡과 폭포, 그리고 변화무쌍한 산세 등으로 형성되어 있다.

산악관광자원은 자연성(기후, 기상, 지형, 동·식물 등), 활동성(등산, 수렵, 암벽등반, 캠프, 스키 등), 예술성(경관, 조망, 친화성 등), 종교성(신앙, 사원, 초자연성 등) 등 관광가치도 다양하여 자연적 관광자원을 대표하고 있다.

산악관광자원은 인간의 영감(靈感)을 촉발시키고 피곤한 영혼을 회복시켜 주는 역할을 하기 때문에 현대 도시인들에게 가장 친숙해진 자원이며, 대표적인 관광지로는 공원 등이 해당된다.

2) 해안관광자원

해안관광자원은 바다의 조망미(眺望美)와 해안에서의 스포츠, 레저 활동을 즐길 수 있는 복합자원으로서 해안, 섬, 해양, 암초, 포구, 백사장, 어선(漁船)과 어촌의 민가(民家), 해녀와 파도, 바다의 일출(日出)·일몰(日沒) 등과 같은 다양한 자원이 있다.

해안관광자원은 일반적으로 자연성(일출·일몰, 해안선의 변화), 활동성(해수욕, 낚시, 수상스키, 스카이다이빙), 예술성(경관, 조망, 백사장의 낭만), 종교성(무속신앙) 등의 가치를 지니고 있으며, 특히 국민의 피서활동에 있어 잠재력이 큰 자원이라고 할 수 있다.

3) 하천 · 호수관광자원

하천·호수관광자원은 산악 또는 산림 계곡과 결합하여 내수면(內水面)의 경관미를 감상할 수 있는 자원이다. 하천은 계곡, 암벽, 폭포, 산림, 평야와의 결합이 용이하고, 호수는 산악, 산림, 하천과의 연계성이 높아서 다양한 형태의 결합이 가능하여 관광자원의 가치를 더욱 높일 수 있다.

하천·호수의 경관 유형은 일반적으로 주변이 포위되어 있는 것과 같은 경관(focal landscape)으로 나타나고, 위치적 유형은 수평으로 전개되어 조용하고 아름다움을 연출할 수 있다. 하천·호수의 관광자원에서는 낚시, 보트(boating), 수상스키, 유람선 관광 등의 레크리에이션 활동을 즐길 수 있다.

4) 온천관광자원

온천관광자원은 보양·요양 기능을 제공하고 주변의 산악경관과 결합하여 관광

동기를 충족시킬 수 있는 자원이다. 온천관광자원의 가치는 과거에 주로 건강을 유지하기 위한 보양(保養)과 질병의 치료를 위한 요양(療養)에 초점을 맞추었으나 오늘날에는 주변의 경관과 문화적 경관을 결합하여 가치를 높이는 역할을 하고 있다.

5) 동굴관광자원

동굴관광자원은 온천과 함께 화산의 지질작용과 연관성이 높은 자원으로서 지하의 신비적 경관을 관광자원의 가치로 활용하는 것이다. 동굴의 관광가치는 단순한 지하경관의 예술성뿐만 아니라 원시인들의 종교의식과 관련된 종교성, 동굴 탐험의 모험성 및 학술 이용 등에서 무한한 가치를 갖고 있는 자원이다.

동굴관광자원은 그 구조의 특성에 따라 산업적·군사적 또는 학술적 연구에 크게 기여하고 있으며, 다른 관광자원이 다양한 속성을 가지고 있는 것에 비해 한 가지(單一性) 속성만 있는 자원이지만 자연적 자원의 측면에서 볼 때 그 기능과 역할에서는 충분한 가치를 지니고 있다.

2. 문화적 관광자원

문화적 관광자원(cultural tourism resources)은 국가의 유산으로서 국민이 보전할 만한 가치가 있고 관광매력을 지닐 수 있는 자원을 말한다. 문화적 자원을 문화재라고도 표현하는데, 이 용어가 본격적으로 사용된 것은 제2차 세계대전 이후이다.

문화유산이 되기 위해서는 역사적 가치, 보존할 만한 가치가 있어야 하며, 문화재(文化財)로서 예술적, 학술적 가치도 있어야 한다.

문화적 관광자원은 일반적으로 크게 문화자원과 박물관으로 구분할 수 있으며, 문화자원은 유형문화재(有形文化財), 무형문화재(無形文化財), 기념물(記念物), 민속자료(民俗資料) 등으로 분류할 수 있다.

1) 유형문화재

유형문화재(visible cultural assets)란 건조물(建造物), 전적(典籍), 고문서(古文書), 회화, 공예품, 기타의 유형적 문화소산으로서 우리나라의 역사상 또는 예술상 가치가 큰 것과 이에 준하는 고고자료(考古資料)를 말한다.

유형문화재 가운데서 중요한 것은 보물(寶物)로 지정되고, 또한 보물 중에서 특히 인류 문화의 보호 및 보존이라는 관점에서 가치가 크고 유례가 드문 것을 국보(國寶)로 지정한다.

2) 무형문화재

무형문화재(invisible cultural assets)란 연극, 음악, 무용, 공예기술 및 기타의 무형적 문화유산으로서 역사상 또는 예술상 가치가 큰 것을 말한다. 무형문화재 중에서 중요한 것은 중요무형문화재(重要無形文化財)로 지정하고 있다.

3) 기념물

기념물(monuments)이란 패총(貝塚), 고분(古墳), 성지(城址), 궁지(宮趾), 요지(窯址), 유물포함층(遺物包含層) 등의 사적지로서 역사적, 학술적, 관상(觀賞)적 가치가 큰 것을 의미하며, 기념물은 역사적 기념물과 천연기념물로 구분한다.

역사적 기념물은 패총, 고분, 성지, 궁지, 요지, 유물포함층, 기타 등으로 분류하며, 중요한 것은 사적(史蹟)으로 지정한다. 또한 천연기념물 중에서 중요한 것은 명승(名勝) 또는 천연기념물(天然記念物)로 지정한다.

4) 민속자료

민속자료(folk customs materials)란 의ㆍ식ㆍ주, 생업(生業), 신앙, 연중행사 등과 관련된 풍속, 관습과 당시에 사용되었던 의복, 기구(器具), 가옥(家屋), 기타의 물건으로서 국민생활의 추이(推移)를 이해할 수 있는 것을 말한다.

민속자료는 무형의 민속자료와 유형의 민속자료로 구분한다. 무형의 민속자료에는 의·식·주, 생업, 신앙, 연중행사 등에 관한 풍속, 관습 등이 있고, 유형의 민속자료에는 의복, 기구, 가옥, 기타의 물건 등이 있다. 유형의 민속자료 중에서 중요한 것은 중요민속자료(重要民俗資料)로 지정한다.

3. 사회적 관광자원

사회적 관광자원(social tourism resources)이란 나라의 국민성과 민족성을 이해하는 규범 문화적인 자원을 의미한다. 문화의 유형은 용구문화(用具文化 ; 의식주의 생활도구), 가치문화(철학, 종교, 예술, 학문), 규범문화(인정, 제도, 풍속, 민족성, 도덕, 생활양식, 신앙) 등으로 구분할 수 있으며, 생활양식은 의·식·주를 중심으로 한 그 지역의 일상적인 생활을 의미한다.

사회적 관광자원은 민족의 의상이나 식사양식, 주택양식 등으로 관광객의 중요한 관심 대상이 되며, 전통화되어 온 풍속도 매우 중요한 관광자원이다. 또한 역사와 전통, 민족성, 세시(歲時)풍속, 연중행사, 절기와 생활은 물론 전통적인 스포츠, 향토축제, 향토음식 및 특산물 등도 포함하고 있다.

환대(hospitality)는 민족성에 바탕을 둔 인정(人情)을 말하는데 이 또한 훌륭한 자원이 될 수 있다. 관광객은 미지의 세계에서 새로운 환경을 접해보려는 욕구가 강하기 때문에 환대는 추억거리를 만드는 중요한 관광자원이 된다.

1) 문화 · 축제행사

전통화된 향토축제와 연중행사 등은 하나의 대표적인 문화적 행사로서 지역, 국가의 전통성을 계승·발전시킨다는 차원은 물론 관광대상으로서의 가치도 매우 높은 관광자원이다. 이러한 축제행사는 목적지의 매력을 증대시키고 비수기를 극복할 수 있는 수단이 되며, 관광의 지역적 확대, 관광이용시설의 확대, 잠재관광객 유치 증대에도 기여하며, 자원의 보호와 보존에도 기여하는 효과가 있다.

2) 교육 · 사회 · 문화시설

국가 및 지역의 이미지를 결정하는 요소를 가지고 있는 특성이나 개성 또는 공간 전체에 대한 통일성 등이다. 대표성을 지닌다고 할 수 있는 랜드마크(land mark), 안내 간판, 조명시설, 각종 시설 등은 이들 지역을 다른 지역과 분리해서 인식할 수 있는 특징이 된다. 행정관청, 국회의사당, 종교 시설, 스포츠 관련 시설, 대학교, 미술관 시설 등은 중요한 관광대상이 된다고 할 수 있다.

한 국가의 역사와 문화적 산실을 보고 배울 수 있는 곳이 박물관이다. 박물관 (museum)은 역사적 유물, 고고자료, 미술품과 같은 그 나라 민족 또는 지방의 문화유산 가운데서 역사적, 학술적, 예술적 가치가 있는 것을 모아 체계적으로 진열해 놓은 문화적 시설을 의미한다. 박물관은 시설 주체에 따라 국립 · 시립 · 도립 · 대학 · 사립 박물관 등으로 구분된다.

3) 향토음식 · 특산물

향토음식(鄕土飮食)은 지역 특유의 전통음식으로서 기후, 문화, 전통 등의 차이로 인하여 독특한 음식문화가 발전되어 왔다. 향토음식이 갖는 명칭 또한 문화나 전통 등에 의해 결정되는 경향이 많으며, 생활환경과 관련하여 발전해 온 대표적인 자원이다. 관광객은 관광지에서 특유의 향토음식을 즐기려는 경향이 증가하는 추세이며, 생활양식에서 발전한 음식은 현대인의 미식(味食)의 추구, 식도락여행, 미식 탐방여행과 같은 관광형태로 탄생하였다.

특산물이란 역사적으로 전통성을 가지고 있으면서도 지역과 연관성이 높고 독특한 특성이 있는 상품이다. 지역마다 지형, 기온과 강수량에 차이가 있고 토질이 달라 그 지방의 풍토에 적합한 특산물이 생산된다. 특산물을 구매함으로써 여행의 추억을 만들고 기억하며, 선물을 하는 등 그 역할이 확대되고 있다. 특산물의 상품화 노력은 쇼핑 관광객을 유도하는 데 유리하기 때문에 전통적으로 상품의 가치가 있고, 개발이 가능한 상품을 선정하여 집중적으로 육성하고 있으며, 특산물을 홍보하기 위하여 생산과정을 견학하는 등 관광의 범위를 확대하고 있다.

4. 산업적 관광자원

산업적 관광자원(industrial tourism resources)은 국가의 산업시설과 기술 수준을 보고 또한 보이기 위한 산업적 대상을 의미한다. 이러한 산업관광(technical visit)의 시초는 '프랑스의 산업을 보라'라는 국가적 홍보활동(1952)에서 시작되었다.

산업적 관광자원은 산업시설의 견학, 시찰, 체험을 통하여 관광객의 견문 확대 및 지식욕 충족 차원에서 매우 의미 있는 일이라 하겠다. 산업적 관광자원은 일반적으로 다음과 같이 구분하고자 한다.

1) 농·임업 관계 자원

농업(農業)이란 토지를 이용하여 생활에 필요한 식물이나 동물 등을 기르는 산업으로 농경(農耕)을 지칭하는 경우가 많다. 농업과 관련된 자원은 관광농장(tourism farm)을 비롯하여 농원, 목장, 농산물, 가공시설, 그 밖의 농업 관계시설을 말한다. 농업에서는 농산물 채취, 목장 방문을 통해서 직접 체험할 수 있는 체험관광의 역할도 하게 된다.

> **농업관광**
>
> 태평양지역과 미국에서 관광과 레크리에이션으로 급속도로 성장하고 있는 산업이며, 관광객의 체류 기간 동안에 추가적인 수입 증대로 인하여 경제활동의 활성화를 가져다주게 된다. 특히 생태관광, 문화관광, 모험관광 시장은 다양한 형태의 농업관광에 대한 잠재시장이라고 하고 있다.

2) 임업 관련 자원

임업(林業)이란 숲이나 산림(山林)의 임산물에서 얻는 경제적 이득을 목적으로 산림을 유지·조성하는 사업을 말한다. 임업은 목재를 벌채, 가공하여 생산하기도 하며 인공림 조성, 묘목 생산, 조림을 비롯하여 산림휴양시설을 관리한다.

임업은 현대인들에게 일상생활을 떠나 맑은 공기를 마시고 건강을 유지하기 위하여 산림자원을 이용하여 삼림욕을 한다거나, 숲 해설가를 통해서 산림자원의 중요성을 학습함으로써 산림보호와 보존에 노력해야 한다는 인식을 확산시키게 되었으며, 산림을 활용하여 치유하는 다양한 프로그램을 기획하여 운영하고 있다.

> **숲 해설가(숲산림교육전문가)**
>
> 산림청에서 지정한 산림교육전문가(산림교육법 제2조제2호), 양성기관에서 소정의 교육을 수료하고 교육실습을 마친 후 자격을 취득한 사람으로 숲을 방문하는 여행자 또는 관광객에게 숲을 비롯하여 동식물에 대해서 설명하고 숲, 나무, 동물, 식물 등에 대해서 정확하고 올바른 지식을 전달하는 역할을 한다.

> **산림치유 지도사**
>
> 산림치유 지도사(1급, 2급)는 치유의 숲, 자연휴양림 등 산림을 활용하여 대상별 맞춤형 산림치유 프로그램을 기획·개발하여 산림치유 활동을 효율적으로 할 수 있도록 지원하는 전문가로서 이용자에게 산림치유 프로그램을 제공한다.

3) 수산업 관련 자원

수산업(水産業)이란 바다 또는 호수, 강에서 식자재나 다른 산업에 이용되는 재화를 생산하는 산업을 표현한다. 또한 가공, 운송, 판매를 비롯한 모든 산업 활동을 포함하며, 수산업법에 의하면 수산업을 「수산업·어촌발전기본법」에 따라 어업·양식업·어획물운반업·수산물가공업 및 수산물유통업으로 분류하고 있다.

수산업은 어업활동을 위해서 어항의 배후지역에 있는 어촌(漁村)의 생성과 발달에 중요한 역할을 하였다. 수산업은 해양특성과 생태계 가치를 반영하는 해양공간 체계를 도입하며, 어촌관광을 통하여 어촌활력을 높이기 위한 노력을 하고 있다. 관광 측면에서 해양공간을 이용한 해양 레저·스포츠 활동을 할 수 있는 자원으로서 역할을 한다. 수산자원의 보호와 보존을 위해서는 해양환경 보호와 오염방지가 중요하다는 인식을 함양하는 계기를 조성할 수도 있다.

4) 공업 관련 자원

공업(工業)이란 기계나 도구를 이용하여 원자재를 가공하여 그 성질과 형상을 변경하는 생산업의 부문이다. 공업은 일반적으로 생활에 필요한 물자를 생산하는 산업으로 유용성을 높이기 위한 생산활동이다.

공업은 일상생활과 밀접한 관계를 맺고 있으며, 섬유·의복, 신발·가죽, 제분·제당, 철강, 전자, 석유화학, 기계, 자동차, 조선, 컴퓨터, 반도체, 정보통신, 바이오, 우주항공, 신소재 산업 등과 같은 것으로 광범위하다.

생활에 필요한 물자가 생산되어 나오는 과정을 시찰, 견학할 수도 있으며, 연구소를 방문하여 학습함으로써 지식을 함양할 수 있는 관광지가 되기도 한다.

5) 상업 관련 자원

상업(商業)이란 상품을 팔고 사는 행위를 총칭하며, 상품의 생산자와 소비자 관계에서 재화(財貨)의 거래를 의미한다. 넓은 의미에서는 경제적인 가치, 서비스, 상품의 판매를 목적으로 하는 산업이다.

생산과 소비를 연결하여 수요와 공급을 원활하게 하고 재화의 가치를 높여주는 행위로서의 경제활동으로 유통기구가 탄생하게 되었으며, 전통시장을 비롯하여 백화점, 기념품점, 면세점, 상품 진열관이 있으며, 일반적으로 기간을 설정하여 행사를 진행하는 박람회, 전시회 등도 관광객이 상품을 구매할 수 있는 장소로서의 역할을 하고 있다.

6) 산업 기반시설

산업(産業) 기반시설은 산업시설이라고도 하며, 생산활동을 위해 필요한 사회적 기반시설이다. 산업용지(産業用地)를 비롯하여, 공항, 다목적 댐, 도로, 항만, 철도, 교량, 발전시설, 저수지, 산업용지 등을 의미하며, 생활 기반시설인 상·하수도, 공원, 학교, 병원, 보육시설 등도 중요한 부분이 된다.

산업 기반시설은 국가 또는 지방자치단체가 산업발전과 국민생활의 복지증진을 위하여 설치하는 공공시설(公共施設)이면서 관광자원으로서의 역할도 병행하고 있다. 일부 시설의 경우에는 안전과 보안이라는 특수성으로 인해서 관광의 제한을 받기도 한다.

제4절 유네스코와 세계유산

1. 세계유산협약

유네스코(UNESCO : United Nations Educational, Scientific and Cultural Organization)
는 모든 이를 위한 교육, 과학, 문화 보급과 교류를 위해 설립된 전문기구로서 대
외적으로 가장 유명한 것은 세계유산 지정이다.

유네스코에서는 세계 각국에 소재한 유산 중에서 자연 및 문화유산을 자연적,
인위적 파괴와 손상으로부터 인류 공동으로 보호하기 위해 유네스코 총회에서 "세
계 문화 및 자연유산의 보호에 관한 협약(convention concerning the protection
of world cultural and natural heritage)"을 채택(1972)하게 되었고, 인류의 소중
한 유산이 인간의 부주의로 파괴되는 것을 막기 위해 세계유산협약(world heritage
convention)(1975)을 제정하면서 시작되었다.

세계유산은 문화유산과 자연유산 그리고 복합유산의 3가지로 구분하고, 이 가
운데 특별히 '위험에 처한 세계유산'을 별도로 지정하고 있다.

세계유산협약은 유산 보호에 대한 국가들 간의 협력을 증진시키는 계기를 마련
하였고, 협약에 따라 가입국가의 문화 및 자연의 유산 중에서 가치가 있다고 인정
되는 유산을 유네스코의 세계유산 일람표에 등재하는 제도이다.

세계유산으로 등록됨으로써 해당 국가의 소유권이 인정되며, 세계유산기금
(world heritage fund)으로부터 유산 보존을 위한 재정적, 기술적인 지원을 받을
수 있으며, 유산의 보존상태를 지속적으로 모니터링하게 된다.

세계유산에 등록될 경우 수준 높은 문화국가라는 국제적인 공인을 받게 되고,
국민들에게 문화유산에 대한 중요성을 인식시키는 계기가 되어 문화유산을 보
호·보존하는 데 기여할 수 있다. 또한 직·간접적인 홍보로 인하여 인지도가 높
아짐에 따라 방문객이 증가하여 관광수입 증대 효과와 고용기회가 창출되어 관광
부문에도 긍정적인 효과를 미치게 된다.

2. 세계유산의 분류

세계유산은 본 내용에서는 문화유산, 자연유산, 복합유산, 무형유산, 기록유산으로 분류하고자 한다.

1) 문화유산

문화유산(cultural heritage)은 후세대에 계승·상속될 만한 가치를 지닌 문화적 유물을 지칭하며, 기념물, 건조물, 유적지로 구분할 수 있다. ① 기념물은 역사와 예술, 과학적인 관점에서 세계적인 가치를 지닌 비명(碑銘), 동굴생활의 흔적, 고고학적 특징을 지닌 건축물, 조각, 그림이나 이들의 복합물을 총칭한다. ② 건조물은 건축술이나 그 동질성 주변 경관으로 역사, 과학, 예술적 관점에서 세계적 가치를 지닌 독립된 건물이나 연속된 건물이다. ③ 유적지는 인간과 자연의 공동 노력의 소산물로서 역사적, 심미적(審美的), 민족학적, 인류학적 관점에서 세계적 가치를 지닌 고고학(考古學)적 장소를 포함하고 있다.

2) 자연유산

자연유산(natural heritage)은 무기적 또는 생물학적 생성물로 이루어진 자연의 형태이거나 이러한 생성물이 구성되어 미적 또는 과학적 관점에서 세계적 가치를 지닌 곳이다. 또한 과학과 보존의 관점에서 세계적 가치를 지닌 지질학적, 지문학적(地文學的) 생성물과 멸종위기에 처한 동식물의 서식지(棲息地)이며, 과학, 보존 또는 자연미의 관점에서 세계적 가치를 지닌 지점이나 구체적으로 구획된 자연지역을 말한다.

3) 복합유산

복합유산(mixed heritage)이란 문화유산과 자연유산의 특징을 동시에 충족시키는 유산이며, 문화유산과 자연유산의 기준을 동시에 만족시켜야 하므로 등재가 어려운 유산이라고 할 수 있다.

4) 무형유산

인류의 무형문화유산(intangible cultural heritage of humanity)은 문화 다양성의 원천인 무형유산의 중요성에 대한 인식을 고취하고, 무형유산 보호를 위한 국가적, 국제적 협력과 지원을 도모하기 위한 것이다. 무형유산의 등재 신청은 무형유산협약에 명시된 무형유산의 조건을 충족해야 한다.

무형유산협약에 의하면 '무형문화유산'이라 함은 "공동체, 집단 및 개인들이 그들의 문화유산의 일부분으로 인식하는 실행, 표출, 표현, 지식 및 기술뿐 아니라 이와 관련된 전달 도구, 사물, 유물 및 문화 공간 모두를 의미"한다. '무형문화유산'은 다음의 범위에 해당하는 것을 의미한다.

첫째, 언어를 포함한 구전(口傳) 전통 및 표현
둘째, 공연예술
셋째, 사회적 의식, 축제
넷째, 자연과 우주에 대한 지식 및 관습
다섯째, 전통적 공예기술

인류의 무형문화유산은 유산의 중요성에 대한 인식 제고에 기여함으로써 전 세계 문화의 다양성을 보여주고 인류 창의성을 증명하는 데 기여해야 하며, 해당 유산을 보호하고 증진할 수 있는 보호조치가 구체화되어 있어야 한다.

5) 기록유산

세계 기록유산(memory of the world)이란 전 세계 민족의 집단기록이자 인류의 사상, 성과의 진화 기록을 의미하는 것으로 세계적 가치가 있는 귀중한 유산을 가장 적절한 기술을 통해 보존할 수 있도록 지원하는 것이다. 유산의 중요성에 대한 전 세계적인 인식과 보존의 필요성을 증진시키고, 사업 진흥 및 신기술의 응용을 통해 가능한 한 많은 대중이 기록유산에 접근할 수 있도록 하는 데 있다.

기록유산의 종류에는 문자로 기록된 것(책, 필사본, 포스터 등), 이미지나 기호로 기록된 것(데생, 지도, 악보, 설계도면 등), 비문(碑文), 시청각 자료(음악, 영화, 음성 기록물, 사진 등), 인터넷 기록물 등이 있다.

기록유산의 등재기준은 유물은 진품이어야 하며, 실체와 근원지가 정확해야 하고, 세계에서 유일하며 대체 불가능하고, 유물의 손실 또는 훼손이 인류 유산에 막대한 손실을 초래하는 것으로서 특정 문화권의 역사적 의미가 있으며, 세계적 가치가 있어야 한다. 다음 중 하나 이상의 기준에 적합해야 한다.

첫째, 변화의 시기를 반영하는 시간성(time)

둘째, 역사 발전에 기여한 장소 또는 지역(place)관련 정보

셋째, 역사에 기여한 개인(people)의 업적

넷째, 세계사의 주요 주제(subject theme)

다섯째, 형태나 양식(form and style)에 있어 중요한 표본

3. 세계유산 등록 현황

유네스코(UNESCO) 산하의 세계유산위원회(world heritage committee)에서 인류의 유산으로 지정, 보호할 가치가 있는 것을 보호하는 것을 목적으로 하고 있다. 유네스코의 세계유산은 전 세계적으로 보존을 위한 노력을 전개하게 되는데, 보존할 능력이 없는 나라에는 기술 및 재정지원을 하기도 한다.

세계유산위원회

"세계유산협약"에 의거 설립된 정부 간(政府間) 위원회(1975)로서 문화 및 자연유산의 보호를 목적으로 하며, 세계유산 등재 심의 결정, 기금 사용 승인, 위험에 처한 유산 선정, 보호 관리에 관한 정책 결정 등의 역할을 수행한다. 현재 이사국은 일본, 중국, 호주, 에콰도르, 필리핀, 프랑스, 이탈리아, 독일, 스페인, 미국, 캐나다, 쿠바, 이집트, 몰타, 사이프러스, 레바논, 모로코, 니제르, 브라질, 멕시코이다.

문화유산의 지정은 관광객 유치를 증대하고 한국의 문화유산을 세계에 널리 알릴 수 있는 좋은 계기가 되며, 한국은 문화유산, 자연유산, 무형유산, 기록유산의 영역에 등재되었다.

한국의 세계문화유산

석굴암과 불국사(1995), 해인사의 장경판전(1995), 종묘(1995), 창덕궁(1997), 수원 화성(華城)(1997), 경주 역사유적(2000), 고창·화순·강화고인돌 유적(2000), 조선왕릉(2009), 한국의 역사마을(하회와 양동)(2010), 남한산성(2014), 백제역사 유적지구(2015), 산사(山寺)·한국의 산지승원(2018 : 7곳 ; 영주 부석사, 해남 대흥사, 보은 법주사, 공주 마곡사, 안동 봉정사, 양산 통도사, 순천 선암사), 한국의 서원(書院, 2019 : 영주 소수서원, 안동 도산서원/병산서원, 경주 옥산서원, 달성 도동서원, 함양 남계서원, 장성 필암서원, 정읍 무성서원, 논산, 돈암서원), 가야고 분군(2023)(7곳 ; 경북 고령의 지산동 고분군, 경남 김해 대성동 고분군, 경남 함안 말이산 고분군, 경남 창녕의 교동과 송현동 고분군, 경남 고성 송학동 고분군, 경남 합천 옥전 고분군, 전북 남원의 유곡리와 두락리 고분군)

한국의 세계 자연유산

제주 화산섬과 용암동굴(2007), 한국의 갯벌(2021 ; 충남 서천, 전북 고창, 전남 신안, 전남 보성·순천)

한국의 유네스코 생물권 보호지역

설악산(1982), 제주도(2002), 신안 다도해(2009), 광릉 숲(2010), 고창군(2013), 순천시(2018), 강원 생태평화(2019), 연천 임진강(2019), 완도군(2021)

한국의 세계 지질공원

제주도(2010), 청송(2017), 무등산권 지질공원(2018), 한탄강(2020), 전북 서해안권(2023)

한국의 무형 문화유산

종묘제례 및 종묘제례악(2001), 판소리(2003), 강릉 단오제(2005), 남사당놀이(2009), 처용무(2009), 영산재(2009), 제주 칠머리당 영등 굿(2009), 강강술래(2009), 가곡(2010), 매사냥(2010), 대목장(2010), 한산 모시 짜기(2011), 택견(한국의 전통무술, 2011), 줄타기(2011), 아리랑(한국의 서정민요, 2012), 김장·한국의 김치를 담그고 나누는 문화(2013), 농악(2014), 줄다리기(2015), 제주 해녀문화(2016), 씨름(한국의 전통레슬링, 2018), 연등회(燃燈會, 2020), 한국의 탈춤(2022), 장 담그기 문화(2024)

한국의 세계 기록유산

훈민정음 해례본(1997), 조선왕조실록(1997), 불조직지심체요절 하권(2001), 승정원일기(2001), 고려 대장경판 및 제(諸)경판(2007), 조선왕조 의궤(2007), 동의보감(2009), 1980년 인권기록유산 5 · 18 광주민주화운동 기록물(2011), 일성록(2011), 난중일기(2013), 새마을운동 기록물(2013), KBS 생방송 '이산가족을 찾습니다' 기록물(2015), 한국의 유교책판(2015), 조선통신사 기록물(2017), 조선왕실 어보와 어책(2017), 국채(國債)보상운동 기록물(2017), 4 · 19혁명 기록물(2023), 동학농민혁명 기록물(2023)

유럽지역의 국가들은 문화유산의 등록이 많다. 문화유산으로 등재를 많이 한 국가로 이탈리아, 스페인, 독일, 프랑스, 스페인, 영국 등이 있다. 그러나 미국의 경우 국립공원으로 지정된 자연유산이 많으며, 캐나다, 호주 등도 자연유산이 많다. 아시아지역의 국가들 중에는 중국, 인도, 일본 등이 있으며, 동남아와 남미의 경우 문화유산과 자연유산이 병존하는 경우가 많다고 할 수 있다.

한번 파괴된 유산은 다시 복구하기 어렵다. 많은 유산이 지진, 폭풍우, 화재, 기상이변 등의 자연적인 요인에 의해 파괴되고 있을 뿐만 아니라, 인간의 부주의, 전쟁, 무분별한 개발정책으로 날로 황폐화되고 있다. 유네스코는 세계유산 목록에 올라간 유산 중 파괴 위험에 처한 문화 및 자연유산을 특별히 관리하고 있다. 위험에 처한 세계유산은 전쟁으로 파괴된 캄보디아의 앙코르와트(Angkor Wat), 옛 유고지역의 역사도시와 미국의 옐로스톤(Yellowstone) 국립공원, 에콰도르(Ecuador)의 갈라파고스(Galapagos)섬 등이 포함되어 있다.

또한 전쟁으로 황폐화된 캄보디아의 앙코르와트 사원과 크로아티아(Croatia) 공화국의 역사도시를 복원하기 위해 유네스코에서 파견한 전문가들이 많은 노력을 기울이고 있다. 베트남의 후에(Huê)궁전, 예멘공화국의 사나(Sana'a) 역사도시도 유네스코의 특별한 관리를 받고 있다.

세계유산 등록 현황

지역별	국가별	등록 수	대표적 유산 및 내용
유럽	스페인	49	코르도바 역사지구, 알함브라 궁전, 부르고스 대성당, 에스코리알 수도원, 톨레도 역사도시, 알타미라 동굴과 스페인 북부의 구석기 시대 동굴 예술, 세고비아 옛 시가지와 수도교, 세비야 대성당, 쿠엥카 성곽도시, 테이데 국립공원 등
	프랑스	49	샤르트르 대성당, 베르사유 궁전, 아미앵 대성당, 스트라스부르 옛 시가지, 부르주 대성당, 아비뇽 역사지구, 리옹의 유적지, 프랑스 산티아고 데 콤포스텔라 순례길, 보르도(달의 항구), 부르고뉴, 테루아 등
	독일	51	아헨 대성당, 슈파이어 대성당, 뤼베크 한자도시, 쾰른 대성당, 성모 마리아 대성당, 성 미카엘교회, 베를린 궁전, 뮌스터 수도원, 푈클링엔제철소, 루터 기념관, 바이마르 지역 등
	영국	32	스톤헨지와 에이브 베리 거석, 런던탑, 웨스트민스터 사원, 캔터베리 대성당, 고프섬 야생생물 보호지역, 웨스트민스터 궁, 그리니치 해변, 성 조지 역사마을과 버뮤다 방어물, 콘월 및 데번 지방의 광산 유적지 경관, 영국 왕립식물원 등
	이탈리아	58	발카모니카 암벽화, 피렌체 역사지구, 베니스와 석호, 카스텔 델 몬테, 우르비노 역사지구, 돌로미터, 에트나산, 피에몬테(포도밭), 이브레아(산업도시) 등
	스위스	13	세인트 갈레 수도원, 베네딕토회 수도원, 베른 옛 시가지, 알프스 융프라우, 몬테산 조르지오, 라보(포도원 테라스) 등
	그리스	18	아폴로 에피쿠리우스 신전, 델파이 고고유적, 아크로폴리스(아테네), 아토스산, 로도스 중세거리, 델로스(Delos)섬, 올림피아 고고유적, 피타고레이온과 헤라신전, 미키네와 티린스 고고유적 등
	네덜란드	12	쇼클란트와 그 주변, 네덜란드 워터 디펜스 라인, 엘샤우트 풍차망, 베임스터 간척지, 반 넬레파브릭 등
	러시아	30	상트페테르부르크의 역사유적지, 키지섬, 크렘린 궁전과 붉은 광장, 블라디미르와 수즈달의 백색 기념물, 바이칼 호수, 캄차카 화산군, 알타이 황금산맥, 카잔 크렘린 역사 건축물, 데르벤트의 성채·고대도시·요새 건물, 푸토라나 고원 등
	오스트리아	12	잘츠부르크 역사지구, 쇤브룬 궁전과 정원, 젬머링 철도, 와하우 문화경관, 비엔나 역사지구, 알프스 주변의 선사시대 말뚝 주거지 등
	벨기에	15	플랑드르 베긴회, 그랑플라스(브뤼셀), 상트르 운하, 브뤼헤 역사지구, 노트르담 대성당, 스토클레 하우스 등

	불가리아	10	보야나 교회, 마다라 라이더, 이바노보의 암벽교회, 고대도시 네세바르, 릴라 수도원, 스레바르나 자연 보호구역
	체코	16	프라하 역사지구, 텔치 역사지구, 쿠트나 호라(Kutná Hora), 홀라쇼비체 역사마을, 리토미슐 성, 트르제비치의 유대인 지구와 성 프로코피우스 대성당 등
	덴마크	10	로스킬레 대성당, 크론보르 성, 일루리사트 아이스피오르, 이누이트 사냥터 등
	핀란드	7	수오멘린나 요새, 올드 라우마 등
	헝가리	8	다뉴브 강, 베네딕트 수도원 등
	노르웨이	8	브리겐, 우르네스 목조교회, 알타의 암각화, 피오르 등
	폴란드	17	크라푸크 역사지구, 아우슈비츠 비르케나우(수용소), 바르샤바 역사지구, 자모시치 구시가지, 토룬의 중세도시 등
	포르투갈	17	그리스도 수녀원(토마르), 바탈랴 수도원, 에보라 역사지구, 알코바사 수도원, 신트라 문화경관, 알토 도루 와인산지, 기미랑이스 역사지구, 포도원 문화(피코섬) 등
	루마니아	9	다뉴브 삼각주, 몰다비아의 교회, 호레주 수도원, 시기 쇼아라 역사지구 등
	스웨덴	15	드로트닝홀름 왕립 도메인, 비르카와 호브 가든, 엥겔스베르크 제철소, 한자동맹 비스비 마을, 라포니언 지역, 팔룬의 구리광산 구역 등
중동	이집트	7	아부 메나, 카이로, 멤피스와 네크로폴리스(기자의 피라미드 지대), 누비아 기념물, 세인트 캐서린 지역 등
	이스라엘	9	마사다, 아크레 시가지, 텔아비브 하얀 도시, 향로 교역로(네게브 지역의 사막도시), 마레샤 동굴, 벳 셰아림 묘지 등
	이란	26	페르세폴리스, 탁테 솔레이만, 솔타니아, 페르시아 정원, 골레스탄 궁전, 루트 사막, 히르카니아 숲 등
	이라크	6	하트라, 아슈르, 사마락 고고학, 아르빌 성채, 바빌론 등
아시아	한국	16	팔만대장경, 종묘, 석굴암과 불국사, 창덕궁, 화성, 고인돌 유적(고창, 화순, 강화), 경주 역사유적, 제주 화산섬과 용암동굴, 조선왕릉, 한국의 역사마을(하회와 양동), 남한산성, 백제역사 유적지구, 산사(山寺)·한국의 산지 승원(2018), 한국의 서원(書院), 한국의 갯벌, 가야고분군
	인도	40	아그라 요새, 아잔타 석굴, 엘로라 석굴, 타지마할, 고아의 성당과 수도원, 산악 철도, 카지랑가 국립공원, 마나스 야생동물 보호구역, 후마윤 묘지(델리), 라자스탄 구릉 요새, 히말라야 국립공원 보호구역 등

	중국	56	진시황릉, 막고굴, 泰山(태산), 만리장성, 黃山(황산), 푸젠성 토루, 자금성, 취푸의 공자 유적, 루산 국립공원, 아미산(峨眉山)과 낙산 대불(樂山大佛), 무이산(武夷山), 명청 왕조의 황릉, 용문석굴, 윈강석굴, 마카오 역사지구, 판다 보호구역(쓰촨), 토루(복건), 항저우 문화경관 등
	일본	25	호류지 지역의 불교 기념물, 시라카미 산지, 교토유적, 히로시마의 평화기념관(원폭돔), 일본 메이지 산업혁명, 이쓰쿠시마 신사, 히메지성, 나라, 닛코 신사와 사원, 이와미 은광 및 문화경관 등
	인도네시아	9	보로부두르 사원, 코모도 국립공원, 우중쿨론 국립공원, 로렌츠 국립공원, 발리의 문화경관 등
	필리핀	6	바로크 양식교회, 투바타하 산호초 자연공원, 코르디예라스의 계단식 논, 푸에르토프린세사 지하강 국립공원, 비간 역사도시, 하미구이탄 야생동물 보호구역
	파키스탄	6	모헨조다로 유적지, 탁실라, 타흐티바히의 불교유적과 사리바롤의 도시 유적, 타타의 역사 기념물, 라호르 요새와 샬라마르 정원, 로타스 요새
	미얀마	2	퓨 고대도시, 바간
	태국	6	아유타야 역사도시, 코타이 역사도시, 퉁야이 후아이카켕 야생동물 보호구역, 반치앙 고고유적, 동파야옌 카오야이 숲, Kaeng Krachan 삼림 단지
	말레이시아	4	구능물루 국립공원, 키나발루 공원, 말라카해협의 역사도시, 렝공 계곡 고고 유산
	네팔	4	사가르마타 국립공원, 카트만두 계곡, 치트완 국립공원, 룸비니 석가 탄생지
	베트남	8	후에 기념물 단지, 하롱베이, 호이안 고대도시, 미선 유적, 퐁나케방 국립공원, 탕롱의 제국 성채(하노이), 호 왕조의 요새, 짱안 조경단지
	캄보디아	3	앙코르와트, 프레아 비헤아르 사원, 삼보르 프레이 쿡 사원 구역(고대 이샤나푸라의 고고학 유적지)
	라오스	2	루앙 프라방, 왓 푸 사원과 고대 주거지
	스리랑카	8	폴로나루 고대도시, 시기라야(고대 도시), 아누라다푸라, 갈레 시가지와 요새, 캔디, 랑기리 담불라 동굴사원 등
대양주 (오세아 니아)	호주	20	그레이트 배리어 리프, 카카두 국립공원, 윌란드라 호수지역, 퀸즐랜드 열대우림, 블루마운틴 지역, 푸눌룰루 국립공원, 샤크 베이(灣), 매쿼리 섬, 시드니 오페라 하우스 등
	뉴질랜드	3	테 와히포우나무 공원, 통가리로 국립공원, 남극 연안 섬

아프리카	남아프리카 공화국	10	화석 인류 유적, 이시만갈리소 습지공원, 로벤섬, 말로티(드라켄스버그 공원), 브레데포트 돔 등
	세네갈	7	고레섬, 니오콜로 코바 국립공원, 주지 국립 조류 보호구역, 생 루이섬, 살룸 삼각지, 세인트루이스 섬, 세네감비아 환상 열석군
	콩고민주 공화국	5	비룽가 국립공원, 가람바 국립공원, 살롱가 국립공원, 오카피 야생동물 보호지역 등
	에티오피아	9	암굴 교회, 시미엔 국립공원, 악 슘, 티야, 콘소 문화경관 등
	케냐	7	레이크 투르카나 국립공원, 케냐산 국립공원, 포트예수(몸바사) 등
북미	미국	24	메사 버드 국립공원, 옐로스톤 국립공원, 그랜드 캐니언 국립공원, 에버글레이즈 국립공원, 레드우드 국립공원, 요세미티 국립공원, 차코 문화, 자유의 여신상, 독립기념관, 하와이 화산 국립공원, 칼스배드 동굴 국립공원 등
	캐나다	20	란세오메도스 국립 역사지구, 나하니 국립공원, 앨버타주 공룡주립공원, 우드 버팔로 국립공원, 캐나다 록키산맥, 퀘벡 역사지구, 그로스 몬 국립공원, 루넌버그 옛 시가지, 미구아샤 국립공원, 리도 운하, 그랑프레 경관 등
	쿠바	9	아바나 옛 시가지와 요새, 산티아고 데 쿠바(산 페드로 데 라 로카성), 데셈바르코 델 그란마 국립공원, 비날레스 계곡, 커피 농장의 고고학적 경관, 훔볼트 국립공원, 카마궤이 역사지구 등
남미	멕시코	35	멕시코시티와 소치밀코 역사지구, 시안 카안 생물권 보전 지역, 팔렌케(스페인 도시와 국립공원), 테오티우아칸(스페인 도시), 모렐리아 역사지구, 소치칼코 고고학 기념물, 용설란 경관과 데킬라 생산시설 등
	페루	13	쿠스코, 마추픽추 역사 보호 지구, 차빈 고고 유적, 마누 국립공원, 리마 역사지구, 아레키파 역사지구 등
	브라질	23	오루 프레투 역사 마을, 올린다 역사지구, 이구아수 국립공원, 세라 다 카피바라 국립공원, 중앙 아마존 보존 지역, 상 루이스 역사지구, 고이아스 역사지구, 발롱고 부두 고고학 유적지 등
	아르헨티나	11	로스 글라시아레스 국립공원, 이과수 국립공원, 리오 핀투라스, 반도 발데스, 케브라다 데 후마카와, 로스 알레르세스 국립공원
	칠레	7	라파누이 국립공원, 칠로에 교회, 발파라이소 역사지구(항구 도시), 세웰 광산촌 등
	콜롬비아	9	로스 카티오스 국립공원, 산 아구스틴 고고학 공원, 콜롬비아 커피 문화경관 등

주 : 등록 수는 국가별 기준연도에 따라 다소 차이가 있으며, 대표적인 유산을 정리하였음

자료 : http://www.unesco.or.kr/ 및 기타 자료를 참고하여 작성함

이장춘, 최신관광자원학, 대왕사, 1997.
이항구, 관광학서설, 백산출판사, 1995.

해양수산부, 제2차 수산업 · 어촌 발전 기본계획(2021~2025), 2021.
한국관광공사, 농업관광의 발전 방향, 관광정보, 1997.
한국관광공사, 전통문화재의 세계유산 지정 개요, 관광정보, 1996.
한국관광공사, 환경적으로 지속 가능한 관광개발, 1997.

http://www.unesco.or.kr/

CHAPTER

05

TOURISM BUSINESS

관광사업

CHAPTER
05

관광사업

제1절 관광발전의 과정과 단계

1. 관광발전의 과정

관광이 대중화된 사회현상으로 자리 잡은 것은 최근의 일이지만, 관광이 이동을 전제로 한다면 관광의 기원은 생존을 목적으로 이동했던 고대 이전부터 기원을 찾을 수 있다. 그러나 이 시기의 관광은 현대적 의미의 목적보다는 필요한 식량 및 물자와 같은 생존조건을 충족시키기 위해 이동했던 것이기 때문에 엄격한 의미에서는 관광의 본질을 벗어난다고 할 수 있다. 관광여행은 이집트·로마 시대에 문명의 발상지를 중심으로 종교·교육·건강 등의 목적을 가진 관광여행의 현상이 나타나기 시작했다고 할 수 있다.

관광의 발전과정을 논의하는 과정에서 시기적, 역사적인 관점에 따라 다양한 시각 차이가 있으나, 본 내용에서는 관광의 시대적 구분을 기준으로 하여 다음과 같은 단계로 구분하고자 한다.

관광의 발전단계

구분	자연발생적 관광시대 (tour)	매개 사업적 관광시대 (tourism)	개발·육성적 관광시대 (mass tourism)	대안적 관광시대 (alternative tourism)	신 관광시대 (new tourism)
시기	고대 ~1840년대	1840년대 ~1940년대	1940년대 ~1990년대	1990년대 ~2000년대	2000년대 이후~
관광 동기	종교, 건강, 교육, 탐험	종교, 상용, 건강, 휴양	상용, 휴양, 스포츠, 방문, 종교, 시찰, 회의, 건강, 교육, 연수, 탐험	기존의 동기 + 특정관심관광 (SIT), 문화체험, 세계적 교류	동기의 개성화·다양화, 융·복합관광, 가상체험
관광 체계 요소	관광행동, 관광자원	관광행동, 관광자원, 관광산업	관광행동, 관광자원, 관광산업, 관광정책	관광행동, 관광자원, 관광산업, 관광정책, 관광정보	관광행동, 관광정보, 관광자원, 관광정책
관광 계층	특권 귀족층	부유층, 중산층	대중	전 국민	전 국민
정부 역할	역할 무의미	자유방임적 역할	주도적 역할	조성적 역할	조성적 역할
정부 개입	무개입	간접적·소극적 개입	직접적·적극적 개입	직접적·적극적 개입	직접적·적극적 개입
관광 현상	개인적 차원	사업적 차원	국가적 차원	국가, 세계적 차원	국가, 세계적 차원
관광 형태	개인여행	단체여행	단체여행 > 개별여행	개별여행 > 단체여행	개별여행 > 난체여행
관광 진흥	없음	경제적 이익	경제·사회적 이익	경제·사회·환경적 이익	경제·사회·문화·환경적 이익

주 : SIT(Special Interest Tour)는 특정관심분야의 관광
자료 : 장병권, 한국관광행정론, 일신사, 1996, p.286 및 기타 자료를 참고하여 작성함

2. 관광발전의 단계

1) 자연발생적 관광

자연발생적 관광(tour)은 고대에서 시작하여 토머스 쿡(Thomas Cook, 1841)이 사업할 때까지를 말하며, 이 시기는 관광에 기업이나 정부의 개입이 없었으며, 관광객 스스로 여행하는 자연발생적인 성격이 강한 시대이다.

관광 동기는 종교적 이유인 성지순례(pilgrim)가 주요 목적이었으며, 교역을 목적으로 한 이동도 있었다. 일부 귀족층을 중심으로 온천(spa)을 방문하는 건강 목적의 여행도 했다는 기록이 문헌에 나타나 있기도 하다. 중세의 문예 부흥기(renaissance)에는 견문 확대를 목적으로 하는 교육관광(grand tour)과 탐험이 주요 관광 동기가 되었다.

2) 매개 사업적 관광

매개(媒介) 사업적 관광(tourism)은 1840년대에서 제2차 세계대전 이전인 1940년대까지를 말하며, 이 시기에는 관광객의 관광활동에 사업체가 개입하기 시작한다.

관광행동에 참여하는 관광객의 동기도 자연발생적인 단계보다는 다양화되기 시작하여 귀족층과 일부 부유층들 사이에는 휴양을 위하여 온천을 방문한다든지 해안가에 별장을 짓고 휴식을 즐기는 새로운 형태의 관광도 나타나기 시작하였다.

관광계층도 산업혁명의 영향으로 경제적인 풍요와 더불어 새롭게 나타난 신흥 중산층까지 확대가 된다.

관광에 대한 정부의 역할은 자유방임적인 차원이 아니라 관광 발전을 위한 여건 조성에 간접적이고 소극적인 영향력을 행사했던 시기라고 할 수 있다. 이 시기 정부의 관광 진흥을 위한 초점은 주로 경제적 이익을 달성하기 위한 것이었다. 관광 형태는 여행업의 선구자인 토머스 쿡이 시도한 포괄 여행(inclusive tour)이 유행하였으며, 단체여행의 형태가 주요 특징으로 나타나게 되었다.

3) 개발 · 육성적 관광시대

개발 · 육성적 관광(mass tourism)은 제2차 세계대전 이후부터 1990년대에 이르는 대중(大衆)관광 시대를 말한다. 이 시기는 관광산업을 전후(戰後) 복구의 수단으로 인식하고 선진국을 중심으로 한 많은 국가에서는 관광 진흥을 위해 노력하게 되었다.

교통수단의 발달에 따른 이동의 편리성과 경제 발전에 의한 소득의 증가, 사회적 지위 향상으로 관광활동에 일반 대중이 참여하게 되는 대량관광(mass tourism)시대 가 되었고 저소득 계층도 관광활동에 참여할 수 있도록 한 것이 사회적 관광(social tourism)이다.

정부의 진흥도 초기의 경제적 이익에 집중되었던 현상이 사회 · 문화적 가치도 반 영하는 형태로 변화되었다. 관광객의 참여 동기도 순수한 관광의 목적과 더불어 상용 (business)이나 국제회의, 스포츠 교류, 연수 등을 겸(兼)하는 관광의 형태로 다양화 하기 시작한다. 수동적인 입장을 탈피하여 적극적인 수요개발에 나서게 되어 관광객 의 조직화와 다양한 관광 동기의 출현 등 관광형태도 단체여행과 더불어 개별적으로 여행하는 형태가 급증하기 시작한다. 이 시기의 특징은 정부가 관광 발전에 적극 참 여하게 됨으로써 진흥자의 역할뿐만 아니라 조정자의 역할도 수행하게 되었다.

사회적 관광(Social Tourism)

일부에서는 복지관광(welfare tourism)이라고도 표현하며, 재정적으로 어려운 저액소득층(低額所得層) 의 보건 향상과 근로의욕의 증진을 위하여 특별한 사회경제적인 조직과 지원으로 추진하는 국민관광 현상(國民觀光現象)이라고 정의를 내렸다. 구체적인 내용으로는 철도나 항공요금의 할인제도, 관광 비용 지원제도(觀光費用支援制度), 국민의 휴가를 위해서 유스호스텔(youth hostel), 국민휴가촌(國民 休暇村, national holiday center), 국민숙사(國民宿舍, national lodge)와 같은 숙박시설을 국가 에서 직접 건설하고 국민들이 시설을 이용하게 했던 정책이다.

적극적인 수요개발

수요를 확대(擴大)하기 위하여 패키지 투어(package tour)의 개발과 월부여행(月賦旅行) 상품의 개 발을 들고 있다. 패키지 투어(package tour)란 여행사가 기획하여 여행자를 모집하는 것으로 여행 출발일, 여행기간, 여행요금, 교통, 숙박, 식사, 관광 등 일체의 경비를 포함한 여행을 말한다.

4) 대안적 관광시대

대안(代案)적 관광(alternative tourism)은 1990년대 이후에 전개된다. 관광객의 관광 동기는 기존의 다양한 동기와 함께 개인의 흥미, 다른(異) 문화체험, 세계적인 교류 확대 등 관광욕구 발생이 크게 작용하였으며, 관광형태도 종전의 단체여행 형태보다는 개별여행의 형태가 주도적인 역할을 하게 되었다. 표준화시켜 정형화된 패키지(package)여행보다는 자신이 관광지에 관한 정보를 얻어 자신만을 위한 여행을 하는 시대라고 할 수 있다.

그러나 대량관광(mass tourism)은 대규모적이고 제약이 없는 가운데, 수요를 과다하게 책정하여 이들을 수용하려는 특징이 강했다. 이로 인하여 환경을 파괴하기도 하고 오히려 지역산업을 붕괴시키는 결과를 초래하기도 하였다.

이러한 대량관광의 부정적 영향을 감소시키기 위한 형태로서 자연환경, 풍습, 역사, 문화 등을 보존하면서 신기하고 실질적인 경험을 획득하기 위한 대안(代案)으로써의 관광이 등장하게 되었다. 특히 브라질의 리우데자네이루에서 개최된 리우(Rio) 환경회의(1991)에서 제창된 지속 가능한 개발(sustainable development)의 개념이 관광부문에도 예외 없이 적용되고 있으며, 무엇보다도 생태적 환경보호를 위한 관심이 증가하면서 생태관광(eco-tourism)의 도입과 활용이 확대되었다. 또한 정부의 관광 진흥에 대한 초점도 경제적 이익과 사회적 이익, 그리고 환경적 측면을 고려하는 역할로 전환되었다.

대안 관광(alternative tourism)의 형태는 지속 가능한 관광(sustainable tourism), 생태관광(eco-tourism), 녹색관광(green tourism), 자연관광(nature tourism), 책임 있는 관광(responsible tourism) 등 새로운 시대에 부응하는 다양한 표현을 사용하였다.

대안 관광(Alternative Tourism)

관광객의 대량 이동과 활동으로 야기될 수 있는 사회·환경의 부정적 영향을 최소화고자 하는 관광의 한 형태로 대중관광으로 인한 피해를 최소화하는 데 있다.
세계관광기구(UNWTO, World Tourism Organization)에서는 대안 관광에 대해 "사회적으로 책임성이 있고 환경을 의식하는 새로운 형태의 관광"이라 정의하고 있으며, 생태관광, 연성(軟性)관광, 녹색관광 등이 대표적인 사례이다.

5) 신 관광시대

신 관광(new tourism)은 2000년대 이후에 전개되는 새로운 차원의 관광시대이다. 사회환경의 변화, 정보화의 가속화는 개별여행 환경을 촉진하게 되었고 세계(global)화 시대는 다른 문화(異文化) 체험에 대한 기대를 더욱 높이게 되면서 다품종 소량 생산을 초월하여 합리성과 기능성을 중시하면서 관광도 다양화, 개성화를 추구하는 시대가 되었다.

정보기술의 발전으로 인한 여행자의 증가는 관광에도 그 변화의 양상이 나타나게 되었고 이러한 혁신의 시장에 등장한 하나의 솔루션(solution)이 스마트관광이다. 스마트관광이란 방문하고자 하는 목적지의 다양한 현지 정보를 획득하고 의사소통과 같은 문제를 스마트 폰(smart phone)과 모바일(mobile) 기술을 이용해서 해결하면서 관광하는 것을 의미한다. 소비자 의사 결정에 정보 통신기술은 많은 영향을 끼치게 되었으며, 목적지 선택과 가격 비교는 물론, 관광객의 구매행태, 관광지 정보나 길 안내 제공서비스 등을 이용하는 데 적극 활용되고 있다.

소비력을 갖춘 관광객의 등장과 스마트 기기를 활용한 정보 공유 등은 여행비용을 낮추어주는 서비스도 증가하면서 적절한 수요 예측을 하기 어렵게 되었다. 주요 관광지에서는 수용능력을 초과하는 관광(over tourism)이 발생하게 되었으며, 물가 인상, 소음, 교통, 생활환경에 영향을 주는 폐해도 나타나게 되었다.

정보통신기술(ICT : Information and Communications Technology)의 발전으로 문화·관광 콘텐츠 활용의 극대화를 통해 스마트(smart) 서비스가 가능해지고 스마트 기기 활용으로 정보탐색이나 여행지 선택과 같은 관광객 의사 결정의 이용체계가 변화하고 있다.

오버 투어리즘(Over Tourism)

오버(over · 초과)와 투어리즘(tourism · 관광)이 결합(結合)된 말로 수용범위를 넘어서는 관광객이 몰려들면서 도시 환경과 문화재 파괴, 주민 불안, 주거난 등의 부작용이 생기는 현상으로 일부 국가에서는 입장객의 수 등을 제한하는 경우가 발생하고 있다.
일부에서는 관광객은 '침입자(tourist invader)', '관광객은 나가(go out)' 등의 표어(slogan)가 등장하게 되었고, 투어리즘 포비아(tourism phobia : 관광공포, 관광혐오) 현상이 나타나게 되었다. 이러한 현상의 탄생 배경은 대량관광(mass tourism)으로 인한 병폐(病弊)의 일환이라고 할 수 있다.

정보통신기술의 발달은 클라우드 서비스(cloud service), 빅 데이터(big data), 모바일 서비스 등을 활용하면서 관광산업 현장에서 근거리 무선통신(NFC : Near Field Communication), 증강현실(AR : Augmented Reality, 增强現實), 가상현실(VR : Virtual Reality, 假想現實), 자동 통역, 빅 데이터 활용 등의 서비스 접목이 가능하게 되었다.

관광시장은 이제 타 산업과의 융합(融合)적 비즈니스를 통해 단독시장에서 복합시장으로 변화해 가고 있으며, 새로운 관광산업의 탄생과 비즈니스 기회의 확대로 이어지고 있다.

신 관광시대는 디지털시대에 적합한 융·복합관광을 비롯하여 새로운 경향(trend)에 맞는 상품을 개발하기 위한 전략도 필요로 하는 시대가 되었다.

랜선 여행(LAN cable travel)

인터넷을 통해서 가상으로 여행하는 것을 의미하며, 온라인을 통해서 체험하는 비대면 여행 콘텐츠라고 할 수 있다.

정보기술의 발전으로 4차 산업혁명 시대에 맞춰 메타버스(Meta verse)는 '가공·추상'을 의미하는 '메타(Meta)'와 현실세계를 의미하는 '유니버스(Universe)'의 합성어로 현실과 가상의 경계가 모호해진 3차원의 가상공간을 의미하며, 가상현실(VR : Virtual Reality, 假想現實)·증강현실(AR : Augmented Reality, 增强現實)을 체험할 수 있다.

코로나로 인하여 여행이 제한되어 실제로 여행을 가지 않고 인터넷에서 여행관련 정보나 사진, 영상 등을 검색하여 가상(假相)현상으로 여행하는 것을 말한다.

그러나 관광의 본질적인 이동과 체재, 활동이라는 관점에서 순수관광의 개념, 목적과는 다소 동떨어진 의미라고 할 수 있다.

제 **2** 절   관광사업의 의의와 영역

1. 관광사업의 의의

관광사업이란 관광을 활성화하기 위한 일련의 활동이라고 할 수 있는데, 관광객에게 관광활동을 하도록 유도하여 관광객이 필요로 하는 재화와 용역을 생산하여 판매하는 사업이다.

수요를 창출하기 위하여 관광객의 행동에 부응하는 상품과 서비스를 제공하여 경제·사회·문화·환경 등 다양한 효과를 얻기 위한 사업이며, 교통(transportation), 숙박(accommodation), 식음료(food & beverage), 문화(culture), 자원(attraction), 통신(communication), 쇼핑(shopping), 오락·유흥(entertainment), 여가(leisure), 서비스(service)를 제공하는 포괄적인 사업이라고 정의할 수 있다.

종래에는 학자들이 관광산업은 타 산업과 구별되는 특별한 상품을 생산하지 못하므로 관광산업이 존재하지 않는다고 하였으나, 현대적인 의미의 관광은 자연을 보호하고 상품을 개발하여 관광객에게 즐거운 체험을 판매하게 됨으로써 산업으로서 인정받기에 이르렀다.

관광은 19세기 중엽만 해도 산업화 단계가 아니라고 하였으나 1950년 이후 관광에도 산업적인 의미가 부여되기 시작했다. 관광이 추상적인 의미에서 현실로 전환되면서 사업(business)이나 산업(industry)으로 변화하게 되었다.

관광은 실제 행위가 복잡하고 광범위하여 관광사업의 개념을 규정하기에는 매우 어렵다. 관광사업은 관광객의 왕래에 대처해야 하고 사회의 급속한 발전과 가치관의 변화는 관광행동을 다양화하여 사업의 범위와 영역도 점차 확대되고 있으며, 수용 측면에서도 관광 왕래를 촉진하기 위한 선전, 판촉 등 일련의 활동까지 포함한다면 사업으로서의 범위는 매우 광범위하다고 하겠다.

관광사업을 총칭할 때 그 범위와 내용이 관광자원의 보호 및 보존, 관광지 개발부터 도로, 위생, 휴게(休憩)시설 등과 같은 기반시설의 정비는 물론 국가 공공기관에서 행하는 관광 진흥, 출·입국 절차, 관세 등에 관한 행정제도까지 포함하는 매우 광범위한 분야까지 포함하고 있다고 할 수 있다.

　그러나 관광사업이라고 표현할 때는 영리를 목적으로 한 사적(私的)인 사업을 의미하며 한국의 관광법규에 의하면 관광사업이란 "관광객을 위하여 운송·숙박·음식·운동·오락·휴양 또는 용역을 제공하거나 기타 관광에 부수되는 시설을 갖추어 이를 이용하게 하는 업"이라고 규정되어 있다.

관광사업의 정의

학자	정의
레이퍼(Leiper)	관광자의 특별한 욕구와 요구에 서비스하는 경향이 있는 모든 기업, 조직, 시설로 구성된다고 정의하였다.
파월(Powell)	관광자의 체험을 구성하는 데 조합되는 모든 요소와 관광자의 욕구 및 기대에 서비스하기 위하여 존재하는 모든 요소를 의미한다고 정의하였다.
미국 상무·과학·교통 (U.S. Commerce, Science and Transportation)	여행과 레크리에이션을 위하여 전체적·부분적인 면에서 교통, 상품, 서비스, 숙박시설과 기타 시설, 프로그램과 기타 자원을 제공하는 사업체, 조직, 노동, 정부기관 등이 상호 관련된 합성체로 정의하였다.
국제연합무역개발회의 (UNCTD)	외래 방문객 및 국내 여행자들에 의하여 주로 소비되는 재화와 서비스를 생산하는 산업적·상업적 활동의 총체라고 정의하였다.
다나까 기이치 (田中喜一)	관광 왕래를 각종 요소에 대한 조화로운 발달을 도모(즉 각종 관광관련 시설과 교통 정비 및 자연적, 문화적 관광자원에 따른 개발과 보호·보존의 도모)함과 동시에 그의 일반적인 이용을 촉진함에 따라 "경제적·사회적 효과를 노리기 위해 알선(斡旋), 접대(接待), 선전(宣傳) 등을 행하는 조직적인 인간 활동"이라 하였다.
이노우에 만수조우 (井上 萬壽藏)	관광 왕래에 대응하여 이를 수용하고 촉진하기 위하여 행하는 일체의 인간 활동이다.
관광진흥법	관광객을 위하여 운송·숙박·음식·운동·오락·휴양 또는 용역을 제공하거나 기타 관광에 부수되는 시설을 갖추어 이를 이용하게 하는 업이다.

2. 관광사업의 영역

관광에 대한 개념적 정의가 확대되면서 전통적인 개념을 강조하는 관광 이외에 거버넌스(governance) 관점, 정책 주체 관점, 권력 관점 등에서 논의가 되고 있다.

관광산업의 규모가 커지고 확대되면서 관광산업의 영역이 점차 확대되고 있으며, 소수에 국한된 관광업종을 대상으로 하는 관광 진흥을 위한 정책도 한계상황에 직면하면서 핵심 관광산업과 같은 직접적인 관광산업뿐만 아니라 간접적인 관광산업도 중요해지면서 이들을 연계하고자 하는 주요한 정책이 등장하게 되었다.

> **거버넌스(governance)**
>
> 공동의 목표를 달성하기 위하여, 주어진 자원에서 모든 이해 당사자들이 책임감을 가지고 투명하게 의사 결정을 수행할 수 있게 하는 제반 장치를 의미한다.

관광객의 관광행동 변화와 이용하는 형태가 다양해지면서 관광객을 대상으로 하는 사업이 탄생하게 되었으며, 특히 정보통신기술의 급속한 발전으로 인한 온라인(on-line) 업체가 등장하기도 하였다.

전통적인 관광의 영역으로 강조되었던 숙박, 항공, 식음료, 여행사, 관광지 등의 산업을 초월하여 엔터테인먼트(entertainment) · 문화 콘텐츠, 의료 · MICE, 스포츠, 정보통신기술(ICT : Information and Communications Technology) 등 다양한 산업분야와 융합 · 복합 · 연계가 강조되면서 관광산업의 영역(tourism umbrella)은 더욱 확대되고 있다.

관광산업도 융 · 복합시대를 맞이하여 다양한 산업분야와의 접목이 강조되면서 새로운 패러다임(paradigm)으로 전환되고 있다. 따라서 관광산업의 육성과 발전을 위해서는 관광사업 범위와 영역을 새롭게 설정해야 하는 필요성이 요구된다고 할 수 있겠다.

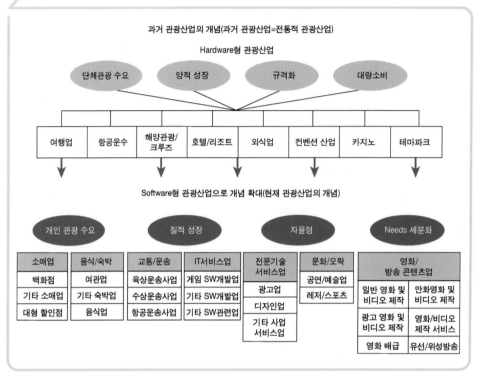

관광산업의 영역

자료 : 한국관광공사, 2019

제**3**절 관광사업의 분류

1. 사업주체에 의한 분류

1) 관광의 공적사업(公的事業)

관광사업을 추진하는 주체가 정부나 지방자치단체 등이며, 행정기관이 담당하는 사업을 공적인 업무라고 할 수 있다. 대내적으로는 국민경제의 발전과 국민의 복지를 증진시키기 위한 것이며, 대외적으로는 국위의 선양과 국제친선 그리고 국가경제의 발전을 위하여 정책적으로 추진하는 관광사업을 말한다. 따라서 공적(公的)인 사업이란 관광의 기본이념을 보급하고 국가의 관광 진흥을 실현하기 위하여 추구하는 것이며, 관광 발전과 사업을 관리하기 위한 것으로 관광행정이라고 할 수 있다.

관광의 공적사업이란 공익(public benefit)을 목적으로 이루어지는 사업이며, 관광이념의 보급, 관광자원의 보호·육성 및 이용의 촉진, 관광시설의 정비·개선, 관광지의 개발, 선전매체의 활용을 통한 관광활동의 촉진, 서비스의 향상, 관광통계의 작성, 조사·연구 활동의 추진과 같은 사업이 있다. 또한 국내·외 관련기관과의 유대강화, 관광사업의 지도, 지원, 행정업무의 추진 등과 같은 사업들을 정부나 지방자치단체 등의 관광행정 담당 부서에서 관장하는 업무와 공기업(한국관광공사 등), 관광사업자단체와 같은 공익법인(公益法人)에 의해서 실행되는 사업이 있다.

2) 관광의 사적사업(私的事業)

관광의 사적(私的)사업이란 기업으로서 윤리성을 바탕으로 관광객의 관광왕래에 직접 대처하기 위한 영리목적의 활동이며, 관광객에게 재화(財貨)나 서비스를 생산, 제공하고 그 대가를 받아 사업을 영위해 나가는 것이다.

여행자들에게 교통, 숙박, 여행, 레크리에이션, 이용시설, 각종 물적·인적 서비스를 제공하는 사업으로서 영리 목적이 핵심이며, 관광의 가치와 효과가 최대화될

수 있도록 서비스 수준을 향상시키고, 서비스의 개선을 도모하여 관광객을 만족시
키기 위한 사업이며, 이러한 기업의 사업관리를 관광경영이라고 표현한다.

관광사업은 기본적으로 관광객을 대상으로 개별적인 영업활동을 하고 있으나,
관광왕래의 촉진과 관광객의 유치, 판촉활동이 공동의 이익을 가져다주기 때문에
관광선전, 홍보와 같은 마케팅 활동은 관광시장을 확보하기 위한 전략으로서 공적
인 사업과의 연계활동이 필요하고 상호 협조가 수반되어야 한다.

관광사업의 지향가치 및 목표

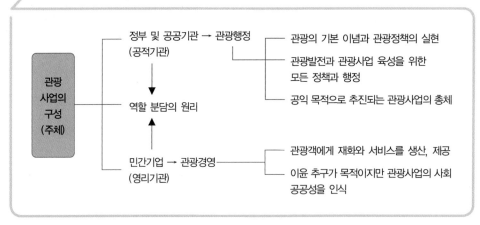

2. 기능에 따른 분류

관광사업은 기능이라는 관점에서 다양한 사업을 수행하고 있을 뿐만 아니라 복
잡성을 갖고 있으며, 기능에 따라 분류하면 다음과 같다.

1) 관광자원 보호 및 개발 사업

관광자원 보호 및 개발관련 사업을 전개하는 주체는 대부분 비영리적인 조직체
로서 국가나 지방 공공단체이다. 이러한 사업 활동은 국가의 자원인 자연자원과
인문자원을 보호하는 것이며, 필요시에는 개발을 통해서 보존하여 전래될 수 있도
록 하는 사업이다.

또한 개발 사업에는 관광자원까지의 접근성을 개선하기 위한 일환으로서 도로 및 교통시설의 정비와 설치 그리고 숙박시설의 운영을 기본으로 하는 사업도 포함된다.

2) 관광객의 유치 및 선전 사업

관광객의 유치 및 선전관련 사업은 관광을 통한 사회·경제적인 효과에 주목하여 지방공공단체나 관광공사 그리고 관광협회와 같은 공익법인이 관광시장을 개척하고 관광객을 유치하기 위해 선전활동을 전개하는 사업을 의미한다.

특히 외래 관광객에 의한 소비가 국가 및 지역사회에 미치는 파급효과가 높기 때문에 관광의 중요성과 그 가치를 재평가하고 관광사업을 국가 전략산업으로 인식하여 외래 관광객 유치를 위한 다양한 광고, 선전활동 등의 적극적인 마케팅 활동을 하는 사업이다.

3) 관광시설의 정비와 이용증대 사업

관광시설의 정비와 이용증대에 관련된 사업은 관광객들을 수용하는 시설을 사업화한 것으로, 관광객의 왕래를 원활히 하기 위해 운송서비스를 제공하는 교통업과 이들에게 숙식을 제공하는 숙박업 등이 해당된다. 이러한 사업들은 영리를 목적으로 서비스를 제공하는 업체들로서 관광수요에 대처해 나가는 관광사업의 중추적인 역할을 하고 있다.

이러한 사업에는 관광객에게 오락시설을 제공하거나 기념품을 판매하는 사업자, 스포츠 및 레저관련 시설을 갖추고 이용하게 하는 사업자도 포함된다.

4) 관광상품 기획 및 판매 사업

관광상품 기획 및 판매 관련사업은 교통 및 숙박의 예약·수배, 여행상품의 기획·판매, 관광안내, 여행서비스를 제공하는 사업 활동이 포함된다. 관광과 관련하여 정보 제공, 다양한 서비스를 결합하여 판매하는 것이 특징이며, 관광과 관련사업(운송·숙박·식당·관광지 등)과의 연계성이 필요하다.

관광사업의 기능별 구성

관련사업	사업내용
관광자원 보호 및 개발 사업	자연, 문화재 등 관광자원을 개발하고 보호하는 일, 관광지 환경정비, 쾌적한 관광환경의 창조와 관련된 사업
관광객의 유치 및 선전 사업	관광정보 제공 관련사업으로 출판사업, 여행자들을 위한 정보제공 사업과 관광 선전·PR광고 등의 사업
관광시설의 정비와 이용증대 사업	• 항공, 자동차, 철도, 선박 등의 여객운송기관이 여객을 운송하는 사업 • 호텔 등의 숙박시설 포함 숙박서비스 제공 사업 • 스포츠시설과 위락시설 등 관광시설 서비스를 제공하는 사업
관광상품 기획 및 판매 사업	교통 및 숙박의 예약·수배, 여행상품의 기획·판매 등 여행업을 포함한 여행 전반에 대한 사업

3. 업종에 따른 분류

관광객이 관광행동을 하려면 여행정보를 수집하고, 교통·숙박을 예약하고, 관광목적지로 이동하고, 체재함과 동시에 다양한 관광활동을 하고 돌아오는 일련의 순환과정이다.

따라서 관광객의 욕구와 동기를 충족시키고, 관광왕래를 촉진시키기 위해서는 다양한 사업이 존재하게 되며, 관광객의 행동에 따라 준비, 이동, 체재와 관련한 업종으로 분류하여 범주를 설정할 수 있다.

첫째, 준비에 관한 업종이다. 관광정보의 제공, 이용시설의 예약, 필요 용품의 구입과 관련된 사업이다. 정보를 제공하는 신문, 방송, 출판, 통신과 같은 매스컴과 관계되는 업종, 예약을 취급하는 여행업, 그리고 여행용 의류나 각종 스포츠용품을 판매하는 업종을 포함할 수 있다.

둘째, 이동에 관한 업종이다. 여행자를 운송하는 사업으로 항공, 철도, 버스, 렌터카, 선박 등이며, 교통수단으로써 접근성을 개선하는 역할을 한다.

셋째, 체재에 관한 업종이다. 관광객에게 숙박과 음식을 제공하는 행위와 관련

된 업종으로 숙박업과 음식업을 비롯하여 '본다, 먹는다, 배운다, 즐긴다, 산다'와
관련된 모든 행위와 관련된 업종이라고 할 수 있다.

관광 관련사업의 범주

업종	세부업종
여행업 (travel industry)	• 여행 도매업(wholesaler, tour operator) • 여행대리점(travel agent, sub-agent) • 관광객 모집 전문업자(tour organizer)
숙박업(accommodation, lodging industry)	• 호텔(hotel)/모텔(motel), 유스호스텔 등 • 보조 숙박업(supplementary accommodation facilities) : 빌라, 콘도, 야영장 등
회의장 시설업 (convention industry)	• 호텔 및 회의장 시설업체 - 회의장(convention hall, conference rooms, seminar room) - 전시장(exposition, exhibition, show, mart) • 국제회의 전문용역업체(PCO : Professional Congress Organizer)
음식료 조달업 (catering industry)	• 호텔 연회행사 • 음식점(요식업) : 유흥음식, 대중음식 • 식품조달 전문점 : 여객기, 열차의 승객용 식사 공급 • 향토 음식점 : 해산물, 특수요리 음식 공급 판매
오락·유흥업 (amusement industry)	• 카지노 • 나이트클럽
편의용품 조달업 (amenity industry)	• 리넨, 타월, 비누 등 편의용품 조달 • 식품, 육류, 주류 조달 • 주방용품 기구 조달
휴양업 (R/R industry)	• 온천장(spa) • 수영장 • 스키장 • 헬스클럽(fitness center) • 수상, 수중 레크리에이션 사업 • 수렵(hunting), 사파리(safari) • 골프장 • 구기장 : 축구, 배구, 농구, 테니스 등 • 바다낚시

운송업 (transportation industry)	• 항공업 : 정기 항공운송(regular scheduled), 부정기 항공운송(irregular) • 지상운송업 　- 전세버스 　- 택시 　- 열차(관광열차) 　- 캠핑카(camping, caravan car) 임대업 • 수상운송업(surface transportation) 　- 여객운송업(ferry) 　- 선상 관광(cruising)유선업 　- 선박 임대업(boat, yacht) 　- 도선(渡船)업(강, 호수)
종합관광지 (resort industry)	• 종합관광지(tourist resort) : 관광시설, 놀이시설, 휴양시설을 갖춘 　관광단지 • 민속촌(fork village) • 주제공원(theme park) • 관광농장(과수원, 채소농장) • 관광목장 • 해중 공연장 : 수중 동물 쇼, 수상 스포츠 경연 • 수족관 : 해변 대형수족관(sea aquarium) 및 휴게시설 • 동굴, 박물관(입장료 징수)
기념품/사진 및 기타	• 기념품 제작 · 판매(souvenir) • 관광사진업, 출판업(관광자원 선전책자, 관광기념 사진, 관광잡지 등)

주 : R/R Industry : Rest and Recreation(체력 · 건강관리), Rest and Relaxation(건강회복), Rest and Recuperation(요양)을 의미

4. 관광법규에 의한 분류

　한국의 관광사업은 시대적 변화에 따라 그 종류가 다양하게 발전되어 왔다. 1960년대에 제정된 관광사업진흥법(1961.8.22)에 의하면 관광사업의 종류를 여행알선업, 통역안내업, 관광교통업, 관광숙박업, 골프장업, 관광휴양업, 유흥음식점업, 음식점업, 관광토산품판매업, 관광사진업, 유선업(遊船業), 관광전망업, 볼링장업, 관광삭도(索道)업 등으로 구분하였다.

　1970년대에는 관광사업법(1975.12.31)이 제정되면서 관광사업의 종류는 여행

알선업, 관광숙박업, 관광객이용시설업으로 분류하였고, 1980년대의 관광진흥법(1986.12.31)에서는 여행업, 관광숙박업, 관광객이용시설업, 국제회의용역업, 관광편의시설업의 5종류로 확대하였다.

1990년대에 들어와서 관광진흥법(1994.12)에서는 카지노업을 관광사업의 신규 업종으로 신설하였고 유원시설업을 법적으로 제도화(1999)하였다.

한국의 관광진흥법에 의한 관광사업의 종류는 여행업, 관광숙박업, 관광객 이용 시설업, 국제회의업, 카지노업, 테마파크업, 관광편의시설업으로 구분하고 있으며, 세부 업종은 다음과 같다.

관광사업의 변천과정

구분	관광사업진흥법 (1961~1973)	관광사업법 (1975~1983)	관광진흥법 (1986~1994)	관광진흥법 (1999~2019)	관광진흥법 (2019~현재)
여행관련	① 여행알선업 ② 통역안내업 ③ 관광교통업	여행알선업 ① 국제여행알선업 ② 국내여행알선업 ③ 여행대리점업	여행업 ① 일반여행업 ② 국외여행업 ③ 국내여행업	여행업 ① 일반여행업 ② 국외여행업 ③ 국내여행업	여행업 ① 종합여행업 ② 국내외여행업 ③ 국내여행업
숙박관련	④ 관광숙박업 - 관광호텔업 - 청소년호텔 - 민박 - 자동차여행자호텔	관광숙박업 ① 관광호텔업 ② 청소년호텔업 　(1, 2종) ③ 해상관광호텔업 ④ 모텔(1984년 삭제) ⑤ 휴양콘도미니엄업	관광숙박업 1) 호텔업 ① 관광호텔업 ② 해상관광호텔업 ③ 한국전통호텔업 ④ 가족호텔업 ⑤ 국민호텔업 2) 휴양콘도미니엄업	관광숙박업 1) 호텔업 ① 관광호텔업 ② 수상관광호텔업 ③ 한국전통호텔업 ④ 가족호텔업 ⑤ 호스텔업 ⑥ 소형호텔업 ⑦ 의료관광호텔업 2) 휴양콘도미니엄업	관광숙박업 1) 호텔업 ① 관광호텔업 ② 수상관광호텔업 ③ 한국전통호텔업 ④ 가족호텔업 ⑤ 호스텔업 ⑥ 소형호텔업 ⑦ 의료관광호텔업 2) 휴양콘도미니엄업
이용시설관련	⑤ 골프장업 ⑥ 관광휴양업 ⑦ 유흥음식점업 ⑧ 음식점업 ⑨ 관광토산품	관광객이용시설업 ① 골프장업 ② 종합휴양업 ③ 유흥음식점업 　(한국식, 극장	관광객이용시설업 ① 전문휴양업 ② 종합휴양업 ③ 외국인전용유흥음식점업	관광객이용시설업 ① 전문휴양업 ② 종합휴양업 　(1종, 2종) ③ 야영장업	관광객이용시설업 ① 전문휴양업 ② 종합휴양업 　(1종, 2종) ③ 야영장업

	판매업 ⑩ 관광사진업 ⑪ 유선업 (遊船業) ⑫ 관광전망업 ⑬ 보울링장업 ⑭ 관광삭도 (索道)업	식당, 특수유흥) ④ 관광기념품판매업 ⑤ 관광사진업	④ 관광음식점업 ⑤ 외국인전용관광 기념품판매업 ⑥ 관광유람선업 ⑦ 자동차야영장업	- 일반야영장업 - 자동차야영장업 ④ 관광유람선업 - 일반유람선업 - 크루즈업 ⑤ 관광공연장업 ⑥ 외국인관광도시 민박업	- 일반야영장업 - 자동차야영장업 ④ 관광유람선업 - 일반유람선업 - 크루즈업 ⑤ 관광공연장업 ⑥ 외국인관광도시 민박업 ⑦ 한옥(韓屋) 체험업
국제회의	–	–	국제회의용역업	국제회의업 ① 국제회의시설업 ② 국제회의기획업	국제회의업 ① 국제회의시설업 ② 국제회의기획업
카지노	–	–	카지노업(1994년 신설)	카지노업	카지노업
테마파크	–	–	–	유원시설업 ① 종합 유원시설업 ② 일반 유원시설업 ③ 기타 유원시설업	테마파크업 ① 종합 테마파크업 ② 일반 테마파크업 ③ 기타 테마파크업
편의시설	–	–	관광편의시설업 ① 관광토속주판매업 ② 여객자동차터미널 시설업 ③ 전문관광식당업 ④ 일반관광식당업 ⑤ 관광사진업	관광편의시설업 ① 관광유흥음식점업 ② 관광극장유흥업 ③ 외국인전용 유흥음식점업 ④ 관광식당업 ⑤ 관광순환버스업 ⑥ 관광사진업 ⑦ 여객자동차터미널 시설업 ⑧ 관광펜션업 ⑨ 관광궤도(軌道)업 ⑩ 한옥(韓屋)체험업 ⑪ 관광면세업	관광편의시설업 ① 관광유흥음식점업 ② 관광극장유흥업 ③ 외국인전용 유흥음식점업 ④ 관광식당업 ⑤ 관광순환버스업 ⑥ 관광사진업 ⑦ 여객자동차터미널 시설업 ⑧ 관광펜션업 ⑨ 관광궤도(軌道)업 ⑩ 관광면세업 ⑪ 관광지원서비스업

주 : 유원시설업이 테마파크업으로 변경(2025.8.28)될 예정으로 세부업종은 법적으로 규정되지 않았지만 본 내용에서는 테마파크업으로 표현하였음

자료 : 한국관광발전사 및 관광관련 법규집 등을 참고하여 작성함

제4절 관광사업의 종류와 정의

1. 여행업

여행업이란 여행자 또는 운송시설·숙박시설 기타 여행에 부수되는 시설의 경영자를 위하여 그 시설 이용 알선이나 계약 체결의 대리, 여행에 관한 안내, 그밖의 여행 편의를 제공하는 업이다.

여행업의 종류 및 정의

세부 업종	정의
종합여행업	국내외를 여행하는 내국인 및 외국인을 대상으로 하는 여행업(사증(査證)받는 절차를 대행하는 행위를 포함한다)
국내외여행업	국내외를 여행하는 내국인을 대상으로 하는 여행업(사증받는 절차를 대행하는 행위를 포함한다)
국내여행업	국내를 여행하는 내국인을 대상으로 하는 여행업

2. 관광숙박업

1) 호텔업

호텔업이란 관광객의 숙박에 적합한 시설을 갖추어 이를 관광객에게 제공하거나 숙박에 딸리는 음식·운동·오락·휴양·공연 또는 연수에 적합한 시설을 함께 갖추어 이를 이용하게 하는 업이다.

2) 휴양콘도미니엄업

휴양콘도미니엄업이란 관광객의 숙박과 취사에 적합한 시설을 갖추어 시설의 회원이나 소유자 등, 그 밖의 관광객에게 제공하거나 숙박에 딸리는 음식·운동·오락·휴양·공연 또는 연수에 적합한 시설을 함께 갖추어 이를 이용하게 하는 업이다.

관광숙박업의 종류 및 정의

세부업종		정의
호텔업	관광호텔업	관광객의 숙박에 적합한 시설을 갖추어 이를 관광객에게 이용하게 하고, 숙박에 부수되는 음식·운동·오락·휴양·공연 또는 연수에 적합한 시설 등을 함께 갖추어 이를 관광객에게 이용하게 하는 업
	수상관광호텔업	수상에 구조물 또는 선박을 고정하거나 매어 놓고 관광객의 숙박에 적합한 시설을 갖추거나 부대시설을 함께 갖추어 관광객에게 이용하게 하는 업
	한국전통호텔업	한국전통의 건축물에 관광객의 숙박에 적합한 시설을 갖추거나 부대시설을 함께 갖추어 이를 관광객에게 이용하게 하는 업
	가족호텔업	가족단위 관광객의 숙박에 적합한 시설 및 취사(炊事)도구를 갖추어 관광객에게 이용하게 하거나 숙박에 딸린 음식·운동·휴양 또는 연수에 적합한 시설을 함께 갖추어 관광객에게 이용하게 하는 업
	호스텔업	배낭여행객 등 개별관광객의 숙박에 적합한 시설로서 샤워장, 취사장 등의 편의시설과 외국인 및 내국인 관광객을 위한 문화·정보교류 시설 등을 함께 갖추어 이를 이용하게 하는 업
	소형호텔업	관광객의 숙박에 적합한 시설을 소규모로 갖추고 숙박에 부수되는 음식·운동·휴양 또는 연수에 적합한 시설을 함께 갖추어 관광객에게 이용하게 하는 업
	의료관광호텔업	의료관광객의 숙박에 적합한 시설 및 취사(炊事)도구를 갖추거나 숙박에 부수(附隨)되는 음식·운동 또는 휴양에 적합한 시설을 함께 갖추어 주로 외국인 관광객에게 이용하게 하는 업
휴양콘도미니엄업		관광객의 숙박과 취사(炊事)에 적합한 시설을 갖추어 이를 그 시설의 회원이나 공유자, 그 밖의 관광객에게 제공하거나 숙박에 부수되는 음식·운동·오락·휴양·공연 또는 연수에 적합한 시설 등을 함께 갖추어 이를 이용하게 하는 업

3. 관광객이용시설업

관광객이용시설업은 관광객을 위하여 음식·운동·오락·휴양·문화·예술 또는 레저 등에 적합한 시설을 갖추어 이를 관광객에게 이용하게 하는 업으로서, 대통령령이 정하는 2종 이상의 시설과 관광숙박업의 시설 등을 함께 갖추어 이를 회원 기타 관광객에게 이용하게 하는 업이다.

관광객이용시설업의 종류 및 정의

세부 업종		정의
전문휴양업		관광객의 휴양이나 여가선용을 위하여 숙박업시설을 포함하며, 휴게음식점영업·일반음식점영업 또는 제과점 영업의 신고에 필요한 시설 중 1종류의 시설을 갖추어 관광객에게 이용하는 업(민속촌, 해수욕장, 수렵장, 동물원, 식물원, 수족관, 온천장, 동굴자원, 수영장, 농어촌휴양시설, 활공장, 등록 및 체육시설업 시설, 산림 휴양시설, 박물관, 미술관)
종합휴양업	1종 종합휴양업	관광객의 휴양이나 여가선용을 위하여 숙박시설 또는 음식점 시설을 갖추고 전문휴양시설 중 2종류 이상의 시설을 갖추어 이를 관광객에게 이용하는 업이나, 숙박시설 또는 음식점 시설을 갖추고 전문 휴양시설 중 1종류 이상의 시설과 종합유원시설업의 시설을 갖추어 관광객에게 이용하게 하는 업
	2종 종합휴양업	관광객의 휴양이나 여가선용을 위하여 관광숙박업의 등록에 필요한 시설과 제1종 종합휴양업 등록에 필요한 전문휴양시설 중 2종류 이상의 시설 또는 전문휴양시설 중 1종류 이상의 시설 및 종합유원시설업의 시설을 함께 갖추어 관광객에게 이용하게 하는 업
야영장업	일반 야영장업	야영장비 등을 설치할 수 있는 공간을 갖추고 야영에 적합한 시설을 함께 갖추어 관광객에게 이용하게 하는 업
	자동차 야영장업	자동차를 주차하고 그 옆에 야영장비 등을 설치할 수 있는 공간을 갖추고 취사 등에 적합한 시설을 함께 갖추어 자동차를 이용하는 관광객에게 이용하게 하는 업
관광 유람선업	일반관광 유람선업	해운법에 따른 해상여객 운송 사업면허를 받은 자 또는 유선 및 도선사업법(渡船事業法)에 의한 유선사업의 면허를 받거나 신고한 자로서 선박을 이용하여 관광객에게 관광할 수 있도록 하는 업
	크루즈업	해운법에 따른 순항(順航) 여객운송사업이나 복합 해상여객운송사업의 면허를 받은 자가 해당 선박 안에 숙박시설, 위락시설 등 편의시설을 갖춘 선박을 이용하여 관광객에게 관광할 수 있도록 하는 업
관광공연장업		관광객을 위하여 공연시설을 갖추고 한국전통 가무(歌舞)가 포함된 공연물을 공연하면서 관광객에게 식사와 주류를 판매하는 업
외국인관광 도시민박업		「국토의 계획 및 이용에 관한 법률」에 따른 도시지역의 주민이 자신이 거주하고 있는 주택을 이용하여 외국인 관광객에게 한국의 가정문화를 체험할 수 있도록 적합한 시설을 갖추고 숙식 등을 제공하는 업(마을기업이 외국인 관광객에게 우선하여 숙식 등을 제공하면서, 외국인 관광객의 이용에 지장을 주지 아니하는 범위에서 해당 지역을 방문하는 내국인 관광객에게 그 지역의 특성화된 문화를 체험할 수 있도록 숙식 등을 제공하는 것을 포함)
한옥(韓屋)체험업		한옥(韓屋 : 주요 구조가 기둥·보 및 한식 지붕틀로 된 목구조로서 우리나라 전통양식이 반영된 건축물 및 그 부속건축물을 말한다)에 관광객의 숙박 체험에 적합한 시설을 갖추어 관광객에게 이용하게 하거나, 전통 놀이 및 공예 등 전통문화 체험에 적합한 시설을 갖추어 관광객에게 이용하게 하는 업

4. 국제회의업

국제회의업은 대규모 관광수요를 유발하는 국제회의(세미나·토론회·전시회 등을 포함)를 개최할 수 있는 시설을 설치·운영하거나 국제회의의 계획·준비· 진행 등의 업무를 위탁받아 대행하는 업이다.

국제회의업의 종류 및 정의

세부업종	정의
국제회의시설업	대규모 관광수요를 유발하는 국제회의를 개최할 수 있는 시설을 설치하여 운영하는 업
국제회의기획업	대규모 관광수요를 유발하는 국제회의의 계획·준비·진행 등의 업무를 위탁받아 대행하는 업

5. 카지노업

카지노업이란 전문영업장을 갖추고 주사위·트럼프·슬롯머신 등 특정한 기구 등을 이용하여 우연의 결과에 따라 특정인에게 재산상의 이익을 주고 다른 참가자에게는 손해(損害)를 주는 행위 등을 하는 사업이다.

카지노업의 정의

종류	정의
카지노업	전문영업장을 갖추고 주사위·트럼프·슬롯머신 등 특정한 기구 등을 이용하여 우연의 결과에 따라 특정인에게 재산상의 이익을 주고 다른 참가자에게 손실을 주는 행위 등을 하는 업

6. 테마파크업

테마파크 시설을 갖추어 이를 관광객에게 이용하게 하는 사업(다른 영업을 경영하면서 관광객의 유치 또는 광고 등을 목적으로 테마파크 시설을 설치하여 이를 이용하게 하는 업을 포함한다)이다.

테마파크업의 종류 및 정의

세부업종	정의
종합테마파크업	테마파크 시설을 갖추어 관광객에게 이용하게 하는 업으로 대규모의 대지 또는 실내에서 안전성 검사 대상 테마파크 시설을 6종류 이상 설치하여 운영하는 업
일반테마파크업	테마파크 시설을 갖추어 관광객에게 이용하게 하는 업으로 안전성 검사 대상 테마파크 시설을 1종류 이상 설치하여 운영하는 업
기타테마파크업	테마파크 시설을 갖추어 이를 관광객에게 이용하게 하는 업으로 안전성 검사 대상이 아닌 테마파크 시설을 설치하여 운영하는 업

주 : 유원시설업이 테마파크업으로 변경(2025.8.28)될 예정으로 세부업종은 법적으로 규정되지 않았지만 본 내용에서는 테마파크업으로 표현하였음

7. 관광편의시설업

관광편의시설업이란 관광진흥법의 규정에 따른 관광사업의 종류(여행업, 관광숙박업, 관광객이용시설업, 국제회의업, 카지노업, 테마파크업) 이외에 관광 진흥에 이바지할 수 있다고 인정되는 사업이나 시설 등을 운영하는 사업이다.

관광편의시설업의 종류 및 정의

세부업종	정의
관광유흥음식점업	식품위생 법령에 따른 유흥주점 영업의 허가를 받은 자가 관광객이 이용하기 적합한 한국전통 분위기의 시설을 갖추어 그 시설을 이용하는 자에게 음식을 제공하고 노래와 춤을 감상하게 하거나 춤을 추게 하는 업
관광극장유흥업	식품위생 법령에 따른 유흥주점 영업의 허가를 받은 자가 관광객이 이용하기 적합한 무도(舞蹈)시설을 갖추어 그 시설을 이용하는 자에게 음식을 제공하고 노래와 춤을 감상하게 하거나 춤을 추게 하는 업
외국인전용 유흥음식점업	식품위생 법령에 의한 유흥주점 영업의 허가를 받은 자로서 외국인 이용에 적합한 시설을 갖추어 이를 이용하게 하는 자에게 주류 기타 음식을 제공하고 노래와 춤을 감상하게 하거나 춤을 추게 하는 업
관광식당업	식품위생 법령에 의한 일반음식점영업의 허가를 받은 자로서 관광객의 이용에 적합한 음식 제공시설을 갖추고 이들에게 특정 국가의 음식을 전문적으로 제공하는 업

관광순환버스업	여객자동차 운수사업법에 따른 여객자동차운송사업의 면허를 받거나 등록을 한 자가 버스를 이용하여 관광객에게 시내와 그 주변 관광지를 정기적으로 순회하면서 관광할 수 있도록 하는 업
관광사진업	외국인 관광객을 대상으로 이들과 동행하며 기념사진을 촬영하여 판매하는 업
여객자동차터미널 시설업	여객자동차 운수사업법에 따른 여객자동차터미널 사업면허를 받은 자로서 관광객의 이용에 적합한 여객자동차터미널 시설을 갖추고 이들에게 휴게시설 · 안내시설 등 편익시설을 제공하는 업
관광펜션업	숙박시설을 운영하고 있는 자로서 자연 · 문화 체험 관광에 적합한 시설을 갖추어 이를 관광객에게 이용하게 하는 업
관광궤도(軌道)업	궤도운송법에 의한 궤도사업의 허가를 받은 자로서 주변 관람 및 운송에 적합한 시설을 갖추어 이를 관광객에게 이용하게 하는 업
관광면세업	자가(自家) 판매시설을 갖추고 관광객에게 면세물품을 판매하는 업으로서 「관세법」에 따른 보세판매장의 특허를 받은 자 또는 「외국인 관광객 등에 대한 부가가치세 및 개별소비세 특례규정」에 따라 면세판매장의 지정을 받은 자
관광지원서비스업	주로 관광객 또는 관광사업자 등을 위하여 사업이나 시설 등을 운영하는 업으로서 문화체육관광부장관이 「통계법」 제22조 제2항 단서에 따라 관광 관련 산업으로 분류한 쇼핑업, 운수업, 숙박업, 음식점업, 문화 · 오락 · 레저 스포츠업, 건설업, 자동차임대업 및 교육서비스업 등을 말한다. 다만, 법에 따라 등록 · 허가 또는 지정(이 영 제2조 제6호 가목부터 카목까지의 규정에 따른 업으로 한정한다)을 받거나 신고를 해야 하는 관광사업은 제외한다.

제5절　관광사업의 특성

1. 관광사업 특성의 의의

특성(特性)이란 어떠한 상황에 대해서 다른 것과 비교해서 파악하는 과정이다. 관광은 관광주체, 관광객체, 관광매체라는 구성요소에 의해 성립되며, 관광사업은 이러한 시스템의 영향을 받는다. 관광사업은 일반적으로 다른 사업에 비해서 복합성, 입지 의존성, 변동성, 공익성, 서비스 특성이 있다고 한다.

다나까 기이치(田中喜一)는 관광사업은 다른 사업과 달라서 여러 가지 특성인 복합성, 다양(多樣)성, 변동성, 전체성, 서비스 등이 인적·물적 요소와 결합해서 종합 가치를 만들어내기 때문에 관련 사업자의 능력만으로는 충분한 진가(眞價)를 발휘할 수 없으며, 오히려 편견적·타산적 행위로 인해 관광가치를 상실하는 결과를 초래할 수도 있다고 하였다.

관광사업은 관광객을 대상으로 사업하며, 관광객의 행동에는 다양한 활동이 포함되어 있어 국가행정기관에서 추진해야 할 공적인 사업(기반시설의 확충, 관광객 안전, 환경보호 등)이 개입함으로써 관광목적을 달성할 수 있다는 의미로 이해할 수 있다.

미국의 경우 관광산업에 대한 정확한 통계와 분류가 체계화되지 않아 관광산업의 정확한 규모, 생산액, 고용효과, 국내의 다른 산업에 미치는 연관효과 측정에 많은 어려움이 제기되자 이러한 산업의 재분류와 통계의 정확성을 기하기 위해 관광산업의 범주를 체계화시키기에 이르렀다.

한국의 경우 많은 대학에서는 융합관광이라는 관점에서 정보, 교통 등과 연계되는 교과과정을 개설하여 운영하고 있고 산업 환경의 변화와 정보기술의 발전은 관광과 직·간접적으로 관련된 사업들이 등장하고 있어 이러한 업종들을 관광사업에 포함시킬 것인지에 대한 논의가 필요하다.

2. 관광사업의 특성

1) 복합성 사업

복합성(複合性)이란 서로 다른 2가지 이상이 합쳐져서 그 기능을 발휘할 수 있다는 특성을 의미한다. 관광사업은 정부기관을 비롯하여 민간기업 등 그 사업 주체가 다양하다고 할 수 있으며, 정부기관이 역할을 분담하여 추진하는 사업이 다른 산업에 비해 많기 때문에 복합적인 성격을 내포하고 있다고 하는 것이다. 이는 관광사업을 주관하는 사업 주체의 복합성과 민간기업인 관광사업이 관광객의 행동에 부응하기 위한 사업 활동의 복합성으로 구분할 수 있다.

(1) 사업 주체의 복합성

사업 주체(主體)의 복합성이란 관광현상이라는 관점에서 사회의 여러 분야와 관련성이 높다고 할 수 있다. 관광사업을 주관하는 조직은 공적 기관을 비롯하여 영리를 추구하는 사적(私的) 사업인 민간기업이 존재하게 된다.

공적(公的) 사업이란 국가의 행정기관에서 추진하는 공익성 사업으로서 기반시설의 건설, 공원의 지정, 관광객 안전, 자연환경 보호와 같은 활동을 추진하는 것이며, 관광객을 대상으로 영리를 추구하는 활동은 민간기업에서 그 역할을 담당하는 것이 일반적이다.

관광객을 위한 사업은 공적 기관과 민간기업이 사업 주체가 되어 그 역할을 분담하고 있으나 사업의 목적과 효과를 달성하기 위해서는 의견을 조정하고 협의하는 협조체계가 필요하다.

(2) 사업 활동의 복합성

사업 활동의 복합성이란 관광객의 행동에 부응하기 위해 관광사업의 내용이 여러 형태로 분화(分化)되어 있다는 것을 의미한다. 관광은 관광객의 욕구와 행동에 따라 발생되며, 관광사업은 관광객을 대상으로 영업 활동을 하는 특징이 있다.

관광객은 출발하기에 앞서 정보를 수집하고 예약을 하며, 교통수단을 활용하여 이동하고, 관광지에 체재하면서 다양한 활동을 하게 된다. 이로 인하여 관광객을 대상으로 다양한 상품을 판매하여 영리를 추구하는 사적(私的)인 사업이 존재하게 되었다.

관광이라는 순환과정에서 다양한 사업자들이 개입할 수밖에 없으며, 관광사업자는 개별사업의 주체이지만 관광객의 활동(교통·숙박·식당·기념품·카지노·테마파크 등)에 대처하기 위해서는 기업 상호 간에도 협동이 필요한 것이 특성이라고 할 수 있다.

2) 입지 의존성 사업

입지 의존성이라고 하는 것은 관광사업이 영업 활동을 위해 위치해 있는 장소(場所)적 개념이다. 관광사업은 관광객의 방문에 따라 다양한 사업 활동이 시작되고 경제적 소비 활동이 이루어지는 곳이 장소라는 특징이 있다.

관광사업은 업종, 영업 활동의 특성에 따라 입지적 차이가 발생할 수 있으며, 주변에 다양한 자원이 있고 매력이 있는 장소에 위치하여 사업이 운영된다면 경영 성과에 많은 영향을 미칠 수 있다.

관광자원을 상품으로 하는 관광지의 경우 유형·무형의 자원을 소재로 하여 각각의 특징 있는 관광지를 형성하고 있다. 관광지에 입지한 관광사업은 상품의 특성이 유사하여 서비스의 품질 여부가 중요하며, 소비자가 이용한 후에 만족도의 결과가 나타나게 되고 재방문 의도와 직결이 된다.

관광사업은 관광객의 유치를 위해서 상호 간의 공존과 경쟁은 불가피한 것이며, 유리한 입지조건이 관광객의 선택기준에 의해 결정될 수 있다는 것이다. 이는 관광사업은 입지 의존도가 중요한 역할을 한다는 것이며, 관광사업의 발전과 직결될 수 있다는 것을 의미한다.

3) 수요 패턴(pattern)형 사업

관광수요의 패턴(pattern)은 항상 일정한 것이 아니라 관광환경의 대내·외적인 여건에 따라 항상 변화하며, 새로운 패턴이 생겨나기도 하고 사라지기도 하는 것이 보편적인 현상이다. 관광사업은 관광객의 소비 활동에 영향을 받게 되는데 소비 계층별 차이가 있고, 관광행동을 하기 위해서는 경제적 요인, 사회적 여건, 시간, 안전과 같은 여러 조건이 필수적이며, 관광객의 이동은 시간·요일·계절에 따른 차이가 심하다고 할 수 있다.

이러한 수요 패턴의 변화에 영향을 미치는 것이 계절이라고 할 수 있다. 계절(季節)이란 기후조건에 따라 일정한 지역을 기준으로 구분한 것이며, 관광객의 계절적 편중 현상은 자원의 비효율성을 초래하고 경쟁력을 떨어뜨릴 수 있다.

계절에 의한 성수기(盛需期)에는 수요자가 원하는 상품을 구매하기 어려운 시기로 요금이 올라갈 수 있지만, 반면에 비수기(非需期)에는 수요가 많지 않아 상품을 이용하는 데 여유가 있다. 따라서 관광사업자는 비수기에 가격할인 정책을 전개하거나 마케팅과 홍보활동을 강화하여 극복하려고 한다.

따라서 관광사업은 관광수요 패턴의 변화에 탄력적으로 대응해야 하며, 관광객의 이동행태나 소비 패턴 변화를 잘 이해하고 그에 적합하고 유효한 전략을 수립하여 강구해 나가려는 부단한 노력이 필요하다.

4) 상품 판매사업

상품이란 시장에서 매매의 대상이 되는 유형·무형의 재화와 용역이며, 인간의 욕망을 충족시키기 위해 생산, 소비되는 것이라고 할 수 있다.

관광사업은 관광객의 요구에 부응하는 상품을 제공하기 위해서 기획하고 판매하기 위한 상품을 시장에 공급하게 되는데 이것을 관광상품이라고 한다. 관광상품은 관광객의 욕구와 욕망을 충족시킴과 동시에 생산과 판매가 동시에 발생되며, 생산·소비가 동시에 이루어지기 때문에 동시 완결형(同時完結型)이라고 한다.

여행업에서 소비자에게 판매하기 위한 패키지 투어(package tour) 상품이나 호텔업에서 고객에게 제공하는 객실상품 등은 저장할 수 없으며, 이로 인하여 경영하는 데 어려움이 발생하기도 한다.

따라서 관광사업은 이용률을 높이고 고객에게 서비스 제공을 위해 예약시스템을 활용하고 있으며, 유통시스템을 활용하여 매출 향상에 노력하고 있다.

5) 인적 자원 의존사업

자원(資源)이란 인간 생활에 도움이 되는 자연환경에서 취득할 수 있는 것을 의미하며, 자원의 범위는 넓다고 할 수 있다. 일반적으로 기업 활동에서의 자원은 기업 활동을 위해 사용하는 시간, 예산, 물적 자원, 인적 자원을 의미한다.

관광사업도 관광객에게 상품을 판매하기 위해서는 일정한 시설을 갖추어야 하며, 기업 활동을 위해 인적 자원이 필요하다. 관광사업은 서비스 사업으로서 다른 사업에 비해서 많은 노동력이 필요하고 인적 의존도가 높은 사업으로 인식하고 있으며, 더욱이 고객의 욕구를 충족시키고 고객의 상담에 대응하기 위해서는 인력의 확보가 필요하다는 것이다.

인적 자원의 역량은 기업의 자산 가치를 상승시키고 우수한 인력의 확보와 활용은 기업의 성장 가치를 높이는 계기가 된다.

6) 변동성(變動性) 사업

관광객의 욕구를 충족시킬 수 있는 관광상품은 일반적으로 생활필수품의 성격이 아니기 때문에 내·외부적인 환경에 영향을 많이 받는다.

따라서 이러한 상품을 판매하는 관광사업은 다른 사업에 비해 전체 환경에서 가장 불리한 환경의 영향을 받게 된다고 하는 '최소 환경의 법칙'이 작용한다는 특징이 있다고 하는데, 관광사업은 관광변수(tourism variable)에 의해서 크게 영향을 받는다.

> ### 관광변수(tourism variable)
> 관광사업의 특성에는 종합성과 변동성, 경제성이 있으며, 관광경제 변수는 경제적인 회전 속도에 의해 소득의 변수가 항상 달라질 수 있으므로 이 변수를 수동적인 것에서 능동적인 것으로 전환할 필요가 있다.

일반적으로 관광객에게 미치는 행동요인은 자연적 요인, 경제적 요인, 사회 · 정치적 요인, 법적 · 제도적 요인 등이 있으며, 이러한 요인들은 일반적으로 통제하기 어렵고 관광객에게 직접적인 영향을 주는 환경이다.

관광객에게 미치는 영향요인

요인	내용
자연적 요인	천재지변(天災地變) : 지진, 태풍, 악천후 등
경제적 요인	경기불황, 경기변동, 환율의 변화, 국민소득의 수준, 가격 변동 등
사회 · 정치적 요인	국제정세의 변화, 정치 불안정, 안전 및 보건의 미비, 질병의 발생, 사회 정세의 변화
법적 · 제도적 요인	출국세 및 여행세의 부과, 여행 제한조치, 외화 사용의 제한 등

7) 공익성(公益性) 사업

관광사업은 공(公) · 사(私)의 부문이 복합적으로 연계되어야만 시너지 효과를 달성할 수 있는 사업이다.

관광사업의 목표는 국제관광의 사회 · 문화적인 관점에서 국위(國威)의 선양, 상호이해를 통한 국제친선의 증진, 문화의 교류, 세계평화에 기여하고 있다. 국민관광 차원에서는 국민의 보건 향상, 근로의욕의 증진 및 교양의 함양(涵養), 애국심의 고취(鼓吹)와 같은 역할을 한다.

경제적인 관점에서는 국가의 외화획득을 통한 국제수지의 개선과 이를 통한 경제의 발전, 국제무역과 기술협력의 증진효과를 기대할 수 있다. 지역 경제적 차원에서는 지역주민들의 소득 창출, 고용효과, 다른 산업과의 연관효과 그리고 후생복지의 증진, 생활환경의 개선 및 지역개발의 효과를 크게 기대할 수 있다.

관광사업의 활동에 관심이 높아지는 이유는 관광사업자가 수익의 성과에 대해 일정액을 국가에 세금으로 납부함으로써 공공에 기여하는 공익적 효과를 달성할 수 있다는 인식의 확산이다. 관광사업은 수익성을 창출하는 것이 목적이지만 공익성에도 공헌하고 있다는 의미를 찾을 수 있다.

8) 서비스 사업

서비스란 고객의 명시적(明示的) 요청에 의해 제공되는 욕구 만족의 핵심적 주체이다. 서비스는 소비자들이 느끼는 효용에 의해 평가되며, 본질적으로는 무형의 행위에 의해 발생되는 가치 및 용역이라고 할 수 있다.

서비스란 인적 자원에 해당하는 말로서 '최선을 다하는 태도'이며, 관광객의 불편을 예방할 수 있는 세심한 봉사정신, 미소(smile), 신속한 서비스(speed), 정성이 깃든 마음(sincerity), 우아한 자세(smartness), 지속적인 학습(study)의 기본자세를 복합적으로 나타내는 표현이다. 관광 서비스란 다의적(多義的)인 의미가 있으며, 관광사업은 영업효과를 극대화하기 위하여 헌신, 봉사하는 자세라고 할 수 있다.

관광사업은 관광객에게 서비스를 제공하는 사업이며, 높은 품질의 서비스는 관광객의 만족도에 절대적인 영향을 끼치며, 다시 방문하는 의도와도 연관성이 높다.

관광객에 대한 예의(禮義)와 친절, 진지한 관심, 봉사하고 친해지려는 정신 그리고 따뜻하고 우정 어린 표현들은 관광사업에서 중요하며, 서비스는 곧 상품이요, 친절한 예의는 가장 중요한 상품이라고 할 수 있다.

고석면 · 이흥윤, 관광사업론, 기문사, 2005.

김상훈, 관광학개론, 집문당, 1986.

김재호 · 고주희, 관광정보의 이해, 백산출판사, 2024.

김정만, 관광학개론, 형설출판사, 1997.

손대현, 관광론, 일신사, 1993.

심원섭, 미래관광환경변화와 신 관광정책 방향, 한국문화관광연구원, 2012.

오정환, 한국관광호텔의 법률적 개념에 대한 시대적 추이, 경기관광연구, 경기대학교, 1998.

윤대순, 관광경영학원론, 백산출판사, 1997.

이선희, 호텔서비스 마아케팅론, 기문사, 1990.

장병권, 한국관광행정론, 일신사, 1996.

최태광, 관광마케팅론, 백산출판사, 1991.

한국관광협회중앙회, 한국관광발전사, 1984.

CHAPTER

06

BUSINESS
TOURISM

관광과 행정

06 CHAPTER 관광과 행정

제1절 관광행정 조직의 의의와 분류

1. 관광행정 조직의 의의

조직이란 일정한 환경하에서 특정 목표를 추구하기 위하여 일정한 구조를 가진 사회적 실체(social entity)를 의미한다. 사회에는 다양한 조직들이 많이 존재하고 있으며, 추구하고자 하는 목표를 달성하기 위해 상호 경쟁적 관계, 상호 보완적 관계를 지속하면서 자발적인 활동을 하고 있다.

조직이란 달성하고자 하는 목표, 구성원의 일체성(identity), 협력체계 등을 기본으로 일정한 형태를 갖춘 것을 의미하며, 조직의 협력관계는 필연적이며, 목표달성을 위해서 신중한 관계를 형성하기도 하고, 갈등의 관계가 표출되기도 한다.

관광조직이란 '한 나라의 관광목적을 달성하기 위해 2인 이상으로 구성된 인적단체가 각 구성원의 활동을 조정하려는 노력을 기본으로 일정한 관계를 형성하고 있는 인적·물적인 복합체제'라고 할 수 있다. 관광조직은 관광의 목적을 달성하기 위해 조직화한 것이며, 조직이 결정한 관광을 실행하기 위한 행정적 기능이 요구된다.

행정은 추구하고자 하는 목적을 달성하기 위해 형성된 조직으로서 행정권(行政權)을 기반으로 특정 목표를 수행하기 위해 편성하며, 그 기능을 담당하고 있는 조직이다.

　　관광행정은 관광발전을 목적으로 하며, 정부 또는 지방정부가 주축이 되어 관광시장·관광사업·관광자원 등을 대상으로 관련된 역할을 담당하는 행정기능이다. 행정을 기능적으로 수행하기 위해 인적·물적 자원 및 정보를 활용하여 일정한 원리에 입각하여 통일된 조직을 형성한 일련의 체계(system)라고 할 수 있다.

　　관광행정 조직은 정책수립 및 수행과정의 주체로서 정책의 계획부터 집행까지 전 과정을 관리하며, 조직으로는 중앙행정기관, 지방행정기관, 공기업, 공공단체까지도 포함할 수 있으나 실질적인 정책 수행은 국가의 행정기관이 중심이 된다.

2. 관광행정 조직의 분류

　　관광행정 조직은 직접적인 관광행정을 담당하는 조직과 간접적인 행정을 담당하는 조직 등 업무의 성격에 따라 분류할 수 있으며, 본 내용에서는 일반적 분류와 행정 권한에 의한 조직으로 분류하고자 한다.

1) 행정조직의 일반적 분류

　　행정조직은 일반적으로 협의(狹義)의 관광조직과 광의(廣義)의 관광조직으로 분류할 수 있다.

(1) 협의(狹義)의 관광조직

　　협의의 조직이란 좁은 개념의 관광행정 및 관광 업무를 실질적으로 관장하는 조직을 의미하며, 국가 행정조직과 지방자치단체조직으로 분류할 수 있다.

　　지방자치단체는 광역자치단체와 기초자치단체로 구분하고, 다음과 같은 범주를 설정하고자 한다.

　첫째, 국가 관광행정 조직(문화체육관광부)

　둘째, 광역 자치단체 관광조직(특별시·광역시·특별자치시·도·특별자치도)

　셋째, 기초 자치단체 관광조직(시·군·구)

넷째, 한국관광공사(지방 관광공사)

(2) 광의(廣義)의 관광조직

광의의 관광조직은 넓은 개념의 관광조직으로 협의의 행정조직을 포함하여 공공단체의 행정조직, 연구기관, 학술단체를 포함하여 범주를 설정할 수 있다.

첫째, 국가 관광행정 조직(문화체육관광부)

둘째, 관광 관련 국가 행정조직(외교부, 교육부 등)

셋째, 광역 자치단체(특별시·광역시·특별자치시·도·특별자치도)

넷째, 기초 자치단체(시·군·구)

다섯째, 한국관광공사(지방 관광공사)

여섯째, 공공단체의 행정조직(한국관광협회중앙회 등)

일곱째, 연구기관(한국문화관광연구원 등)

여덟째, 관광관련 학술단체(한국관광학회 등)

2) 행정의 권한에 따른 분류

행정의 권한(權限)에 따른 분류란 행정 업무를 수행할 때 권리가 미치는 영역적 개념이라고 할 수 있다.

(1) 국가 행정조직

국가 행정조직(國家行政組織)이란 국가의 행정업무에 관여하는 조직들을 총칭하여 표현하는 용어라고 할 수 있다. 법적으로 공인된 표현은 중앙행정기관으로 정부조직법에 근거하여 부(部)·처(處)·청(廳)을 의미한다.

관광분야는 관광현상이라는 관점에서 정치, 경제, 사회 등 여러 분야와 관련성이 높다. 따라서 정부조직법에 근거하여 행정을 직·간접적으로 관광과 연관된 여러 행정업무를 관장하는 조직들로 구성되어 있다. 관광은 업무 특성상 다원화된 행정조직이 관련되어 있으며, 조직의 상충되는 의견을 협의하고 조정하기 위해서 유기적인 협조가 필요하다.

　그동안 한국의 국가 행정조직은 중앙집권적 구조와 형태였으며, 관광에 관한 행정도 예외는 아니었다. 그러나 지방자치제도가 실시(1995)되면서 공공적 행정을 지방자치단체에 위임하여 업무를 수행하도록 하고 있다.

(2) 지방 행정조직

　지방자치단체(地方自治團體)란 지역 공동사회의 행정을 중앙정부로부터 독립된 의사에 따라 처리하기 위해 일정 지역에 거주하는 주민들이 구성한 자치단체를 의미한다. 국가 영역에서 일부 지역을 구역(區域)으로 설정하고 주민(住民)을 구성원으로 하여 국가로부터 독립된 지위를 인정받아 자주적으로 지방의 행정을 실질적으로 행사할 수 있는 능력(權能)을 갖춘 법인격(法人格) 단체라고 정의할 수 있다.

　지방자치제도가 시작(1995)되어 지방자치단체는 중앙정부로부터 자치권을 부여받았으며, 공공적 행정업무를 수행하고 있다.

한국의 관광행정 조직

조직	구분	조직적 관점	기능적 측면
국가 조직	관광행정기관(NTA)	대외적, 국가적 차원의 행정 총괄	• 관광에 대한 일반 행정 • 관광기획과 개발 • 관광법률 제정 • 업계 지원 및 관광여건 조성
	국가관광 기구(NTO)	국가 관광진흥 업무	• 관광진흥과 마케팅 • 관광객에 대한 서비스 • 관광 조사 및 연구 • 기획 • 통제와 조정
	공공단체 공익법인	업종별 관광사업 진흥	• 업종별 관광사업자단체

지방자치 단체 조직	지방자치단체 행정기관(RTA)	지역의 관광행정 총괄	• 중앙정부 시책에 대한 협조 • 지역별 관광진흥 집행 • 관광지 개발 및 자원 보호 • 관광시설의 관리와 이용 • 관광 질서 확립
	지방관광기구(RTO)	지역의 관광진흥 업무	• 지역의 관광진흥과 마케팅 • 관광객에 대한 서비스 • 관광기획과 개발 • 통제와 조정
	공공단체/공익법인	지역별 관광사업 진흥	• 지역별 관광사업자단체

주 : NTA(National Tourism Administration), RTA(Regional Tourism Administration), NTO(National Tourism Organization), RTO(Regional Tourism Organization)

자료 : 정혜경, 관광진흥 조직간 협력증대 방안, 한양대 국제관광대학원, 2003, p.8을 참고하여 작성함

제2절 관광행정 조직의 기능과 역할

1. 국가 행정조직

정부가 수립(1948)된 후 통치권력 구조의 변동으로 지금까지 여러 차례의 정부조직법 개정이 있었으며, 국가의 행정조직은 정책을 수립하고 실행하는 공식적인 주체이며, 시대적 변화에 부응하여 정부조직을 개편하여 운영하여 왔다.

관광은 그동안 국가경쟁력을 강화하고 경제를 활성화하는 데 중요한 산업으로서 역할을 수행하였다. 관광은 사람의 생활환경과 연관성이 높은 산업으로 관광객을 위한 다양한 사업이 존재하게 되며, 관광행정을 수행하는 과정에서 관광과 관련된 업무들이 각 행정조직에 분산되어 있고, 그 기능들을 유기적으로 조정하여 추진해야 하는 협조체계가 요구된다.

관광사업을 복합사업이라 규정한다는 것 자체는 관광과 관련된 업무가 다양한 행정조직에서 추진되고 업무가 분산, 분업화되어 있어 관광과 관련된 행정을 일원화한다는 것은 무의미할지도 모른다.

국가 행정조직에서 관광 업무를 담당하는 기관을 정부 관광행정기관(NTA : National Tourism Administration)이라고 하며, 국가 차원의 관광정책을 수립하고, 관광행정 업무를 담당하는 국가기관 또는 전국 단위의 관광개발을 담당하는 중앙정부의 행정관청을 표현하고 있다.

한국의 관광행정업무를 담당하는 국가 행정조직은 문화체육관광부로서 관광행정과 정책의 기본 방향을 제시하고 관광 진흥을 위한 발전계획의 수립, 지방자치단체 · 한국관광공사 · 관광사업자단체 · 관광사업체 등의 업무를 조정하기도 하며, 업무를 수행할 수 있도록 지원하는 역할도 하고 있다.

국가 행정조직

행정기구	관련 청(廳)	처(處)	위원회(委員會)
기획재정부	국세청, 관세청, 조달청, 통계청	인사혁신처, 법제처, 식품의약품 안전처	공정거래위원회, 금융위원회, 국민권익위원회, 개인정보보호위원회, 원자력안전위원회
교육부			
과학기술정보통신부	우주항공청		
외교부	재외동포청		
통일부			
법무부	검찰청		
국방부	병무청, 방위사업청		
행정안전부	경찰청, 소방청		
문화체육관광부	국가유산청		
농림축산식품부	농촌진흥청, 산림청		
산업통상자원부	특허청		
보건복지부	질병관리청		
환경부	기상청		
고용노동부			
여성가족부			
국토교통부	새만금개발청, 행정중심복합도시건설청		
해양수산부	해양경찰청		
중소벤처기업부			
국가보훈부			

주 : 행정중심복합도시건설청과 새만금개발청은 정부조직법에 규정된 '청이 아님

자료 : 정부조직도 및 관련 자료를 참고하여 작성함. 중앙일보(2023.02.15)

2. 문화체육관광부

　문화체육관광부는 관광에 관한 업무뿐만 아니라 문화·체육에 관한 업무를 주관하고 있으며, 관광과 관련된 법령에 근거하여 다양한 관광진흥을 위한 기본정책의 수립, 관광자원개발 정책의 수립, 관광사업의 육성·지도 및 관리, 관광 선전 및 홍보 정책 등을 관장하고 있다.

　문화체육관광부의 관광정책국은 관광정책, 국내관광진흥, 국제관광, 관광 기반, 관광산업정책관의 관광산업정책, 융합관광산업, 관광개발의 조직으로 구성되었으며, 주요 기능 중 관광 및 관련 산업부문의 업무는 다음과 같다.

문화체육관광부의 관광업무

조직	주요 업무
관광정책과	• 관광진흥 장기발전계획 및 연차별 계획의 수립 • 관광 관련 법규의 연구 및 정비 • 관광진흥개발기금의 조성 및 운용 • 남북 관광교류·협력의 증진 • 한국관광공사 및 한국관광협회중앙회와 관련된 업무 등
국내관광진흥과	• 지역관광 콘텐츠 육성 및 활성화 • 문화·예술·민속·레저·자연·생태 등의 관광상품화 • 사찰 체험(temple stay) 등 전통문화체험 사업 • 지역 전통문화 관광 자원화 • 산업시설 등의 관광 자원화 및 도시 내 관광자원 개발 등 • 문화관광축제의 조사·개발 및 육성 등
국제관광과	• 국제관광 분야 정책개발 및 중장기 계획 수립 • 정부 간 관광교류 및 외래 관광객 유치 • 한국 관광의 해외 광고 업무 • 관광 분야 국제협력 • 중국 전담여행사 관리·감독 및 활성화 등
관광기반과	• 관광불편 해소 및 안내 체계 확충 • 국민의 해외여행 편익 증진 • 관광특구 관련 업무 • 여행업에 관한 사항 등

관광산업정책과	• 관광산업정책 수립 및 시행 • 관광 전문 인력 양성 및 취업 지원 • 관광종사원의 교육, 자격제도 운영 및 개선 • 호텔업 육성지원 및 중저가 관광호텔 체인화 등
융합관광산업과	• 국제회의 관련 외래관광객 유치 및 지원 • 국제회의 · 인센티브 관광 · 컨벤션 · 이벤트(MICE)의 기반 조성 • 음식관광 활성화 및 서비스 개선 • 의료 · 웰니스 관광 육성 및 지원 • 한류 관광 · 공연관광 · 스포츠관광 정책 수립 및 상품개발 • 전통시장 관광 활성화 • 관광 유람선업 육성 및 지원 • 카지노 산업 육성 및 정책 수립 • 카지노 복합리조트 설립 및 관리 등
관광개발과	• 관광개발기본계획 수립, 권역별 관광개발 계획 검토 · 조정 • 관광지 · 관광단지의 개발 • 문화 · 예술 · 민속 · 레저 · 자연 · 생태 · 유휴자원의 개발 지원 • 광역 관광자원개발 계획 수립 및 지원 • 관광개발 관련 관계부처 · 지방자치단체와의 협력 및 조정 • 국내 · 외 관광 투자유치 촉진 • 지방자치단체의 관광 투자유치 지원 등

주 : http://www.mcst.go.kr/를 참고하여 작성함

3. 지방자치단체

지방자치단체란 광역자치단체(특별시 · 특별자치도 · 광역시 · 도)와 기초자치단체(시 · 군 · 구)를 말한다. 지방자치단체는 원칙적으로 독립적인 법인으로서 자치권이 있으며 국가로부터 상대적 독립성을 갖고 있다. 그러나 국가로부터 간섭을 받지 않고 지방의 사무를 자율적으로 처리할 수 있는 권한(自治權)의 범위에는 한계가 있으며, 지방자치단체는 국가로부터 위임을 받아 처리하는 위임 업무, 단체위임 업무에 대해서 국가 또는 상급자치단체로부터 지도 · 감독을 받도록 규정하고 있다.

지방자치단체의 관광행정 조직

구분	행정 조직
서울특별시	관광체육국 관광정책과(관광정책, MICE정책, 관광이벤트, 지역관광, 관광협력) 관광산업과(관광산업정책, 관광산업지원, 콘텐츠마케팅, 관광서비스개선)
부산광역시	관광마이스국(관광진흥과, 마이스산업과, 해양레저관광과)
대구광역시	문화체육관광국 관광과(관광정책, 관광개발, 관광마케팅, 관광서비스개선)
인천광역시	문화체육관광국 관광마이스과(관광마이스정책, 관광마케팅, 관광마이스산업, 마이스유치, 관광개발)
광주광역시	신활력추진본부 관광도시과(스토리텔링, 관광마케팅, 축제도시, 관광기반)
대전광역시	문화관광국 관광진흥과(관광정책, 관광홍보, 관광개발, 관광축제)
울산광역시	문화관광체육국 관광과(관광정책, 관광개발, 관광시설, 관광마케팅, 마이스)
세종특별자치시	문화체육관광국 관광진흥과(관광정책, 관광진흥, 관광개발)
경기도	문화체육관광국 관광산업과(관광정책, 국제관광, 관광기반, 지역상생관광)
강원특별자치도	글로벌본부 관광국(관광정책, 관광개발, 올림픽 유산, 삭도추진단, 사업소(DMZ 박물관)
충청북도	문화체육관광국 관광과(관광정책, 관광마케팅, 관광산업, 관광개발, 레이크 파크, 관광사업기획)
충청남도	문화체육관광국 관광진흥과(관광정책, 관광마케팅, 관광레저산업, 관광개발)
전북특별자치도	문화체육관광국 관광산업과(관광정책, 관광산업, 관광자원개발, 관광마케팅, 마이스산업)
전라남도	관광체육국 관광과(관광정책, 관광마케팅, 융합관광) 관광개발과(관광개발, 광역개발, 마이스 산업)
경상북도	문화관광체육국(관광정책과, 관광마케팅과)
경상남도	문화관광체육국 관광진흥과(관광정책, 관광산업, 관광자원관리), 관광개발과
제주특별자치도	관광교류국 관광정책과(관광정책, 마이스 융복합, 관광마케팅) 관광산업과(관광산업, 관광지 개발 관리, 카지노산업, 카지노 관리)

주 : 자치단체의 홈페이지를 참고하여 정리(2023년 12월 기준)하였으며, 일부 자치단체의 조직에서 팀, 파트장,
담당에 관한 내용을 표현하지 않고 정리하였음

4. 한국관광공사

1) 설립 목적

한국관광공사(KTO : Korea Tourism Organization)는 한국의 관광을 대표하는

정부관광기구(NTO : National Tourism Organization)로서 공기업(公企業)이라고 할 수 있다. 공기업이란 공적 기관, 즉 국가나 공공단체가 중심이 되어 자금 출자(出資)를 하고, 경영·지배를 하는 기업으로서 공익(公益)이 우선적인 사업 활동이다.

한국관광공사(KTO : Korea Tourism Organization)는 한국관광공사법에 근거해 설립(1962)되었으며, 한국의 관광 발전에 주도적인 역할을 하였다. 한국관광공사의 설립 목적은 관광을 통해 국가 경제 발전을 선도하고 국민 복지 증진에 기여하는 것이다.

한국관광공사는 세계관광의 각축전 속에서 한국 관광산업의 역할을 토대로 국가 성장 동력이 되도록 변화와 혁신을 추구하고 있으며, 경영혁신, 윤리경영, 인권경영, 경영 공시, 클린(clean) 경영, 안전 경영을 통해서 관광산업의 종합 서비스를 제공하고 있으며, 한국 관광의 새로운 성장을 구현하기 위해 노력하고 있다.

한국관광공사는 최근 변화하는 경영환경 변화 속에서 사회적 가치와 혁신성장을 창출하여 국민에게 신뢰받는 관광 선도기관으로서 역할하는 것을 혁신 목표로 삼고 있다.

한국관광공사(KTO)는 경영혁신, 국제관광, 국민관광, 관광산업, 관광콘텐츠전략의 5개 본부, 16실, 52센터·팀, 해외 지사(33개), 국내 지사(9개)로 조직을 구성하고 있다.

한국관광공사의 조직

본부	실	팀	지사·센터
경영혁신	기획조정	기획 조정, 예산	
	ESG경영	ESG 경영, 윤리 법무, 평가 분석	
	경영지원	경영지원, 인사, 노무, 재경	
국제관광	국제마케팅	국제관광 전략, 중국, 일본, 아시아·중동, 구미·대양주	해외 지사
	국제마케팅지원	테마 관광, 의료·웰니스, 해외 디지털마케팅	
	MICE	MICE 기획, MICE 협력, MICE 마케팅, 국제협력	

국민관광	국민관광	국민관광 전략, 국민관광마케팅, 지역균형관광, 국내 디지털 마케팅	오시아노리조트 호텔사업단관광 복지안전센터 (열린관광파트) 국내지사
	지역관광	지역관광 개발, 지역관광 육성, 레저 관광	
관광산업	관광산업	관광산업 전략, 쇼핑·숙박, 안내·교통, 스마트 관광	
	관광기업지원	관광기업협력, 관광기업 창업, 관광기업 육성, 관광홍보관 운영	
	관광인재개발	관광인재양성, 관광교육	
관광콘텐츠 전략	관광콘텐츠	관광콘텐츠 전략, 한류 콘텐츠, 브랜드 콘텐츠	
	관광데이터	관광데이터 전략, 관광데이터 서비스 관광 컨설팅	
	디지털협력	디지털협력, 디지털 콘텐츠, 디지털 인프라	

자료 : https://knto.or.kr/을 참고하여 작성함(2024.1.2 기준)

2) 주요 사업

한국관광공사는 관광산업의 육성을 위해 다양한 사업을 진행하고 있으며, 추진 사업의 책임성과 투명성을 제고하기 위하여 사업 실명제를 도입하여 운영하고 있다. 대표적인 주요 사업은 다음과 같다.

한국관광공사의 주요 사업

주요 사업	전략(추진)방향	전략(추진)과제
국제관광지원	매력적인 스토리(가치 있는 여행경험을 위한 한국관광 콘텐츠 발굴)	고부가 FIT 수요 확대를 위한 관광상품 다각화, 새로운 관광경험, 지속가능 콘텐츠 확대, K-콘텐츠 활용한 한국관광 스토리 확산
	세분화된 포지셔닝(전략적 시장 맞춤형 마케팅으로 K-관광 경쟁력 강화)	방한 수요 확대 가능한 전략적 시장 다변화, 새로운 타깃 맞춤형 반방한 관광 관심 확대, 글로벌 네트워크 기반 미래형 MICE 시장 선도
	차별화된 브랜딩(수용 창출을 통한 방한 관광시장 재도약)	디지털 플랫폼을 활용한 한국관광 수요 촉진, 민-관 협력을 통한 방한 프로모션 확대, 지방관광 브랜딩 강화로 외래객 유치 활성화

국민관광지원	다양한 지역관광 콘텐츠 개발	지역소멸 대응 관광 활성화, 국내관광 활성화 캠페인, 지역관광추진조직(DMO) 육성, 관광한류 K-축제 육성, 걷기여행 활성화, 새로운 관광 공간 DMZ
	지역체류 확대	생활관광 활성화, 관광거점도시 육성, 야간관광 활성화, 캠핑관광 활성화, 한국관광 품질 인증, 오시아노 국민 휴양 마을 조성
	친환경안전여행 기반	반려동물 친화도시 조성, 근로자 휴가지원 사업, 열린 관광도시 조성, 지속가능 관광 친환경여행, 국민 안전여행 캠페인
관광산업지원	관광서비스 기반 조성 (여행편의 및 만족도 향상)	여행하기 좋은 관광 서비스 환경 조성, 관광업계 서비스 경쟁력 강화, 스마트 관광도시 지역 확산 및 고도화
	관광기업 비즈니스 혁신 및 글로벌 진출(관광기업 성과 창출 강화)	관광기업 육성 클러스터 활성화, 혁신관광기업 해외시장 진출 지원, 관광기업 간 협업 및 비즈니스 혁신 촉진
	미래관광 선도 현장 인재 양성	산업 현장형·지역맞춤형 인재 육성 및 취업 연계 강화, 관광기업 및 (예비)종사자 교육 콘텐츠 개발·운영
디지털 전환지원	플랫폼 기반으로 관광산업 생태계 조성 및 혁신 성장 지원	한국관광 공공플랫폼 중심 관광산업 개방·공유 환경 조성, 관광-이종 간 협업·제휴 활성화로 산업 외연 확대
	디지털 경영환경 제공으로 관광기업 디지털 전환 촉진	기업 맞춤형 데이터 서비스 및 공공데이터 개방·활용 확대, 공공플랫폼 기반으로 기업 판로 및 융복합 관광사업 발굴 지원
	지역 K-관광 콘텐츠 글로벌 확산으로 지역관광 활성화	지역관광 디지털 콘텐츠화 및 글로벌 홍보, 신기술 활용 실감형 K-관광콘텐츠 확산
	개인화 마케팅 강화로 내·외국인 관광객 여행경험 확산	관광 유관 공공 민간 데이터 수집 및 연계, 데이터 기반 디지털 관광마케팅 강화(고객여정별), AI 기반 개인 맞춤형 관광 서비스 구현

자료 : https://knto.or.kr/을 참고하여 작성함

5. 한국문화관광연구원

1) 설립 목적

한국문화관광연구원(KCTI : Korea Culture & Tourism Institute)은 관광과 문화 분야의 조사·연구를 통해서 체계적인 정책개발 및 대안을 제시하며, 문화·관광산업의 육

성을 지원하여 국민의 복지증진 및 국가 발전에 공헌하기 위한 목적으로 설립되었다.

　한국문화관광연구원은 문화체육관광부 산하 재단법인이며, 한국문화예술진흥원의 문화발전연구소(1987)로 출발해 한국문화정책개발원으로 개편(1994)했으며, 교통개발연구원의 관광 기능과 연구 인력을 이전받아 한국관광연구원으로 새롭게 출범(1996)했다. 한국문화관광정책연구원(2002)에서 한국문화관광연구원으로 명칭을 변경(2007)하였다.

　한국문화관광연구원은 문화예술의 창달, 문화산업 및 관광 진흥을 위한 연구, 조사, 평가사업을 추진하는 것이 목적이며, 문화 예술, 문화·관광, 문화 복지, 환경 조성과 관련된 조사연구 등 다양한 활동을 하고 있다.

2) 관광지식정보시스템

　관광지식정보시스템은 관광부문의 정보화 사업추진 전략을 제시한 국가관광 정보화 추진 전략계획(문화체육관광부, 2002)에 근거하여 구축된 관광지식 포털이다. 관광지식정보시스템은 관광통계, 정책 & 연구, 자원, 법령 등 수요자 중심의 관광관련 서비스를 제공하고 있으며, 통계 수요의 증가에 따라 다양한 형태의 통계정보를 제공하고 있다. 관광지식정보시스템에서는 관광관련 정책 및 연구 동향을 파악 및 분석하여 다양한 자료 활용이 가능하다.

관광지식정보시스템의 주요 내용

구분		정보 내용
통계	관광통계 주요 지표	관광통계 주요 지표
	국제관광 통계	세계 관광지표, 국가별 통계, 국가별 관광산업 기여도, 국가별 관광경쟁력 순위, 국가별 여행수지
	관광객 통계	출국 관광통계, 입국 관광통계, 관광수지, 주요 관광지점 입장객 통계
	조사 통계	국민 여행 실태조사, 외래 관광객 실태조사, 관광사업체 기초 통계조사
	관광산업 통계	전국 관광숙박업 등록 현황, 관광숙박업 운영 실적, 일반여행업 현황, 카지노업 현황, 국제회의업(MICE) 현황, 관광사업체 현황, 관광 경영 실적 통계, 항공 통계
	관광예산/인력 현황	관광예산 현황, 관광인력 현황

	전망 및 동향	관광사업체 경기 동향(BSI), 관광 소비 지출 전망(CSI)
	관광자원 통계	관광지, 관광단지, 관광특구, 문화관광 축제, 안보 관광지, 관광 통역 안내사, 유관 시설 정보
정책&연구	관광 이슈	today topic, tour go 뉴스 레터
	관광정책 포커스	국내 관광정책, 세계 관광정책
	관광지식 플러스	국내 연구 보고서, 국외 연구 보고서, 관광지식 채널
관광자원	관광자원	관광자원 조회, 보유 자료 현황, 외국어 표기 안내

주 : 기업경기실사지수(BSI : Business Survey Index), 소비자동향지수(CSI : Consumer Survey Index)
자료 : http://www.tour.go.kr/fmf 참고하여 작성함

6. 관광사업자단체

관광사업자단체는 업종별 단체와 지역별 단체로 분류할 수 있다. 관광진흥법의 규정에 의하면 관광사업자는 정부로부터 허가받아 업종별 관광협회를 설립할 수 있으며, 업종별 단체와 지역별 단체는 다음과 같다.

관광사업자단체

구분	단체명
업종별	한국관광협회중앙회(KTA : Korea Tourism Association)(1963)
	한국여행업협회(KATA : Korea Association of Travel Agent)(1991)
	한국호텔업협회(KHA : Korea Hotel Association)(1996)
	한국휴양콘도미니엄협회(1998)
	한국카지노업관광협회(KCA : Korea Casino Association)(1995)
	한국테마파크협회((KATPA : Korea Amusement and Theme Parks Association)(1985)
	한국외국인관광시설협회(1964)
	한국MICE협회(2003)
	한국PCO협회(KAPCO : The Korean Association of Professional Convention Organizationers)(2007)
지역별	서울특별시, 세종특별자치시, 제주특별자치도, 부산광역시, 대구광역시, 인천광역시, 광주광역시, 대전광역시, 울산광역시, 경기도, 강원특별자치도, 충청북도, 충청남도, 전북특별자치도, 전라남도, 경상북도, 경상남도

주 : 한국종합유원시설업협회(KAAPA, 1985)가 한국테마파크협회(KATPA : Korea Amusement and Theme Parks Association)로 명칭을 변경(2023)하였음
자료 : 문화체육관광부, 2022년 관광동향에 관한 연차보고서, 2023을 참조하여 작성함

7. 지역관광추진조직

지역관광추진조직(DMO : Destination Marketing Organizer)은 지역의 관광산업 발전을 위하여 다양한 조직(자치단체·지역주민·관광사업자 등)과 협력 연계망을 구축하여 지역관광을 활성화하기 위해 설립된 조직이다. 지역 내 관광공급자(여행·숙박·음식·쇼핑 등)와 관광 관련 산업, 협회, 주민조직과 협력 연계망을 구축하여 당면한 지역관광의 현안을 해결하는 등 지역 관광산업 전반을 경영 또는 관리하는 법인으로서 지역관광에 대한 합의 및 조정을 이끌어내는 지역관광플랫폼 기능으로 관광사업 기획 및 계획, 관광홍보마케팅, 관광자원 관리, 관광산업 지원, 관광품질 관리 등의 기능을 수행한다.

정부에서 선정(2021)한 DMO들의 경우 안전여행 문화정착을 필수사업으로 선정하고 안전여행을 위한 서비스 지원, 안전한 관광안내, 안전 관광상품 개발·운영과 관련하여 안전여행을 위한 문화 정착사업을 발굴하기도 하였다.

지역관광추진조직(DMO) 사업자 선정현황

연도	지역	사업자	비고
2020년	경기	(사)고양시관광협의회	12개
	강원	(사)평창군관광협의회	
	경북	(사)고령군관광협의회, 포항문화관광 사회적 협동조합	
	전남	(사)여수시관광협의회, (재)강진군문화관광재단	
	전북	(재)익산문화관광재단, (재)고창문화관광재단	
	충남	(재)보령축제관광재단, (주)행복한여행나눔	
	충북	(사)단양군관광협의회, (사)제천시관광협의회	
2021년	관광거점도시	부산관광공사, 강릉관광개발공사, 안동시관광협의회, 전주관광마케팅 주식회사, (재)목포문화재단	5개
2021년	경기	(사)고양시관광협의회	12개
	경북	(재)경주화백컨벤션뷰로	
	경남	(재)남해군관광문화재단, (재)통영한산대첩문화재단	
	전남	(사)광양시관광협의회, (재)강진군문화관광재단	
	전북	(재)고창문화관광재단	
	충남	(재)보령축제관광재단, (주)행복한여행나눔	
	충북	(사)단양군관광협의회, (재)영동축제관광재단, (사)제천시관광협의회	

자료 : 문화체육관광부, 2021년 관광동향에 관한 연차보고서, 2022, p.36 ; 문화체육관광부, 2022년 관광동향에 관한 연차보고서, 2023, p.288을 참고하여 작성함

김규정, 행정학원론, 법문사, 1997.

안종윤, 관광정책론(공공정책과 경영정책), 박영사, 1997.

양원규·정훈, 행정학개론, 백산출판사, 1997.

유훈, 행정학원론, 법문사, 1998.

이종수, 행정학사전, 2009.

장병권, 한국관광행정론, 일신사, 1993.

정정길, 정책학원론, 대명출판사, 1989.

정혜경, 관광진흥 조직간 협력증대 방안, 한양대 국제관광대학원, 2003.

문화체육관광부, 2022년 관광동향에 관한 연차보고서, 2023.

문화체육관광부, 2021년 관광동향에 관한 연차보고서, 2022.

한국관광공사, 공사·지방 관광공사의 전략적 협력관계 수립연구, 2005.

한국관광공사, 외국 NTO 관광진흥 전략, 1995.

http://www.kcti.re.kr/

http://www.mcst.go.kr/

http://www.tour.go.kr/

http://www.visitkorea.or.kr/

CHAPTER

TOURISM
BUSINESS

07

지방자치시대와 관광

CHAPTER

07 지방자치시대와 관광

제1절 지방자치시대와 지방자치

1. 지방시대의 의의

전 세계적으로 지방화, 분권화, 탈획일화의 물결이 일고 있다. 이러한 지방주의 (localism)의 대두는 일찍이 앨빈 토플러(Alvin Toffler), 존 나이스 비트(John Naisbitt) 와 같은 미래학자들이 『제3의 물결』 등의 저서를 통해 적절하게 예견(豫見)한 바 있다.

지방시대라는 용어는 일반적으로 지방의 자주성 및 자율성을 존중하면서 각 지 방의 개성이나 특성을 살리기 위해 시작한 사고방식을 말하며, 지방시대의 기본개 념은 다음과 같은 측면에서 정의할 수 있다.

첫째, 지역성의 존중과 권력(分權)의 분산이다.

지방시대란 권력이 지방(지역)으로 이양, 분산되고 지역의 개성, 문화, 전통의 다양성을 이해하는 데 있다. 지방의 역할을 적극적으로 평가하고 지역을 중심으로 사물을 보고 특성을 존중하려는 태도이다.

둘째, 소(小)규모이지만 품질을 존중하려는 사고이다.

고도 성장기에는 '큰 것이 좋다'는 사고방식이 일반화하여 대규모적이거나 양적 인 것을 동경하는 사회적 인식의 풍토가 팽배하였으나 지방시대에는 '작은 것이 아름답다'라는 시각에서 작은 집단이나 소규모이고 품질을 중요시하려는 흐름이다.

셋째, 기업이나 이익집단들의 비대(肥大)화이다.

기업이나 이익집단들은 사회를 선도하지만 지방시대에는 지연이나 혈연과는 전혀 다른 의미이며, 인간의 정주(定住)를 기반으로 한 공동체적 집단을 존중하고 공동체적인 생활을 설계하고 사물을 생각하는 경향이 강하다. 지역의 주민은 전통적 개성을 배경으로 지역의 공동체에 대해 일체감을 가지고 경제적 자립을 위해 정치적, 행정적 자율성을 스스로 확보하고 문화적 독자성을 추구하는 이른바 내발적(內發的) 지역주의라고 할 수 있다.

2. 지방주의 형성의 배경

지방주의의 형성은 선진(先進)국가에서 찾아볼 수 있다. 개발도상국가는 선진국들의 신 지방 분권주의에 영향을 받아 중앙집권적 운영이 전국적, 총량적 성장주의와 능률 위주의 행정을 수행하는 과정에서 지방의 형평성이 미흡하였고 행정이 희생당했다는 인식으로 지방화 운동들이 나타나게 되었다. 지방주의의 시대적 배경은 다음과 같이 요약할 수 있다.

첫째, 현대사회에서 직면한 문제의 해결이다.

대도시 집중, 환경오염, 자원 및 에너지 고갈, 식량부족, 나아가서는 인간 소외현상 등의 문제를 해소(解消)하기 위한 것이다. 특히 정치적 측면에서는 중앙집권적이며 하향적 정책 결정에 대한 회의, 경제적 측면에서는 양(量) 중심의 경제성장 정책에 따른 지역 격차의 심화, 그리고 사회·문화적 측면에서는 지나친 동질성, 획일성을 추구하는 과정에서의 도덕성, 귀속감, 일체감 상실 등의 문제를 해결하기 위한 새로운 접근방법이 지방주의 탄생 배경이다.

둘째, 정보화 사회의 출현(出現)이다.

산업구조의 변화에 따른 지식산업이 산업구조를 지배하는 정보화 사회가 되었기 때문이다. 정보화 사회란 정보의 생산과 이용을 중심으로 살아가는 사회라고 할 수 있다. 정보가 유력한 자원이 되고 정보 가치의 생산을 중심으로 경제, 사회가 발전해 가는 사회가 되었기 때문이며, 정보화 사회는 지방자치와 연관해서 규모의 축소화나 분권화·참여의 특성이 나타난다.

지식과 정보가 발달한 정보화 사회에서는 컴퓨터에 의한 정보의 쉬운 접근과 통신기술의 발달로 장소의 한정성을 벗어날 수 있으며, 정보를 중요 자원으로 한 정보 경제의 출현으로 경제의 소프트화가 진행되어 작은 규모의 지방도 충분한 경쟁력을 갖출 수 있게 되었기 때문이다.

셋째, 세계적으로 동일화되고 있는 생활양식에 대응한 문화적 민족주의의 출현과 획일적 경향을 탈피하려는 것이다.

세계는 범세계적 원거리 통신망의 발전, 해외여행을 선호하는 경향으로 변화하고 있으며, 국가의 이동이 편리해지고 보편화하여 생활양식도 유사성이 더 강해지면서 이에 대한 역반응도 나타나고 있다. 획일화에 대한 반발, 문화와 언어의 독창성을 내세우고자 하는 갈망, 외래객의 영향에 대한 거부감 등이 바로 그것이다.

그러나 지방주의의 폐해도 있다. 지방의 권한을 논리적으로 발전시켜 나가다 보면, 한 지역에 뭉친 여러 지방이 서로의 고유한 이익을 보호하기 위해서 단결해야 한다는 생각을 하게 된다. 지방시대의 경제적 지역주의는 새로운 방향이고 모든 지방에 공통으로 존재하는 문제에서 파생되어 일종의 애향심으로 나타나기도 하는데, 이것을 '신(新)지역주의'라고 한다. 이러한 신(新)지역주의는 지역 이기주의로 흘러 지역의 갈등과 마찰, 대립의 부작용도 나타나고 있다.

그러나 긍정적 차원에서 지방주의는 많은 기회와 선택을 제공하며, 지방주의라는 폐해보다는 지방의 발전 가능성을 보여줄 수도 있다. 지방분권은 인구를 지방으로 분산하여 지역의 중심지를 만들어낼 수 있으며, 기업의 분산은 사람들이 자기가 살고 싶은 지방에서도 일자리를 얻을 수 있게 한다. 또한, 마이컴(micom)이나 워드프로세서가 원격지에서의 재택근무(在宅勤務)를 가능하게 하고 있으며, 이 같은 분산화는 여러 문제의 해결이나 변화와 창조를 통해 지역적인 형태로 발전시킬 수 있으며, 지방분권은 지역적 특색을 살릴 수 있는 유일한 길이 될 수도 있다.

3. 지방자치의 의의

지방자치란 간단히 말하면 일정한 지역을 기초로 하여 지역주민으로 구성된 공공단체가 지역 행정사무에 대한 책임과 권리를 행사할 수 있는 능력(權能)으로 주민들이 부담하는 조세를 통해 자주적인 재원을 갖게 되며, 주민이 선정한 기관이 주민의 의사에 따라 집행하고 실현하는 것이다. 그러나 이와 같은 지방자치의 의의에 대해 부정적인 견해를 피력하는 사람들도 적지 않으며, 실제로 부정적으로 전개될 가능성도 높은 요소가 내재하는 것도 사실이다.

지방자치가 분리주의에 깊숙이 개입하는 경우에는 지방(지역)의 대립과 마찰, 혼란을 초래할 수도 있다. 지방자치는 어디까지나 한 나라의 주권 안에서 이루어지는 것으로 국가로부터의 완전한 독립을 의미하는 것이 아니며 중앙정부와 지방정부의 올바른 관계 정립을 통해 그 기능을 살리고 협동을 추구하는 자치라고 할 수 있다.

1) 참여적 민주주의

지방자치는 참여적 민주주의(participatory democracy)의 실천이 가장 가능한 정치형태라고 한다. 선진국가에서 가장 중요하게 여기는 정치적 이념은 참여적 민주주의이며, 종래의 대의적 민주주의(representative democracy)의 보충적 사상으로 등장하였다.

참여적 민주주의는 투표권을 행사하는 것으로 선거 이외에도 주요한 정책의 결정 및 집행에 주민의 참여를 높여야 한다는 것이다. 참여적 민주주의는 중앙정부의 수준보다 지방자치에서 더 손쉽게 실현할 수 있으며, 지방자치는 민주주의에서 가장 이상적인 정치형태라 할 수 있기 때문이다.

2) 정치의 안정

지방자치는 통치 권력의 수직적 분권으로 정치안정의 계기를 제공한다. 오늘날의 정치는 이해관계의 갈등이 깊어지고 자아(自我)의식이 높아져 정치적 요구와 지지의 폭과 층이 매우 넓고 다양하다. 따라서 정치가 잘 발전된 나라들도 정치적 경쟁이 치열하고 그 결과에 의한 변화도 크고 심하다.

이러한 정치 환경 속에서 지방자치를 통한 통치권의 수직적 분산은 정치안정에 커다란 기반이 된다. 중앙정부의 내각이 바뀌고 더 나아가 정치체제가 변화하여도 지방자치를 통한 업무 수행에 지장이 없다는 사실은 국민에게 무한한 안정감을 줄 수 있다. 중앙집권적 체제에서는 지극히 작고 사소한 지역적 문제일지라도 잘 못 다루면 곧 전국적 쟁점이 될 수 있으며 정치 불안의 요소가 언제든지 발생할 수 있다. 지방자치가 되면서 지역에서 발생한 문제는 지역의 문제로 끝날 수 있지만 확대될 가능성도 배제할 수는 없다.

3) 행정의 능률화

지방자치는 작은 정부로서 행정의 능률성을 실현할 수 있다. 지방자치의 가장 큰 취약점으로 비능률성을 지적하는데, 이러한 인식은 중앙집권이 능률적이라고 생각하는 데서 오는 전통적 관념 때문이다. 그러나 오늘날과 같이 교통, 통신, 교육, 문화가 발달한 사회에서는 권력분산이 비능률이라고 하는 구체적 증거는 없다. 오히려 지나친 획일화, 방대한 관료제, 정치적 통제의 허약이 비능률, 비생산성을 초래할 가능성이 있다는 인식을 하는 경향이 많다.

지방자치는 지방정부의 지원, 지도, 격려 및 주민의 적극적 참여를 통해 지역의 사회, 경제, 환경적 여건에 맞는 행정을 수행함으로써 능률성을 가져올 수 있다. 지방자치의 능률성을 판단하는 과정에서 바로잡아야 하는 인식은 능률에 대한 극단적 판단기준이다. 즉 종래의 능률성은 경제적 측면에만 중점을 둔 나머지 행정의 효과성은 무시되었으나 현대적 의미에서의 능률성은 행정의 효과성도 포함한 경제성을 의미한다. 지역사회에 미치는 행정의 효과성 측면에서는 지방자치가 훨씬 더 능률적이라 말할 수 있다.

4) 이념과 가치 창조

　지방자치는 탈공업사회에 접어든 시대에 많은 국가에서 관심이 높아지는 무(無)성장, 무(無)공해, 자연보호 등의 이념과 가치를 가장 잘 실현할 수 있는 통치체제이다. 도시의 과밀, 공해 문제를 비롯하여 조직의 대형화에서 오는 인간성 상실은 전원(田園) 도시적 생활방식을 소규모 지역사회에서 되찾고자 하는 현대인들이 증가하면서 그 어느 때보다 강조되고 있다. 쾌적한 생활환경의 조성, 공해가 없는 물·공기·풍경의 보존 및 유지는 지방자치단체가 역점을 두어야 할 분야이며, 지방자치의 차원에서 효과적으로 수행할 수 있는 분야이다.

제 **2** 절 지방자치시대의 관광환경

1. 관광 및 여가환경

관광 및 여가활동을 위한 사회·문화적 환경이 급격하게 변화함에 따라 우리나라 국민의 관광에 대한 인식도 점차 전환하고 있다. 그동안 경제성장 일변도의 국가 정책에서 생활의 여유를 찾기 위한 방향으로 환경이 변화하면서 관광 및 여가활동 의 수준을 삶의 질을 측정하는 중요한 수단으로 인식하게 되었다.

여가시간의 활용이 자아실현과 재창조를 위해 의미 있는 시간으로 인식되고 있 으며, 여가에 대한 욕구가 다양해지고 개별적인 관광활동에 참여할 수 있는 사회 여건이 좋아지는 환경에서 관광 및 여가활동의 형태는 매우 다양해지고 있다.

소득수준의 향상, 의학기술의 발달 및 국민들의 생활양식(life style)의 변화로 인하여 소자녀(小子女), 핵가족화, 고령화의 진전과 같은 사회의 인구구조 변화가 가속화되고 있다. 이와 같은 인구구조 및 가치관의 변화에 따라 관광활동의 참여 인구 증가가 예상되며, 관광에 있어서도 가족 중심의 관광활동, 노인층의 관광 참 여 확대, 건강과 관련된 관광활동의 증가 등 전반적인 여가활동의 변화가 전망되 고 있다.

관광 및 여가활동의 변화는 적합한 여건에서의 관광 또는 여가활동을 선택하고, 참여하는 기회를 갖게 하며, 집단여행보다는 개인별 개성과 취향에 맞는 차별화된 활동을 선호하게 만들고 보편화된 관광지보다는 잘 알려지지 않은 곳을 선택하는 경향으로 바뀌고 있다. 특별히 개발된 관광지나 편익시설이 집중된 관광단지에 머 물기보다는 한 지역의 여러 곳을 방문하는 자유로운 관광활동이 증가하고 있다.

개별 관광시대의 관광객은 지방자치단체의 의도에 따라 이동하기도 하지만 자 신의 취향과 여건에 따라 자유롭게 관광 목적지를 선택하고 창의적인 관광활동을 추구하는 경향을 보이고 있다. 관광객은 자신의 경제적 여력이 있는 범위 내에서 참여 가능한 활동을 선택하고 있으며, 이러한 현상들은 목적을 달성하기 위해 선 택하는 활동과 그 활동의 범위, 관광활동이 발생하는 공간적인 범위나 내용적인 범위의 한계가 없어졌다는 것이다. 이러한 관광성향은 지속적으로 증가할 것으로 예상되며, 계층별 수준에 적합한 활동 프로그램의 개발은 지방자치단체가 인식해야 할 당면과제라고 하겠다.

2. 관광산업에 대한 기대

지방자치단체들은 경쟁력을 강화시키기 위한 대안으로 선택하게 된 것이 관광산업이다. 관광에 대한 관심을 갖게 된 배경은 중앙정부로부터 대규모 개발사업을 유치하는 것이 용이하지 않을 뿐만 아니라 한정된 재원으로 개발 사업을 추진하는 것이 어렵다는 인식을 하게 되었으며, 다른 지역과 차별되는 자원과 문화의 특성을 활용한다면 관광객을 유치하여 경쟁력 있는 사업으로 발전할 수 있다는 판단에서 비롯된 것이다.

지방자치단체들은 다른 지역과 차별화된 자원이나 문화적인 특성을 고려한 이벤트 사업을 통해서 단순한 관광의 수익뿐만 아니라 자기 고장의 농산물이나 특산물의 판매량을 증가시켜 지역경제에 큰 도움을 주고 있으며, 독특한 발상의 전환을 통해서 성공을 거두는 사례가 많아지고 있다. 단순히 식량 생산의 목적이었으나 축제로 승화·발전시켜 관광상품이 되었으며, 지역축제로 발전하는 사례가 되었다.

관광산업은 지역경제 활성화에 직접적인 도움을 주는 동시에 주민들에게는 사소한 자원이라도 지역의 특성에 맞게 개발된다면 훌륭한 상품이 될 수 있다는 가능성을 심어주는 효과를 보여주었다. 또한 농·어·산촌의 생활들이 도시민의 새로운 체험 대상으로 부각되고, 접근하기 어려웠던 지역이 관광과 휴양의 가치로 재조명되었다.

지방자치단체의 경쟁력은 차별화에서 찾아야 한다. 다른 지역과의 차별화는 그 지역만이 가지고 있는 특징에서 발굴되어야 한다. 지역의 개발 잠재력은 자연자원을 비롯하여 지역주민의 삶의 흔적을 고스란히 간직하고 있는 역사·문화자원에 있으며, 이 같은 자원을 활용할 수 있는 사업이 바로 관광이다.

    지방화 시대의 관광에서 가장 중요한 핵심적 요소는 개성과 참여이다. 지방 고유의 개성을 구현하는 관광개발은 소비자들의 새로운 관광욕구를 만족시켜 줄 수 있으며, 주체성(identity) 확립 및 애향심 고취에도 중요하게 작용할 것이다. 또한 지역 특성을 살린 관광지 조성은 지역주민의 참여를 통해서 의견을 반영할 수 있으며, 지역주민의 참여는 지역주민의 경제적 이익 및 환경을 보호하는 측면에서도 중요하다.

관광 커뮤니티 비즈니스의 정책추진 영역

자료 : 김현주, 관광 커뮤니티 비즈니스(TCB) 운영체제, 한국문화관광연구원, 2011, p.111

제**3**절 **지방자치시대의 관광행정**

l. 관광정책의 목표

사회적 가치와 여건의 변화는 관광부문에도 시대 상황에 적합한 발상의 전환을 요구하고 있다. 특히 관광부문은 지방자치의 실시로 인해 넓은 영역에서 강도 높은 영향을 받을 수 있는 분야이기 때문에 향후 관광의 추진에서 기초가 되는 목표의 정립이 시급히 필요하다.

관광은 그동안 구체적이고 목적이 있는 정책보다는 관광이 가져다주는 경제적 측면이라는 효율성에 우선을 두고 추진하였다. 지방자치의 취지 및 의의 그리고 관광부문의 특성을 고려할 때 관광정책은 지역성·자율성·참여성·적정성·형평성·효율성·공익성·계획성의 요소를 기본이념으로 설정하고 추진하여야 할 것이다.

첫째, 지역성이란 지역의 지리적 특성과 문화전통, 독자성을 존중하고 지역 실정에 부합하는 관광정책을 실천해 나가는 것을 말한다.

관광개발을 통해 각 지역의 전통과 문화를 계승 발전시킴으로써 지역문화의 독자성을 보전하고 지역주민의 긍지와 애향심을 높일 수 있으며 보다 새로운 경험을 원하는 관광객들의 관심을 끌 수 있다.

둘째, 자율성이란 하향식 의사결정이 아닌 상향식 의사결정에 의해 관광정책을 입안하고 집행하는 것을 말한다.

자율적 의사결정을 통해 각 지방의 여건과 주민의 의견을 수렴하여 적합한 정책을 추진해 나가야 한다. 이러한 상향식 의사결정을 위해서는 행정기관의 많은 권한이 지방으로 이양되어야 할 것이다.

셋째, 참여성은 관광정책의 입안, 집행과정에 있어 지역주민의 참여를 높이는 것을 말한다.

지역주민의 참여를 통한 자주적 의사결정이 지방자치의 핵심이며, 주민의 참여를 높이는 일이 시대적으로 매우 중요하다. 주민의 참여를 배제할 때 관광객, 개발 주체와 지역주민의 대립과 마찰을 초래할 수 있다.

넷째, 적정성은 수용능력을 고려한 관광개발을 의미한다.

개발대상지의 여건에 적합한 적정수용능력을 설정하고 이러한 적정능력을 벗어나지 않는 범위에서 개발을 추진함으로써 자연, 문화 등 지역 환경에 무리한 영향을 미치지 않도록 해야 할 것이다.

다섯째, 형평성이란 사회적 형평(social equity)에 기초한 개념으로 관광의 권리를 향유하기 어려운 소외계층에 대한 관광 기회의 제공에 관심을 기울이는 것을 말한다. 이 개념은 유럽을 중심으로 사회적 관광(social tourism)이라는 관점에서 폭넓게 사용되고 있다. 소득이 낮은 사람을 위한 여행경비 지원 또는 할인 혜택, 각종 저렴한 여행시설의 건설 등이 그 대표적 사례이다.

여섯째, 효율성은 효과성과 능률성을 합한 개념으로 관광정책의 효과와 능률의 극대화를 의미한다. 관광은 측정하기 어려운 비계량적 효과가 큰 부문이므로 관광정책의 효율성은 경제적 측면뿐만 아니라 사회 · 문화적 효율성도 중요시해야 한다.

일곱째, 공익성은 관광의 효과가 공공이익에 부합하도록 정책을 전개하는 것을 말한다. 관광이 장기적으로 안정적 발전을 이루려면 공공의 이익을 먼저 고려해야 하며, 이익은 지역 전체에 균형 있게 분배될 수 있도록 노력해야 한다.

여덟째, 계획성이란 사전에 계획을 수립하여 정책을 전개해 나가는 것을 말한다. 국가발전에 있어서 지방의 중추적 역할이 기대되고 있고 각 지역 단위의 중 · 장기 계획이 수립되어야 하며, 특히 관광은 토지 이용계획, 산지 이용계획 등 많은 분야와 연관성이 높아 치밀한 계획수립이 요청되고 있다.

2. 관광환경의 조성

관광 발전은 그동안 시행착오를 거치면서 발전해 왔다. 우리 사회는 성장제일주의, 수출 위주의 정책 가치가 지배하여 왔으며, 관광부문도 이러한 중심주의적 경제 철학의 논리에서 '외래객 유치'를 통한 '국제관광 수입 증대'에만 치중해 왔다.

그 결과 지역의 관광사업은 주민의 이해를 우선으로 하는 시각이 아닌 대도시 주민, 외래객 등 이용자의 편의 중심으로 추진되었고, 각 지방의 주체성과 특성이 도외시되었으며, 지역에서는 관광시설의 불균형 현상이 심화되는 역효과를 초래하기도 하였다.

지역발전을 위한 대안(代案) 산업으로 자연, 역사, 문화자원을 활용한 관광개발을 통해 관광산업 육성의 중요성이 증대되면서 지역주민의 삶의 질 향상, 생활환경 개선 등을 기대하고 있는 지방자치단체가 증가하고 있다. 지방분권 및 균형발전을 통한 지역의 특성을 위해서 정책을 입안, 집행할 수 있는 권한을 지방정부에 위임하는 등 각종 정책을 지역으로 분산하는 정책을 추진하였다.

지방자치제가 도입되었어도 관광부문을 포함한 지방행정이 중앙정부의 통제에 따라 움직이는 경향이 있으며, 중앙과 지방정부의 행정사무 분장을 비롯하여 관광부문의 창조적 정책개발에 많은 어려움이 있다. 지방자치단체의 재정 자립도는 일부 대도시를 제외하면 낮은 수준에 머무르고 있어 대규모 투자비용이 필요로 하는 관광개발의 경우 재원 조달에 어려움이 있다. 또한 정부의 다양한 관광산업 육성정책 추진에도 불구하고 경쟁력이 답보상태를 나타내는 것은 관광산업이 정부 주도의 개발에 크게 의존하고 있고, 규제와 관광산업에 대한 일부 부정적인 인식 등으로 민간투자가 활발히 이루어지지 못한 데 그 원인이 있다.

지방자치단체는 지역관광 부문의 경쟁력을 강화하기 위해서 투자재원의 확충방안 강구, 지역 실정에 맞는 각종 조례 및 규칙 제정, 주민의 의견을 관광정책에 반영하기 위한 위원회 제도의 도입 등 제도적 장치를 마련하고 관광개발을 위한 지방공사 설립 추진 등 지역관광 발전을 위한 기반을 조성하고 있다.

관광을 지역발전의 수단과 방법으로 활용하기 위해서는 다음과 같은 관광환경을 조성하기 위한 방안의 검토가 필요하다.

첫째, 지역경제 발전의 수단으로 관광이 중요하다면 관광부문에 대한 투자 활성화를 위한 노력이 필요하다. 투자를 유치하기 위한 다양한 법·제도의 정비와 투자에 대한 혜택을 제공함으로써 투자를 유인할 수 있으며, 투자 활성화는 경제를 활성화하고 고용을 창출할 수 있어 인구의 유입(流入)현상도 나타날 수 있다.

둘째, 지역의 특성에 부합한 관광 진흥 기본계획을 수립, 추진해 나가야 한다. 지역의 발전계획 수립에는 중앙정부의 의존도가 높았으며, 지방자치단체 행정업무도 중앙정부의 행정 보조와 관광산업의 인·허가 및 지도 업무에 그치고 있다. 지역의 관광 진흥계획 수립은 지역의 특성과 연관되어야 하며, 업무의 수행을 위한 인력을 확보하여 조직을 강화하는 방안을 고려할 필요성이 있다.

셋째, 지역문화 및 주체성(identity)을 확립하고 지역이 갖고 있는 역사성, 고유의 지역문화와 관광자원을 적극 활용한다. 지역에 잠재되어 있는 스토리텔링을 발굴하고 지역의 브랜드 명(naming)을 활용하여 지역 문화를 널리 홍보하는 마케팅 활동을 강화해야 한다.

넷째, 부족한 재원을 확충하는 방안을 모색해야 한다. 지역개발과 관련된 투자재원 마련과 재정 확충을 위한 세제(稅制) 도입(가칭: 관광진흥세, 관광자원세, 환경세 등)을 추진하여 개발사업에 투자하는 방안을 강구할 필요성이 있다.

다섯째, 지방자치제의 근본 취지를 살려야 한다. 관광개발과 진흥을 위한 주민의 의사를 존중하고 의견을 수렴하는 과정에서 지역주민들의 참여도를 높이고 제도적으로 강화해야 한다. 주민참여의 극대화를 위하여 사업계획의 초기 단계부터 공개적으로 참여할 수 있도록 한다.

여섯째, 관광개발 사업은 주민의 복지 증진과 삶의 질을 향상하는 데 기여할 수 있어야 한다. 관광개발 사업을 중앙정부 또는 중앙정부 소속의 공공기관이 수행한다고 하더라도 지방에서 행해진 개발사업의 이익이 당해 지방에 환류·귀속될 수 있도록 해야 한다. 지역의 개발 이익을 지방자치단체가 흡수·이용하고자 하는 노력이 필요하다.

일곱째, 지방자치단체의 관광조직 설립이다. 일부 지역의 지방자치단체는 관광(local)을 진흥시키기 위해서 지방공사를 설립하여 운영하고 있다. 지역의 관광지·관광단지 개발 및 관광 진흥을 위해서 지방관광공사(RTO : Regional Tourism Organization)의 설립을 검토하여 관광조직을 강화시킬 필요성이 있다.

여덟째, 지역의 자립경제 지향정책이 지역 이기주의로 변화되지 않도록 해야 한다. 일부 지역의 경우 외부로부터 자본 유입에 대한 거부감이 나타날 수 있으며,

폐쇄경제를 형성함으로써 관광 진흥 및 개발사업에 투자 기피현상이 초래되어 효율적 추진을 어렵게 할 가능성도 있기 때문이다.

지방관광공사(RTO : Regional Tourism Organization)

광역자치단체에는 지방관광공사가 설립되어 운영되고 있는데, 경기관광공사(2002), 제주관광공사(2008), 대전관광공사(2011), 부산관광공사(2012), 경북문화관광공사(2012), 인천관광공사(2015), 광주광역시관광공사(2023), 서울관광재단(STO : Seoul Tourism Organization)(2018) 등이 운영되고 있다.(서울관광재단은 인식하는 관점에 따른 차이가 있음) 또한 기초자치단체에는 문경관광진흥공단(2007), 통영관광개발공사(2007), 강릉관광개발공사(2010), 거제해양관광개발공사(2012), 단양관광공사(2022)가 있다.

제**4**절 **지방자치시대의 관광진흥**

1. 관광지 지정 및 개발

1) 관광지 지정

(1) 관광지

자연적 또는 문화적 관광자원을 갖추고 관광 및 휴식에 적합한 지역을 대상으로 관광지를 지정하고 있다. 관광지는 관광자원이 풍부하고 관광객의 접근이 쉬우며, 개발 제한요소가 적어 개발이 가능한 지역을 위한 관광지로 개발하는 것이 필요하다고 판단되는 지역을 대상으로 한다.

관광개발의 접근 방법도 선택과 집중, 네트워크화, 지역 특성에 맞는 개발의 중요성이 대두되면서 관광지 개발을 촉진하기 위해 관광지 지정 및 조성 계획의 승인 권한을 시·도지사에 이양하였으며, 동시에 관광지 지정 등의 실효성을 높이기 위해서 노력하고 있다.

관광객의 활동에 필수적인 기반시설을 비롯하여 다양한 편의시설을 공공사업으로 추진하고 이용하는 관광객에게 편의를 제공하기 위한 것이다. 국민소득 증가에 따른 관광수요 증가에 맞추어 관광지를 특화하여 개발함으로써 아름답고 쾌적한 환경을 조성함은 물론 관광을 통하여 국민의 삶의 질을 향상하는 복지관광 정책의 일부로 활용하고 있다.

지역 및 도시의 관광을 진흥시키기 위해서는 홍보자료의 개발과 보급도 중요한 역할을 한다. 부족한 예산으로 인하여 한정된 홍보물을 제작하고 있으나 최근 정보화 환경의 폭이 넓어지면서 최첨단 기술에 의한 인터넷으로 정보를 제공하기도 한다. 관광지 홍보에 대한 관심은 높아지고 있으나 자기 고장의 이미지를 정립하는 기본 틀이 정립되지 못하고 있고 개발된 각종 시각물이나 최첨단 홍보물들은 고장의 이미지를 제대로 나타내지 못하는 경우가 많다. 또한 '어떠한 정보를 제공할 것인가'라는 지역 이미지와 관련된 연구가 미흡하며, 정보화시대에 적합한 첨단기술의 도입은 자료정리가 선행되지 않은 상태에서는 무의미한 일이 될 수도 있다. 정보의 제공에서 가장 중요한 의미를 찾을 수 있는 것은 지역 및 자기 고장의 공동체적인 동질성을 느끼게 하는 자료를 발간하는 것이다.

관광지 지정현황

지역	관광지명	지정 수
부산	태종대, 금련산, 해운대, 용호 씨 사이드, 기장 도예촌	5
인천	마니산, 서포리	2
대구	비슬산, 화원	2
경기	대성, 용문산, 소요산, 신륵사, 산장, 한탄강, 산정호수, 공릉, 수동, 장흥, 백운계곡, 임진각, 내리, 궁평	14
강원	춘천호반, 고씨동굴, 무릉계곡, 망상해수욕장, 화암 약수, 고석정, 송지호, 장호 해수욕장, 팔봉산, 삼포·문암, 옥계, 맹방해수욕장, 구곡폭포, 속초해수욕장, 주문진해수욕장, 삼척해수욕장, 간현, 연곡해수욕장, 청평사, 초당, 화진포, 오색, 광덕계곡, 홍천온천, 후곡 약수, 대관령 어흘리, 등명, 방동약수, 용대, 영월온천, 어답산, 구문소, 직탕, 아우라지, 유현문화, 동해 추암, 영월 마차탄광촌, 평창 미탄마하생태, 속초 척산온천, 인제 오토테마파크, 지경	41
충북	천동, 다리안, 송호, 무극, 장계, 세계무술공원, 충온 온천, 능암 온천, 교리, 온달, 수옥정, 능강, 금월봉, 속리산레저, 계산, 괴강, 제천온천, KBS 제천촬영장, 만남의 광장, 충주호체험, 구병산, 레인보우 힐링	22
충남	대천해수욕장, 구드래, 삽교호, 태조산, 예당, 무창포, 덕산 온천, 곰나루, 죽도, 안면도, 아산온천, 마곡온천, 금강 하구둑, 마곡사, 칠갑산 도림온천, 천안종합휴양, 공주문화, 춘장대 해수욕장, 간월도, 난지도, 왜목 마을, 서동요역사, 만리포	23
전북	남원, 은파, 사선대, 방화동, 금마, 운일암·반일암, 석정온천, 금강호, 위도, 마이산 회봉, 모악산, 내장산 리조트, 김제온천, 웅포, 모항, 왕궁 보석테마, 백제가요 정읍사, 미륵사지, 오수의견, 벽골제, 변산 해수욕장	21
전남	나주호, 담양호, 장성호, 영산호, 화순온천, 우수영, 땅끝, 성기동, 회동, 녹진, 지리산 온천, 도곡 온천, 도림사, 대광 해수욕장, 율포 해수욕장, 대구 도요지, 불갑사, 한국 차소리 문화공원, 마한 문화공원, 회산 연꽃방죽, 홍길동 테마파크, 아리랑 마을, 정남진 우산도·장재도, 신지 명사십리, 해신 장보고, 운주사, 사포	27
경북	백암온천, 성류굴, 경산 온천, 오전 약수, 가산산성, 경천대, 문장대 온천, 울릉도, 장사 해수욕장, 고래불, 청도 온천, 치산, 용암 온천, 탑산 온천, 문경 온천, 순흥, 호미 곶, 풍기 온천, 선바위, 상리, 하회, 다덕 약수, 포리, 청송 주왕산, 영주 부석사, 청도 신화랑, 울릉 개척사, 고령 부례, 회상나루, 문수, 예천 삼강, 예안 현	32
경남	부곡온천, 도남, 당항포, 표충사, 미숭산, 마금산 온천, 수승대, 오목내, 합천호, 합천 보조댐, 중산, 금서, 가조, 농월정, 송정, 벽계, 장목, 실안, 산청 전통한방휴양, 하동 묵계(청학동), 거가대교	21
제주	돈내코, 용머리, 김녕 해수욕장, 함덕 해안, 협재 해안, 제주남원, 봉개 휴양림, 토산, 미천굴, 수망, 표선, 제주 돌 문화공원, 곽지, 제주 상상나라 탐라공화국	14
계		224

자료 : 문화체육관광부, 2022년도 관광동향에 관한 연차보고서, 문화체육관광부, 2023, p.151(2022.12.31 기준)

2) 관광단지 개발

관광단지는 관광산업의 진흥을 촉진하고 국내·외 관광객의 다양한 관광 및 휴양을 위하여 각종 관광시설을 종합적으로 개발하는 관광거점 지역을 말하며, 관광진흥법에 의거 지정하고 있다.

관광단지의 조성·개발 활성화를 위해 관광단지를 사회 간접자본 시설에 대한 민간투자법상 사회 간접자본 시설로 규정하여 민간자본을 적극 유치하고 있으며, 민간개발자가 관광단지를 개발할 경우 지방자치단체장과의 협약을 통해 지원이 필요하다고 인정하는 공공시설에 대해 보조금을 지원할 수 있도록 하였으며, 보조금을 지원(2010)하고 있다.

관광단지는 건강·교육·체험 등 다양한 관광수요를 고려하고 관광 패러다임(paradigm) 변화에 맞춰 관광단지를 특성화하여 개발함으로써 지역 관광산업의 동력으로 활용해야 한다.

지역 및 도시의 정책을 추진하기 위해서는 지방자치단체의 의사결정은 중요한 행정이 된다는 인식으로 전환되지 않으면 새로운 관광정책을 기대하는 것이 어려운 것이 현실이다. 지방자치단체들의 일부 무분별한 관광개발은 향후에 문제점을 양산할 수 있어 중요한 것은 관광이 기존지역 및 도시의 자연·산업·문화와 조화롭게 발전시켜야 나가야 한다는 발상이 필요하다. 따라서 미래지향적인 발전과 관광산업 발전의 축을 동일시하는 기본 전제하에 지역의 역사와 문화를 살리고 자연을 최대한 보전·육성해 나가면서 지역산업과 연계된 관광을 발전시키는 것이 필요하다.

경쟁력이 높은 상품과 서비스를 창출하기 위한 과도한 벤치마킹(bench marking)은 오히려 유사한 상품을 만들어 차별화하지 못하는 관광단지를 조성할 수도 있다. 관광산업에 차별성이 없이 규모가 크다고 해서 성공하는 것은 아니며, 재원확보의 확신도 없이 추진되는 지방자치단체의 관광단지 조성사업은 전시 행정으로 끝나는 경우도 많기 때문이다. 예측할 수 없는 잠재 관광객을 대상으로 시설 규모를 결정하는 것도 문제지만 성공하지 못했을 때 지방자치단체가 감수해야 하는 직·간접적인 피해는 의외로 크다고 할 수 있다. 자연환경의 훼손, 부동산 투자에 따른 관련 부작용에 따른 사회문제를 비롯하여 지역주민들이 관광에 걸었던 기대가 관광에 대한 부정적인 인식으로 인하여 미래의 관광사업을 추진하는 데도 큰 장애요소가 된다.

관광개발은 지방자치단체가 가지고 있는 투자의 여력, 감당할 수 있는 범위에 대한 계획이 필요하며, 계획부터 시작하여 점진적으로 규모·범위·내역을 확대하여 개발 잠재력을 극대화하는 방법으로 시작하는 것이 바람직하다.

관광단지

지역	단지명	지정 수
부산	오시리아(舊 동부산)	1
인천	강화 종합리조트	1
광주	어등산	1
울산	강동관광단지	1
경기	평택호, 안성 죽산	2
강원	델피노 골프 앤 리조트, 설악 한화리조트, 오크밸리, 신영, 라비에벨(舊무릉도원), 대관령 알펜시아, 용평, 휘닉스 파크, 비발디파크, 웰리 힐리 파크, 더 네이처, 양양 국제공항, 드림 마운틴, 원주 루첸	14
충북	증평 에듀 팜 특구	1
충남	골드 힐 카운티 리조트, 백제문화	2
전북	남원 드래곤	1
전남	고흥 우주 해양 리조트 특구, 화양지구 복합 관광단지, 여수 경도 해양관광단지, 오시아노 관광단지, 대명리조트 관광단지, 여수 챌린지 파크 관광단지	6
경북	감포 해양관광단지, 보문 관광단지, 마우나 오션 관광단지, 김천 온천 관광단지, 안동 문화관광단지, 북경주 웰니스 관광단지	6
경남	구산 해양관광단지, 거제 남부, 웅동 복합레저	3
제주	록인 제주, 성산포 해양, 신화 역사공원, 제주 헬스케어 타운, 제주 중문, 애월국제문화복합단지, 프로젝트 ECO, 묘산봉	8
계		47

자료 : 문화체육관광부, 2022년도 관광동향에 관한 연차보고서, 문화체육관광부, 2023, pp.153-155(2022.12.31 기준)

3) 관광특구

관광특구(特區)란 외국인 관광객의 유치를 촉진하기 위하여 관광시설이 밀집된 지역에 대해 야간 영업시간 제한을 배제하여 관광활동을 촉진하고자 도입된 제도(1993)이다. 관광특구는 관광활동과 관련된 관계 법령의 적용이 배제되거나 완화되고, 관광과 관련된 서비스·안내체계 및 홍보 등 관광여건을 집중적으로 조성할 필요가 있는 지역으로서 '관광진흥법에 의거 지정된 곳'이라 정의하고 있다.

문화체육관광부는 관광진흥법을 개정(2004)하여 특구의 지정 권한을 시·도지사에게 이양하고 특구에 대한 국가 및 지방자치단체의 지원근거를 마련하였으며, 관광특구의 진흥계획 수립·시행 및 평가를 의무화하는 등 실효성을 확보하기 위하여 다양한 제도를 도입하였다. 또한 관광진흥법의 개정(2005)을 통해 관광특구 지역 안의 문화·체육시설, 숙박시설 등으로서 관광객 유치를 위하여 필요하다고 인정하는 시설에 대하여 관광진흥개발기금의 보조 또는 융자(融資) 지원이 가능케 하였으며, 관광특구를 대상으로 관광진흥개발기금을 지원(2008)하고 있다.

관광특구

지역	특구명	지정 수
서울	명동·남대문·북창, 이태원, 동대문 패션타운, 종로·청계, 잠실, 강남, 홍대 문화예술	7
부산	해운대, 용두산·자갈치	2
인천	월미	1
대전	유성	1
경기	동두천, 평택시 송탄, 고양, 수원 화성, 파주 통일동산	5
강원	설악, 대관령	2
충북	수안보 온천, 속리산, 단양	3
충남	아산시 온천, 보령 해수욕장	2
전북	무주 구천동, 정읍 내장산	2
전남	구례, 목포	2
경북	경주시, 백암 온천, 문경, 포항 영일만	4
경남	부곡 온천, 미륵도	2
제주	제주도	1
계		34

자료 : 문화체육관광부, 2022년도 관광동향에 관한 연차보고서, 문화체육관광부, 2023, p.157(2022.12.31 기준)

2. 생태·녹지 관광자원 개발

1) 자연공원

자연공원이란 자연생태계와 수려한 자연경관, 문화유적 등을 보호하기 위하여 지정받은 공원을 말하며, 지속적으로 이용할 수 있도록 하여 자연환경의 보전, 국민의 여가와 휴양 및 정서 생활의 향상을 기하기 위하여 지정한 일정 구역으로 국립공원, 도립공원, 군립공원, 지질공원으로 구분하고 있다.

국민이나 주민 누구나 자유로이 이용할 수 있으나, 공원의 보전·보호 또는 이용을 증대시키고 합리적인 운영을 위하여 필요한 행위의 제한과 금지를 하고 있다.

자연공원을 보호하고 보전하는 동시에 이용과 편의를 최대한 제공할 수 있는 양면성이 있으며, 관광은 다른 어느 분야보다 환경에 민감하며, 관광개발은 환경과 양립해야 한다. 그러나 사람들은 관광계획 자체에 강한 거부감을 나타내게 되는데, 관광사업에서 관광계획은 고유영역을 침해하는 수단으로 이해하는 인식이 팽배하여 관광계획의 가치와 효과에 대해서 매우 회의적인 경향이 나타나고 있다.

더욱이 대부분의 관광개발 사업은 환경보호나 자연보호와 상반된다는 개념으로 환경단체나 사회단체로부터 부정적인 시각으로 인식하고 있다. 이러한 이유는 관광개발의 경우 지역 활성화라는 목적하에 자연환경이 과도하게 훼손되는 경우가 많이 발생했으며, 그 결과 관광개발은 환경파괴의 원인이 된다는 잠재인식이 존재하여 개발사업 추진에 장애요소가 되고 있다.

관광은 물리적인 건설 위주의 외형보다는 우리 주변에 흩어져 있는 의미 있는 곳, 즉 지역의 사회·문화 차원의 자원을 발굴하고 가치를 극대화함으로써 관광객을 유치할 수 있는 지역으로 전환될 수 있다. 지역주민에게 사랑받는 관광환경을 조성하는 것이 방문객들에게는 의미 있는 공간으로 창출되고 연출되어야 한다.

관광활동의 중심 역할을 하는 관광지 조성의 경우에는 지역주민에게 공원과 녹지로 이용되어야 하며, 관광객에게는 관광활동의 편익을 도모하는 곳으로 활용되어 지역주민과 관광객이 동화할 수 있도록 조성할 필요가 있다.

자연공원

구분	공원명	비고
국립공원	지리산(전남·북, 경남), 경주(경북), 계룡산(충남, 대전), 한려해상(전남, 경남), 설악산(강원), 속리산(충북, 경북), 한라산(제주), 내장산(전남·북), 가야산(경남·북), 덕유산(전북, 경남), 오대산(강원), 주왕산(경북), 태안해안(충남), 다도해해상(전남), 북한산(서울, 경기), 치악산(강원), 월악산(충북, 경북), 소백산(충북, 경북), 변산반도(전북), 월출산(전남), 무등산(광주, 전남), 태백산(강원, 경북)	22
도립공원	금오산(경북 구미·칠곡·김천), 남한산성(경기 광주·하남·성남), 모악산(전북 김재·완주·전주), 덕산(충남 예산·서산), 칠갑산(충남 청양), 대둔산(전북 완주, 충남 논산·금산), 마이산(전북 진안), 가지산(울산, 경남 양산·밀양), 조계산(전남 순천), 두륜산(전남 해남), 선운산(전북 고창), 팔공산(대구, 경북 칠곡·군위·경산·영천), 문경새재(경북 문경), 경포(강원 강릉), 청량산(경북 봉화·안동), 연화산(경남 고성), 고복(세종특별자치시), 천관산(전남 장흥), 연인산(경기 가평), 신안갯벌(전남 신안), 무안갯벌(전남 무안), 마라해양(제주도 서귀포시), 성산일출해양(제주도 서귀포시), 서귀포해양(제주도 서귀포시), 추자(제주도 제주시), 우도해양(제주도 제주시), 수리산(경기 안양·안산·군포), 제주 곶자왈(제주도 서귀포시), 벌교 갯벌(전남 보성군), 불갑산(전남 영광군)	30
군립공원	강천산(전북 순창군), 천마산(경기 남양주시), 보경사(경북 포항시), 불영계곡(경북 울진군), 덕구온천(경북 울진군), 상족암(경남 고성군), 호구산(경남 남해군), 고소성(경남 하동군), 봉명산(경남 사천시), 거열산성(경남 거창군), 기백산(경남 함양군), 황매산(경남 합천군), 웅석봉(경남 산청군), 신불산(울산 울주군), 운문산(경북 청도군), 화왕산(경남 창녕군), 구천계곡(경남 거제시), 입곡(경남 함양군), 비슬산(대구 달성군), 장안산(전북 장수군), 빙계계곡(경북 의성군), 아미산(강원 인제군), 명지산(경기 가평군), 방어산(경남 진주시), 대이리(강원 삼척시), 월성계곡(경남 거창군), 병방산(강원 정선군), 장산(부산 해운대구)	28
지질공원	울릉도·독도(경북 울릉군), 제주도(제주 제주시·서귀포시), 부산(7개 자치구 : 금정구·영도구·진구·서구·사하구·남구·해운대구), 강원 평화지역(4개 군 : 화천군·양구군·인제군·고성군), 청송(경북 청송군), 무등산권(광주 2개 자치구 : 동구·북구, 전남 2개 군 : 화순군·담양군), 한탄강(경기 2개 시·군 : 포천시·연천군, 강원도 철원군), 강원 고생대(강원도 4개 시·군 : 태백시·영월군·평창군·정선군), 경북 동해안(경북 4개 시·군 : 경주시·포항시·영덕군·울진군), 전북 서해안권(전북 2개 군 : 고창군·부안군), 백령·대청(인천 옹진군), 진안·무주(전북 진안군·무주군), 단양(충북 단양군)	13

자료 : 문화체육관광부, 2022년도 관광동향에 관한 연차보고서, 2023, pp.206-211 ; 환경부, 2022.12.31 을 참고하여 작성함

2) 생태 · 경관 보존지역

생태 · 경관 보존지역은 자연환경보전법에 따라 생태계를 보호, 보존해야 할 필요성이 있는 지역을 지정하게 되는데, ① 자연 상태가 원시성을 유지하고 있거나 생물 다양성이 풍부하여 보전 및 학술적 연구가치가 큰 지역, ② 지형 또는 지질이 특이하여 학술적 연구 또는 자연경관의 유지를 위하여 보전이 필요한 지역, ③ 다양한 생태계를 대표할 수 있는 지역 또는 생태계의 표본 지역, ④ 그 밖에 하천 · 산간계곡 등 자연경관이 수려하여 특별히 보전할 필요가 있는 지역이다.

생태 · 경관 보존지역은 국가가 자연생태, 자연경관을 특별히 보존할 필요가 있는 지역을 환경부 장관이 지정하며, 시 · 도지사는 생태계 보존지역에 준하여 보존할 필요가 있다고 인정되는 지역을 시 · 도에서 생태 · 경관 보존지역으로 지정한다.

생태 · 경관 보존지역

구분		지역명	비고
국가 지정		지리산(전남 구례), 섬진강 수달서식지(전남 구례), 고산봉 붉은 박쥐 서식지(전남 함평), 동강유역(강원 영월 · 평창 · 정선), 왕피천 유역(경북 울진), 소황 사구(충남 보령), 하시동 · 안인사구(강원 강릉), 운문산(경북 청도), 거금도 적대봉(전남 고흥)	9
시 · 도 지정	서울	한강밤섬, 둔촌동(자연습지), 방이동(습지), 탄천(철새 도래지), 진관내동(자연습지), 암사동(하천습지), 고덕동(조류서식), 청계산 원터골, 헌인릉, 남산(소나무), 불암산 삼육대, 창덕궁 후원, 봉산(팥배나무림), 인왕산(자연경관), 성내천(자연하천), 관악산(회양목), 백사실 계곡(생물다양성)	17
	부산	석은덤 계곡(희귀 야생식물), 장산습지	2
	울산	태화강(야생 동 · 식물 서식지)	1
	경기	조종천 상류 명지산 · 청계산	1
	강원	소한 계곡(민물 김 서식지)	1
	전남	광양 백운산(원시 자연림)	1

자료 : 문화체육관광부, 2022년도 관광동향에 관한 연차보고서, 2023, pp.212-214 ; 환경부, 2022.12.31 을 참고하여 작성함

3) 생태 관광자원

공해와 지나친 개발로 인해 푸르고 깨끗한 자연공간이 해마다 축소·파괴되고 있지만, 관광객들은 여유시간을 갯벌, 탐조, 동굴, 반딧불 등 자연 그대로의 모습을 보고 즐기려고 하는 수요가 날로 증가하고 있다. 그러나 생태자원의 보존에만 치중함에 따라 관광과 자연을 접목하려는 노력이 부족하여 상품으로 개발·육성하는 데 미흡한 면이 있었다.

UN에서는 생태관광의 해로 지정(2002년)하였고, 국내에서도 생태·녹색 관광과 관련한 수요의 증대로 체계적인 생태·녹색 관광자원 개발 필요성이 대두함에 따라 정부는 생태자원을 최대한 보존하면서 환경 친화적인 관광 개발을 통해 생태·녹색관광을 정착시키고자 노력하였다. 정부에서는 생태·녹색 관광자원 개발사업을 문화 관광자원 개발사업과 분리해 추진(2003)하고 있다.

생태·녹지 관광자원

지역	사업명(시군)
강원	초곡 촛대바위 해안 녹색 경관 조성(삼척시), 고씨굴 관광 활성화 사업(영월군), 한탄강 생태순환 탐방로 조성(철원군), 명성산 궁예길 관광자원 개발(철원군), 평창올림픽 힐링 체험파크 조성(평창군), 광천선굴(廣川仙窟) 어드벤처 테마파크 조성(평창군), 잠곡 수채화길 관광자원 개발(철원군)
충남	생태문화 지구 내 자연체험 시설(공주시), 국립생태원 연계 관광명소화(서천군)
전북	아중호수 생태공원 조성(전주시), 남원 백두대간 생태관광 벨트조성(남원시)
전남	힐링 공간조성 사업(순천시), 한재골 생태 문화공원 조성사업(담양군), 간문천(艮文川) 생태탐방로 조성사업(구례군), 섬진강 힐링 생태탐방로 조성사업(구례군), 오산 사성암 고승 순례길 정비 사업(구례군), 나로 우주센터 인근 해안 힐링 트래킹로 조성(고흥군), 세량제 생태공원 조성(화순군), 구림(鳩林) 생태 문화 경관 조성(영암군), 월출산 둘레길 생태 경관 조성(영암군), 매월(梅月) 생태체험장 조성사업(함평군), 용천사권 관광개발(함평군), 축령산 치유의 숲 가는길 정비(장성군), 군외 수목원~천등골 생태녹색 관광지 조성(완도군), 소안 이목 해양 생태공원 조성사업(완도군), 생태 탐방로 조성사업(곡성군), 도갑권역 문화공원 조성(영암군), 장성호 생태탐방로 조성(장성군)
경북	녹색관광 탐방로 조성(경주시)
경남	대독천(大篤川) 체험 둑방 황톳길 조성(고성군), 갈모봉 체험 체류시설 조성사업(고성군), 독실 생명 환경 체험 체류시설 조성사업(고성군), 대원사 계곡 관광자원 생태탐방로 조성(산청군), 감악산 수변 생태공원 조성(거창군), 지심도 생태관광 명소 조성(거제시)

주 : 문화체육관광부, 2017년도 관광동향에 관한 연차보고서, 2018, p.261을 참고하여 작성함(2017.12.31 기준)

4) 산림 관광자원

산업화·도시화로 인한 자연에 대한 동경심은 생태 관광수요를 창출하게 되었으며, 산림(山林)에서 이를 적극적으로 수용하기 위해 산림 경관이 수려하고 국민이 쉽게 이용할 수 있는 지역에 자연휴양림을 조성하게 되었다. 따라서 도심에서 가깝고 지역주민의 이용 빈도가 높은 지역에는 산림욕장을 조성하고 있다.

산림욕장은 도시민들이 많이 이용할 수 있도록 도시 근교의 산림에 산책로, 자연관찰로, 탐방로, 간이 체육시설 등 산림욕과 체력 단련에 필요한 기본시설을 조성하고 있다.

국민의 여가 시간 활용과 보건·휴양에 대한 관심도가 증대됨에 따라 다양한 산림휴양 수요에 능동적으로 대처하고 친환경적 산림문화·휴양 서비스를 제공하기 위한 것이다. 산림문화·휴양에 관한 법률에 따라 산림문화·휴양 기본계획을 수립하여 숲 체험 프로그램 등 소프트웨어의 다양성 및 특성화를 통하여 산림휴양 정책을 추진하고 있으며, 저탄소 녹색성장을 선도하는 사업으로 발전시키고 있다.

자연휴양림

구분		자연휴양림명(지역)	비고
국립	부산	달음산(기장)	1
	인천	무의도(중구)	1
	울산	신불산 폭포(울주)	1
	경기	유명산(가평), 중미산(양평), 산음(양평), 운악산(포천), 아세안(양주)	5
	강원	대관령(강릉), 청태산(횡성), 삼봉(홍천), 미천골(양양), 용대(인제), 가리왕산(정선), 방태산(인제), 복주산(철원), 백운산(원주), 용화산(춘천), 두타산(평창), 검봉산(삼척)	12
	충북	속리산 말티재(보은), 황정산(단양), 상당산성(청주)	3
	충남	오서산(보령), 희리산 해송(서천), 용현(서산)	3
	전북	덕유산(무주), 회문산(순창), 운장산(진안), 변산(부안), 신시도(군산)	5
	전남	천관산(장흥), 방장산(장성), 낙안민속(순천), 진도(진도)	4
	경북	청옥산(봉화), 통고산(울진), 칠보산(영덕), 검마산(영양), 운문산(청도), 대야산(문경)	6
	경남	지리산(함양), 남해 편백(남해), 용지봉(김해)	3

	제주	서귀포(서귀포), 제주절물(제주)	2
공립	대구	비슬산(달성), 화원(달성)	2
	인천	석모도(강화)	1
	대전	만인산(동 하소), 장태산(서 장안)	2
	울산	입하산(중 다운)	1
	경기	축령산(남양주), 용문산(양평), 칼봉산(가평), 용인(용인), 강씨봉(가평), 천보산(포천), 바라산(의왕), 고대산(연천), 서운산(안성), 동두천(동두천)	10
	강원	치악산(원주), 집다리골(춘천), 가리산(홍천), 안인진임해(강릉), 태백고원(태백), 광치(양구), 춘천숲(춘천), 하추(인제), 평창(평창), 망경대산(영월), 송이밸리(양양), 동강전망(정선), 두루웰(철원)	13
	충북	박달재(제천), 장령산(옥천), 조령산(괴산), 봉황(충주), 계명산(충주), 옥화(청원), 민주지산(영동), 소선암(단양), 수레의산(음성), 문성(충주), 충북알프스(보은), 좌구산(증평), 백아(음성), 생거진천(진천), 성불산(괴산), 보은(보은), 소백산(단양), 옥전(제천), 천년의 도행(진천)	19
	충남	칠갑산(청양), 만수산(부여), 용봉산(홍성), 안면도(태안), 성주산(보령), 남이(금산), 금강(공주), 연인산(아산), 태학산(천안), 본수산(예산), 양촌(논산), 주미산(공주)	12
	전북	와룡(장수), 세실(임실), 고산(완주), 남원흥부골(남원), 방화동(장수), 무주(무주), 데미샘(진안), 성수산(임실), 향로산(무주)	9
	전남	백야산(화순), 유치(장흥), 제암산(보성), 팔영산(고흥), 백운산(광양), 가학산(해남), 한천(화순), 주작산(강진), 순천(순천), 봉황산(여수), 신안(신안), 구례산수유(구례), 완도(완도)	13
	경북	청송(청송), 토함산(경주), 불정(문경), 군위장곡(군위), 구수곡(울진), 성주봉(상주), 계명산(안동), 금봉(의성), 송정(칠곡), 옥성(구미), 운주승마(영천), 안동호반(안동), 비학산(포항), 수도산(김천), 미숭산(고령), 흥림산(영양), 독용산성(성주), 팔공산(칠곡), 문수산(봉화), 보현산(영천), 청도(청도)	21
	경남	용추(함안), 거제(거제), 금원산(거창), 오도산(합천), 대운산(양산), 산삼(함양), 대봉산(함양), 한방(산청), 화왕산(창녕), 구재봉(하동), 하동 편백(하동), 사천 케이블카(사천), 거창 항노화 힐링랜드(거창), 월아산(진주), 자굴산(의령), 도래재(밀양)	16
	제주	교래(제주), 붉은오름(서귀포)	2
사립	대구	포레스트12(달성)	1
	인천	숲속의 향기(강화)	1
	울산	간월(울주)	1
	경기	청평(가평), 설매재(양평), 국망봉(포천)	3

강원	둔내(횡성), 두릉산(홍천), 주천강변(횡성), 횡성(횡성), 피노키오(원주), 산척활기(삼척)	6
충북	동보원(청주)	1
충남	대둔산 자연(금산), 서대산약용(금산), 심천치유(금산)	3
전북	남원(남원)	1
전남	무등산 편백(화순), 느랭이골(광양)	2
경북	학가산 우래(예천), 세아(칠곡)	2
경남	원동(양산), 지리산 마더힐(산청), 덕원(하동)	3

자료 : 산림청, 2022.12.31 ; 문화체육관광부, 2022년도 관광동향에 관한 연차보고서, 2023, pp.231-234 을 참고하여 작성함

5) 어촌 관광자원

어촌(漁村)은 대부분 해양의 연안과 도서(島嶼)에 있으며, 집촌(集村)의 형태를 취하는 경우가 많다. 국가에서는 쾌적한 연안(沿岸) 환경 조성을 목적으로 사업을 추진하고 있으며, 연안 정비는 해안 접근로 정비, 해수 관로 정비 및 친수 연안 조성사업을 시행하였다.

도시민의 관광·레저 수요가 증가하고 있으며, 자연경관이 수려하고 부존자원의 활용 효과가 높은 어촌지역의 방문을 촉진하기 위한 것이다. 어촌 지역 주민들의 유휴 노동력을 대상으로 고용기회를 창출하며, 어업 이외의 소득 증대를 위해 전국적으로 연안에 인접한 시·군·구를 대상으로 어촌 관광개발 사업을 추진하고 있다.

어촌 체험마을

지역	시·군(마을명)	비고
부산	영도구(동삼), 강서구(대항), 기장군(공수)	3
인천	중구(큰무리, 포내, 마시안), 서구(세어도), 옹진군(이작, 선재, 영암)	7
울산	동구(주전), 북구(우가)	2

경기	안산시(선감, 종현, 풍도, 흘곶), 시흥시(오이도), 화성시(제부리, 백미리, 궁평리, 전곡리)	9
강원	강릉시(심곡, 소돌), 속초시(장사), 삼척시(장호, 갈남, 궁촌), 양구군(진목), 고성군(오호, 거닌), 양양군(남애, 수산)	11
충남	보령시(무창포, 장고도, 삽시도, 군헌), 서산시(중리, 대야도, 웅도, 왕산), 당진시(교로왜목), 서천군(월하성), 태안군(만대, 대야도, 용신, 병술만),	14
전북	군산시(선유도, 신시도, 방축도), 고창군(하전, 만돌, 장호)	6
전남	여수시(외동, 안도, 적금, 개도, 낭만낭도, 백야, 손죽), 순천시(거차), 고흥군(풍류, 연홍도), 장흥군(신리, 사금, 수문), 강진군(하저, 서중, 백사, 망호), 해남군(사구, 오산, 산소), 무안군(송계), 함평군(돌머리, 학산), 영광군(창우), 완도군(북고, 도락, 보옥), 진도군(죽림, 접도, 초평해오름, 창유, 관매, 관호), 신안군(둔장)	34
경북	포항시(창바우), 경주시(연동), 울진군(거일 1리, 구산, 기성, 해빛뜰)	6
경남	창원시(고현, 거북이 행복, 주도), 통영시(유동, 연명, 궁항, 예곡), 사천시(다맥, 비토), 거제시(도장포, 계도, 쌍근, 산달도, 탑포), 고성군(동화, 룡대미), 남해군(지족, 문항, 냉천, 은점, 유포, 항도, 이어, 설리, 전도), 하동군(대도)	26
제주	제주시(하도, 구엄, 김녕), 서귀포시(위미 1리, 강정, 사계, 법환)	7

주 : 전남 무안군 송계마을은 운영 준비 중임
자료 : 해양수산부, 2022.12.31; 문화체육관광부, 2022년도 관광동향에 관한 연차보고서, 2023, pp.222-226
    를 참고하여 작성함

6) 안보 관광지

안보 관광지는 6 · 25 전적지와 민통선 일대에 잘 보전된 자연경관 및 전적지를 관광자원으로 개발 · 활용함으로써 전후 세대에게는 올바른 역사의식을 함양하는 장으로 활용하고, 우리나라를 방문하는 외국인 관광객에게는 특색 있는 경험을 제공하기 위한 것이다.

정부에서는 그동안 통상적으로 제공해 왔던 전망 위주의 안보관광에서 전망대 부근의 철책 일부를 직접 답사하게 하는 체험 관람을 실시하여 방문객들이 좋은 반응을 보이고 있다.

지방자치단체에서는 안보 관광지 개발을 위한 각종 사업을 추진하고 있으며, 기존지역의 전망대를 평화 · 생태관광을 상징하는 세계적인 랜드 마크(landmark)로 발전시켜 활용한다는 목적으로 인식이 변화하고 있다.

지방자치단체에서는 민통선의 안보 관광지를 활용한 마라톤 대회, MTB(mountain bike)대회, 겨울 얼음 낚시대회, 철인 3종 경기 등을 개최하여 관광객들을 유치하고 있으나 천연기념물로 지정된 조수(鳥獸)류의 활동지역까지 개방함으로써 지역 환경단체들의 반발을 사고 있기도 하다. 정부에서는 비무장지대 및 그 주변을 세계 자연유산으로 등재하려는 정책도 추진하고 있다.

안보 관광지

구분	관광지명	비고
육군	도라 전망대, 제3땅굴, DMZ 평화의 길(파주노선), JSA, 오두산 전망대, 상승 전망대, 1·21 침투로, 비룡 전망대, 태풍 전망대, 열쇠 전망대, DMZ 평화의 길(철원노선), 제2땅굴, 월정리역, 평화전망대, 두루미 전시관, 백골 전망대, DMZ 생태평화공원, 승리 전망대, 칠성 전망대, 백암산 케이블카, 제4땅굴, 두타연, 을지 전망대, 금강산 전망대, DMZ 평화의 길(고성노선), 육군박물관, 국립전사박물관	27
해군/해병대	해군사관학교, 평택 안보 공원, 애기봉 전망대, 강화도 평화 전망대, 백령도 OP, 연평도 포격전 전승기념관, 포항 역사관	7
공군	공군사관학교, 철매역사관	2

자료 : 문화체육관광부, 2022년도 관광 동향에 관한 연차보고서, 2023, pp.239-240 ; 국방부, 2022.12.31 을 참고하여 작성함

3. 문화관광 사업

1) 문화관광 축제

축제(祝祭)란 축하하여 벌이는 행사이며, 축하 의식인 축전(祝典)과 제사 의식의 제전(祭典)이 합쳐진 용어라고 한다. 축제는 과거에는 제사(祭祀) 등의 의미가 있는 의례(儀禮)적 측면이 강했다면 오늘날의 축제는 놀이(play)적 측면이 강조되고 참여적 의미가 내포되어 있다고 하겠다.

지방자치제도가 도입되면서 지역문화에 기초한 다양한 축제를 개발하기 시작하였으며, 지역 주민의 삶의 흔적과 역사·문화자원을 활용한 축제는 시대적 상황의

변화에 따라 다양하게 탄생하였고 지역 발전에 기여하였으나 경쟁적으로 축제를 양산하기도 하였다.

축제는 지역의 역사와 전통이 있는 향토 문화를 보전하며, 지역 공동체의 유대감을 조성하고 지역 이미지를 널리 홍보하는 계기가 되었으며, 많은 참관객으로 인한 경제적 효과를 발생시키기도 하였다.

지역문화에 바탕을 둔 축제 중에서 세계적으로 관광상품의 가치가 있다고 판단되는 축제를 선별하여 문화관광 축제라고 하며, 지역의 상징적 문화 콘텐츠를 찾아 축제와 연계시키도록 함으로써 해당 축제의 전통성과 고유성을 유지하고 지역 경제를 활성화하는 데 그 역할을 할 수 있도록 정책적인 지원을 하고 있다.

문화체육관광부에서는 지역축제 가운데서 지역문화에 기반을 두고 있는 축제의 문화적인 가치와 관광상품성을 인정받은 축제를 선정(1996~)해서 지원하고 있다. 지역 축제 중에서 축제의 콘텐츠, 축제의 운영, 축제의 발전성, 축제의 성과 등을 평가기준으로 설정하고 전문가로 구성된 선정위원회를 통해서 선정하여 대표상품으로 육성하고 있다.

문화관광 축제 사례

지역	축제명			
	2020-2021년	2024-2025년(문화관광축제 및 예비축제 목록)		
		문화관광축제	명예문화관광축제	예비축제
서울				관악 강감찬 축제
부산	광안리 어방 축제	광안리 어방 축제		동래읍성 역사축제, 부산 국제 록 페스티벌
대구	대구 약령시 한방 문화축제, 대구 치맥 페스티벌	대구 치맥 페스티벌		대구 약령시 한방 문화축제
인천	인천 펜타포트 음악축제	인천 펜타포트 음악축제 부평 풍물대축제		소래포구 축제
광주	추억의 충장 축제(동구)		추억의 충장 축제(동구)	광주 김치축제
대전				대전 효문화 뿌리축제

울산	울산 옹기 축제(울주군)	울산 옹기 축제(울주군)		태화강 마두희 축제
세종				세종 축제
경기	수원 화성 문화제(수원), 시흥 갯골 축제(시흥), 안성맞춤 남사당 바우덕이 축제(안성), 여주 오곡나루 축제(여주), 연천 구석기 축제(연천)	수원 화성 문화제(수원), 시흥 갯골 축제(시흥), 안성맞춤 남사당 바우덕이 축제(안성), 고령 대가야 축제(고령), 연천 구석기 축제(연천), 화성 뱃놀이 축제(화성)		여주 오곡나루축제(여주), 부천국제만화축제(부천)
강원	강릉 커피 축제(강릉), 원주 다이내믹 댄싱카니발(원주), 정선 아리랑제(정선), 춘천 마임 축제(춘천), 평창 송어축제(평창), 평창 효석 문화제(평창), 횡성 한우축제(횡성)	강릉 커피 축제(강릉), 정선 아리랑제(정선), 평창 송어축제(평창)	화천 산천어 축제(화천), 평창 효석 문화제(평창), 춘천 마임 축제(춘천)	한탄강 얼음 트레킹 축제
충북	음성 품바 축제(음성)	음성 품바 축제(음성)	영동 난계국악 축제(영동)	괴산 고추 축제(괴산)
충남	해미읍성 역사 체험 축제(서산), 한산 모시문화제(한산)	한산 모시문화제(한산)	보령 머드축제(보령), 천안 흥타령 축제(천안), 금산 인삼 축제(금산)	서산 해미읍성 축제(서산), 논산 딸기 축제(논산)
전북	순창 장류 축제(순창), 임실N 치즈 축제(임실), 진안 홍삼 축제(진안)	순창 장류 축제(순창), 임실N 치즈 축제(임실), 진안 홍삼 축제(진안)	김제 지평선 축제(김제), 무주 반딧불 축제(무주)	장수 한우랑 사과랑 축제(장수)
전남	담양 대나무 축제(담양), 보성 다향 대축제(보성), 영암 왕인 문화축제(영암), 정남진 장흥 물 축제(장흥)	보성 다향 대축제(보성), 영암 왕인 문화축제(영암), 정남진 장흥 물 축제(장흥), 목포항구 축제(목포)	진도 신비의 바닷길 축제(진도), 함평 나비 축제(함평), 담양 대나무 축제(담양)	곡성 세계 장미축제(곡성)
경북	봉화 은어축제(봉화), 청송 사과 축제(청송), 포항 국제 불빛 축제(포항)	포항 국제 불빛 축제(포항), 고령 대가야 축제(고령)	안동 탈춤 축제(안동), 문경 찻사발 축제(문경), 영주 풍기인삼축제(영주)	청송 사과 축제(청송)

| 경남 | 밀양 아리랑 대축제 (밀양), 산청 한방약초 축제(산청), 통영 한산 대첩 축제(통영) | 밀양 아리랑 대축제 (밀양) | 진주 유등축제(진주), 산청 한방 약초축제 (산청), 하동 야생차 문화축제(하동), 통영 한산대첩 축제(통영) | 김해 분청도자기 축제(김해) |
| 제주 | 제주 들불 축제 | | | 탐라문화제 |

자료 : 문화체육관광부와 여행신문(2020.01.02) 및 트래블 데일리(2024.05.02)를 참조하여 작성함

2) 문화관광 프로그램

지방화 시대의 관광은 먼저 지역주민이 지역문화에 의미를 부여하고 참여하는 여건을 조성하는 데 있으며, 이러한 관광지는 인공적으로 만들어지는 자원이 아니라 기존의 자원을 활용하여 특징을 부각시키는 것이라고 할 수 있다.

관광객들은 다른 지방에서는 볼 수 없는 토속적인 문화에 대한 관심이 높아지고 있다. 그러나 국적과 의미가 불투명하고 물리적인 시설을 중심으로 제공한다면 문화적 가치가 낮아지게 되어 그 지역의 주민에게도 의미 없는 상품으로 인식될 수 있다.

문화관광은 역사와 전통을 기반으로 상품성이 높은 사업이다. 많은 지역축제들이 돌파구를 마련하고자 온라인, 온·오프라인을 혼합형 방식을 고안하는 등 환경변화에 대응하기 위한 새로운 시도를 선보였다. 환경의 변화는 축제에 디지털 역량을 강화해야 하고, ICT 기술을 활용한 융합축제로 발전시키기 위한 노력을 기울이고 있다.

문화는 지역의 정체성을 발현할 수 있는 문화예술 콘텐츠이며, 지역 활성화를 이끄는 경쟁력 있는 자원이다. 축제의 자생력을 확보하고 지속가능한 축제가 발전하기 위해서는 다양한 문화 프로그램을 발굴하며, 전국 각 지역의 공연예술을 상품으로 개발하여 국내·외 관광객에게 다양한 볼거리와 즐길 거리를 제공해야 한다.

지역의 고유 매력을 활용한 다양한 콘텐츠의 개발과 문화축제가 개최되는 동안에 문화 프로그램을 홍보하고 공연을 함으로써 체류기간을 연장할 수 있으며, 야간관광 프로그램을 활성화하여 지역 이미지를 높이는 데 활용해야 한다.

　　문화관광축제가 관광객을 유치하기 위한 전략이라면 문화 프로그램은 관광객이 공연을 볼 수 있도록 한다는 관점에서 문화관광 축제와 상호 보완적인 관계라고 할 수 있다.

문화관광 프로그램 사례

지역	프로그램	주최	기간 및 장소
부산	토요상설 전통 민속놀이마당	부산시	• 4~11월(7, 8월은 제외)/매주 토요일 • 용두산 공원 야외무대 및 광장
대구	옛 골목은 살아있다	대구시	• 5~6월/9~10월 매주 토요일 • 중구 계산동 이상화 · 서상돈 고택 일원
울산	태화루 누각 상설공연 및 전통문화놀이 체험	울산시	• 4~5월/9~10월 토요일 • 태화루 누각 및 태화 마당
경기	화성행궁 상설 한마당	수원시	• 4~10월/매주 토, 일요일 • 수원 화성 행궁
	안성 남사당놀이 상설공연	안성시	• 3~11월(71회)/매주 토, 일요일 • 안성 남사당 전용 공연장
강원	정선 아리랑극	정선군	• 4~11월 • 아리랑센터 야외공연장
충북	난계 국악단 상설공연	영동군	• 1~12월/매주 토요일 • 영동 국악체험촌 우리 소리관 공연장 등
충남	국악 가, 무, 악, 극	부여시	• 3~10월/매주 토요일 • 국악의 전당 등
	웅진성 수문병 근무교대식	공주시	• 4~10월(6~8월 제외)/매주 토, 일요일 • 공주시 공산성 금서루 일원
전북	신관사또 부임행사	남원시	• 4~10월 매주 토, 일요일 • 광한루원 · 남원루
	상설 문화관광프로그램 "필봉 GOOD! 보러 가세"	임실군	• 4~8월/목, 금요일 • 임실필봉농악 전수교육관 야외공연장 　및 실내공연장
전남	진도 토요민속여행	진도군	• 3~11월/매주 토요일 • 진도 향토문화회관
경북	하회 별신굿 탈놀이 상설공연	안동시	• 1~12월/기간별 상영 요일 상이 • 하회마을 하회 별신굿 탈놀이 전수교육관

경남	무형문화재 토요 상설공연	진주시	• 4~11월/매주 토요일 • 진주성 야외공연장 등
	화개장터 최참판댁 주말 문화공연	하동군	• 3~11월/매주 토, 일요일 • 화개장터, 최참판댁 행랑채

자료 : 문화체육관광부, 2018년도 관광동향에 관한 연차보고서, 2019, p.232을 참고해서 작성함

4. 여행상품 개발사업

1) 테마여행

테마(theme)여행이란 개인의 취향과 관심에 초점을 맞추어 떠나는 여행이다. 유명 관광지를 짧은 시간에 최대한 많이 가는 여행과는 달리 특정한 주제를 갖고 떠나는 여행이라고 할 수 있다. 관광의 대부분이 수도권 위주로 집중되어 있으며, 많은 지역 및 도시의 일부를 제외하면 낮은 인지도로 인하여 매력적인 자원이 있어도 활용되지 못하는 경우가 많다.

테마여행은 고객의 특수 목적과 콘텐츠가 개발되어 있다면 지역관광의 명소로서 성장 가능한 사업이 될 수 있다. 따라서 정부에서는 내·외국인이 다시 찾는 분산 형태·체류 형태의 관광지 육성을 위하여 권역을 설정하고 지방자치단체의 관광명소를 중심으로 부족한 사항에 대한 종합적인 개선을 지원하고 지역 및 관광명소의 연계를 구축하는 '대한민국 테마여행 사업'을 추진(2017)하게 되었다.

테마여행은 문화체육관광부가 권역별 사업관리단, 지방자치단체와 함께 전국의 10개 권역을 기준으로 대표 관광지로 육성하여 국내여행을 활성화시키기 위한 사업이다.

테마여행(10선) 사업

권역	권역명칭	지방자치단체
1	평화역사 이야기 여행	인천, 파주, 수원, 화성
2	드라마틱 강원여행	평창, 강릉, 속초, 정선
3	선비 이야기 여행	대구, 안동, 영주, 문경
4	남쪽 빛 감성여행	거제, 통영, 남해, 부산
5	해돋이 역사기행	울산, 포항, 경주
6	남도 바닷길	여수, 순천, 보성, 광양
7	시간여행 101	전주, 군산, 부안, 고창
8	남도 맛 기행	광주, 목포, 담양, 나주
9	위대한 금강 역사여행	대전, 공주, 부여, 익산
10	중부내륙 힐링 여행	단양, 제천, 충주, 영월

자료 : 문화체육관광부, 2022년도 관광동향에 관한 연차보고서, 2023, p.197을 참고하여 작성함

2) 걷기 여행길

걷기 여행길 사업은 길 자원을 중심으로 지역의 역사·문화, 자연·생태자원을 체험할 수 있도록 조성 및 관리하고 이를 관광 콘텐츠(contents)화하는 사업으로 다양하게 분포된 관광자원을 네트워크화하며 도보(徒步)여행의 수요 증가에 대비하고 여행문화를 창출하고자 하는 사업이다.

걷기 여행길 사업(2016)은 정비와 관리 및 활성화 사업을 분리하게 되었으며, 정비사업은 지방의 특별회계로 이관하고, 사업의 중심축은 걷기 여행길 관리 및 활성화에 중점을 두게 되었다.

걷기 여행길 사업의 일환(一環)으로 해파랑 길을 개통하여 전국 걷기축제를 개최하였으며, 걷기·자전거 복합 체류형 프로그램도 개발·운영하고 있고, 청소년 문화학교를 운영하는 등 내국인은 물론 외국인 관광객도 유치하게 되었다.

특히, 걷기 여행수요 증가에 부응하여 동·서·남해안 및 비무장(DMZ) 지역에 있는 기존의 길을 연결하여 장거리 걷기 여행길 네트워크를 구축(2016)하고 콘텐츠화하여 지역경제를 활성화하기 위해 코리아 둘레길(가칭) 사업 계획이 발표되었다.

코리아 둘레길 사업을 시범으로 추진(2017)하면서, 민간 주도 및 지역 중심의 기본 방향을 수립하고, 남해안(부산-순천)의 걷기 여행길과 주변 문화·역사·관광 자원들을 조사하여 다양한 문화예술 자원과의 만남을 주요 주제(theme)로 하는 코스를 설정하였다.

걷기 여행길 사업이 지속 가능하면서도 효율적인 관리 및 운영방안을 마련하기 위해서 전국의 걷기 여행길 실태를 조사하여 민·관이 협력하는 관리·운영모델 을 도출하여 활성화하고 있다.

걷기 여행길

구분	탐방로명	지역
걷기 여행길 활성화 (프로그램, 공모)	절영해안 누리길	부산광역시 영도구
	해파랑길 7코스	울산광역시 본청
	강동 사랑길	울산광역시 북구
	학성 역사체험 탐방로	울산광역시 중구
	금강산 가는 옛길	강원도 양구군
	봄내 길	강원도 춘천시
	화천 산소길	강원도 화천시
	호반 나들이길	경상북도 안동시
	호미반도 해안둘레길	경상북도 포항시
	회남재 숲길	경상남도 하동군
인프라 구축 (관광기금, 지정)	옥천 장계관광단지 탐방로	충청북도 옥천군
탐방로 안내체계 구축 (지역특별회계, 관광자원개발-생활계정)	이야기가 있는 강화 나들길 명품코스 개발사업	인천광역시 강화군
	해파랑길 탐방로 안내체계 구축	울산광역시 동구
	모락산 둘레길 정비	경기도 의왕시
	임진강변 생태탐방로 정비	경기도 파주시
	횡성호수길 안내체계 구축	강원도 횡성군
	단종대왕 유배길 안내체계 구축	강원도 영월군
	소이산 생태숲 녹색길	강원도 철원군
	구불길 정비	전라북도 군산시

영산강, 강변문학길 조성	전라남도 함평군
올레 탐방로 정비	제주자치도 제주시, 서귀포시
호수공원 숲속 산책길 정비	세종특별자치시 본청

자료 : 문화체육관광부, 2017년도 관광동향에 관한 연차보고서, 한국문화관광연구원, 2018, p.264

5. 관광산업 지원

1) 관광객 유치 지원

지방자치단체는 전통성과 역사성, 문화적 가치를 높이기 위해서 이미지 창출과 홍보활동을 중요하게 인식하고 있다. 그러나 관광 목적지의 홍보나 마케팅을 언급하면서 전략적 수행방법이 수반되지 않는 정책은 효율성을 떨어뜨리는 출발점이 된다. 많은 국가나 도시들은 지역 특성에 적합한 이미지를 선정하고 목적지로 부각시키기 위한 마케팅·홍보의 일환으로 장소 브랜딩(location branding)이라는 전략을 강화하고 있다.

지방자치단체의 경쟁력은 지역 이미지 향상을 통한 상호교류의 증진에서 비롯되며, 이미지 광고를 비롯한 홍보 활동이나 각종 이벤트를 개최하여 지역 알리기에 매진하는 것도 결국 상호교류를 증진하려는 의도라고 볼 수 있다.

경쟁력이란 교류 빈도에 의해 평가되는 인적교류나 문화교류의 폭이 확대되면서 신뢰도가 형성되고 높아지면서 투자와 경제교류까지 활발해질 수 있기 때문이다.

관광행동은 관광자원의 유인력과 관광마케팅이라는 활동이 종합적으로 나타나는 현상으로 전략적이고 통합적인 활동이 필요하다.

지역의 이미지가 정립되었다면 자원의 매력을 효과적으로 전달하고 관광객을 유인하는 것이 필요하며, 여행 수요자가 믿고 이용할 수 있도록 관광상품의 품질을 유지·관리해야 지역의 관광 이미지를 정립할 수 있다.

지방자치단체에서는 내·외국인을 유치함으로써 지역의 경제 발전에 도움이 된다는 인식하에 외래객 유치를 위해 혜택(incentive)제도를 도입, 운영하고 있다.

인센티브 지원 사례

지역	광역자치단체의 주요 내용	기초자치단체의 주요 내용	
서울		영등포구	마이스 행사 및 여행사
부산	• 체류형 인센티브 • 콘텐츠형 인센티브	중구	단체관광객
대구	• 내국인/외국인 관광객 유치 • 판타지아 페스타 기간 단체관광객	수성구	관광객 유치 지원
인천	• 해외관광객/국내관광객 • 해외환승객 유치 활성화 지원	중구	단체관광객
		강화군	단체관광객
광주	• 내/외국인 관광객 인센티브	북구	단체관광객
울산	• 관광객 유치 지원	중구	관광객 유치 지원
		남구	관광객 유치
		동구	관광객 유치
대전	• 외래관광객 유치 인센티브	유성구	단체관광객
경기		김포시	관광객 유치 지원
		연천군	단체관광객
		여주시	프리미엄 아울렛 해외 단체관광객, 강천섬 힐링센터 해외 단체관광객
		화성시	단체관광객
강원	• SIT 및 한류 관광상품 외국인 관광객 • 양양/원주 공항 이용 여행사 인센티브 • 세계 산림 엑스포 관광상품 모객 지원 • 웰니스/의료 관광상품 모객 지원	양구군	단체관광객
		영월군	단체관광객
		삼척시	단체관광객
		횡성군	단체관광객
		양구군	축제기간 단체관광객
		강릉시	강릉 MICE행사, 전통시장 전시회, 주문진 5일장 단체관광객
		동해시	단체관광객
충청 북도	• 외국인 관광객 유치 지원	괴산군	단체관광객 유치지원
		충주시	단체관광객
		청주시	단체관광객, 외국인 관광객 유치
		제천시	단체관광객

		보은군	단체관광객
		단양군	단체관광객
		음성군	단체관광객
충청 남도	• 국내외 단체관광객 • 외국인 단체관광객 • 국내외 단체관광객(백제전 연계)	당진시	단체관광객 유치 여행사
		보령시	섬 투어 인센티브
		금산군	세계 인삼 축제 외국인 관광객 모객
전라 북도	• 관광객 유치 지원	남원시	관광객 유치 지원
		진안군	관광객 유치 지원
		익산시	MICE 및 관광객 유치
		고창군	단체관광객
		부안군	단체관광객
		김제시	단체관광객
		임실군	여행가는 달 관광객 유치 여행사, N 치즈 축제 및 국화 전시기간
		정읍시	단체관광객
전라 남도	• 국내관광객/외래관광객 • 수학여행 유치 인센티브	광양시	윤동주 테마상품, 전통 숯불구이 축제
		무안군	단체관광객
		장흥군	단체관광객
		영암군	단체관광객
		순천시	단체관광객
		광양시	단체관광객
		해남군	관광객
		보성군	단체관광객
		여수시	단체관광객
		목포시	외래관광객 유치
경상 북도	• 외국인 단체관광객 • 웰니스 관광 여행사 인센티브	청도군	단체관광객
		포항시	단체관광객
		안동시	단체관광객
		구미시	단체관광객
		청송군	단체관광객

		영천시	단체관광객
		안동시	관광 거점도시 육성사업 숙박연계 축제
		의성군	단체관광객
		영주시	유네스코 세계유산 관광상품
경상 남도	• 단체관광객 유치 지원	거제시	단체관광객
		양산시	관광객 유치 지원
		창녕군	단체관광객
		합천군	단체관광객
		산청군	단체관광객, 산청 엑스포
		사천시	단체관광객
		남해군	단체관광객
		의령군	단체관광객
		하동군	단체관광객
		밀양시	단체관광객
		고성군	단체관광객
		남해군	관광객
		통영시	외국인 단체관광객 유치

주: 중복 내용은 배제하여 정리하였으며, 전체적인 지방자치단체의 정보는 아님
자료 : 한국여행업협회(KATA), 2023 사업추진 실적, 2023, pp.107-111을 참고하여 작성하였음. 세부적
인 내용은 한국여행업협회 홈페이지 및 공지, 뉴스 & 융자 인센티브 안내를 참고하기 바람

2) 관광두레 사업

정부에서는 지방자치단체의 관광환경을 조성하고 관광 활성화를 도모하기 위하여 주민·사업자·지방자치단체가 관광에서 주도적인 역할을 할 수 있는 여건을 조성하기 위하여 지역협의공동체(LTB : Local Tourism Board)를 구성하여 지역관광의 주체로서 그 역할을 다하도록 하고 있다.

지방자치단체의 관광객 유치를 위하여 시작한 관광두레 사업(2013)은 지역주민들이 공동체를 기반으로 지역을 방문하는 관광객에게 숙박과 식음(食飮), 여행알선, 운송, 오락 및 휴양과 같은 비즈니스를 경영하는 사업체를 지원하고 발전하게 하는 것이며, 주민공동체가 경영하는 사업체의 네트워크를 형성하게 해서 경쟁

력과 지속 성장을 도모하기 위한 정책이다.

지방자치단체는 주민들이 자율적으로 관광 잠재력을 극대화하는 캠페인을 전개하고, 지역 공동협의체와 네트워크를 조성하고 우수한 협의체에 혜택(incentive)을 부여하는 등 자율적인 참여를 유도하여 협의체가 수립한 관광 육성계획 또는 사업의 타당성을 검토하여 개발·홍보 비용을 지원한다는 계획이다.

관광두레 사업은 중앙과 지방의 조직적인 네트워크를 구축하는 것도 중요하지만 주민공동체의 네트워크를 통해 공동체 의식을 함양하고 지역의 관광을 활성화하는 것이 목적이다. 사업을 경영하는 관광두레의 조직을 활성화하기 위해서는 사업지원도 중요하지만 조직을 육성하기 위한 지원 정책이 더욱 중요하다고 언급하고 있다.

관광두레 네트워크

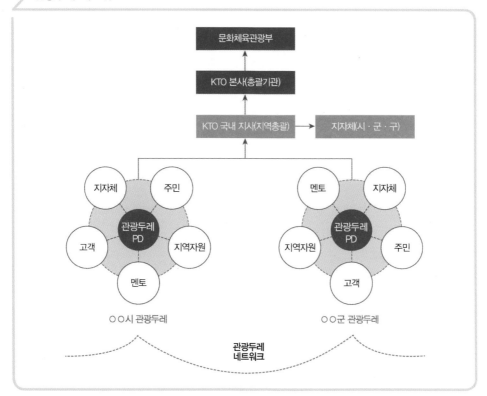

자료 : 문화체육관광부, 2021년 관광동향에 관한 연차보고서, 2022, p.291

고석면 · 김영호 · 김재호 · 고주희, 관광학개론, 양림출판사, 2024.

김남조, 지역 중심형 관광개발 체계평가와 향후과제, 한국문화관광연구원, 2007.

김성진, 관광두레사업의 추진체계 개선 방안 연구, 한국문화관광연구원, 2014.

김용근, 지역발전에 있어서 관광의 역할, 한국문화관광연구원, 2007.

김현주, 관광 커뮤니티 비즈니스(TCB) 운영체제, 한국문화관광연구원, 2011.

서태성, 국토계획에 있어서 관광의 역할과 과제, 한국문화관광연구원, 2007.

이병욱, 서비스산업의 경쟁력대책과 향후 관광산업 정책방향, 한국문화관광연구원, 2007.

이태희, 외래 관광객 유치를 위한 홍보/마케팅의 효율성 확보방안, 한국문화관광연구원, 2007.

기획재정부, 성장동력 확충과 서비스수지 개선을 위한 서비스산업 선진화 방안, 2008.

문화체육관광부, 2022년도 관광동향에 관한 연차보고서, 2023.

문화체육관광부, 2021년도 관광동향에 관한 연차보고서, 2022.

문화체육관광부, 2020년도 관광동향에 관한 연차보고서, 2021.

문화체육관광부, 2018년도 관광동향에 관한 연차보고서, 2019.

문화체육관광부, 2017년도 관광동향에 관한 연차보고서, 2018.

한국관광공사, 지방화 시대의 관광정책, 1992.

한국문화관광연구원, 관광진흥 5개년계획, 2004.

한국문화관광연구원, 지방도시 발전에 있어서 관광의 역할 정립 방안, 2008.

한국여행업협회(KATA), 2023 사업추진 실적, 2023.

여행신문(2020.01.02)

트래블 데일리(2024.05.02)

관 · 광 · 사 · 업 · 론

TOURISM BUSINESS

CHAPTER

08

여행과 교통사업

제1절 여행업

제2절 교통사업

08

여행과 교통사업

제 1 절   여행업

1. 여행업의 의의

여행업의 정의는 일반적 정의와 법률적 정의로 구분하여 살펴볼 수 있다. 여행 업이란 여행자를 위해 여행의 편의를 제공하는 사업이며, 여행자와 여행시설업자 사이에서 거래의 불편을 덜어주고 중개해 줌으로써 그 대가를 받는 기업이라 정의 할 수 있다. 여행업은 관광객을 위하여 여행상품을 생산하여 판매하고, 관광객을 안내하며, 관광관련 사업자(principal)의 이용권을 매매하며, 여행편의를 제공하는 등 기타 관광에 필요한 업무를 수행하는 기업이라 정의하고 있다.

> **관광관련 사업자(principal)**
>
> 관광사업을 경영하는 사업자로서 또는 여행사 대리자의 입장에서 말할 때 사용하는 용어이다. 예컨대 운송업자, 관광숙박업자, 관광객이용시설업자를 비롯하여 관광객이 이용할 수 있는 회사를 의미한다.

「관광진흥법」에서는 여행업을 "여행자 또는 운송시설·숙박시설, 그 밖에 여행과 관련된 시설의 경영자 등을 위하여 그 시설 이용 알선이나 계약 체결을 대리(代 理)하거나 여행에 관한 안내를 하고, 그 밖의 여행 편의를 제공하는 업"이라 정의 하고 있다.

여행업을 운영하기 위해서는 관광진흥법에 등록하도록 규정하고 있는데, 행정상 등록하지 않으면 자본과 경영할 수 있는 능력을 갖추고 있어도 영업행위를 할 수 없다는 것이다. 따라서 여행업은 등록해야 하며, 관광사업자로서 영업행위를 하기 위해서는 영업활동을 하기 전에 보증보험에 가입해야 한다.

여행업의 운영

여행업을 운영하기 위해서는 법의 규정에 따라 등록을 해야 하며, ① 사업계획서, ② 신청인(법인의 경우에는 대표자 및 임원이 내국인인 경우에는 성명 및 주민등록번호를 기재한 서류, ③ 부동산의 소유권 또는 사용권을 증명하는 서류, ④ 자본금은 종합여행업, 국내·외 여행업, 국내여행업의 업종에 따라 차이가 있다.

보험 등의 가입

여행업의 등록을 한 자는 사업을 시작하기 전에 여행계약의 이행과 관련한 사고로 인하여 관광객에게 피해를 준 경우 그 손해를 배상할 것을 내용으로 하는 보증보험 또는 공제에 가입하거나 영업보증금을 예치하고 그 사업을 하는 동안 이를 유지하여야 한다.

여행업을 경영하는 경영자가 영업활동과 관련하여 기획여행을 실시하고자 광고를 하는 경우 표시해야 할 의무가 있으며, 국외여행을 인솔(引率)하는 경우 여행자의 안전과 편의 제공을 위해 자격을 갖춘 사람이 인솔하도록 하고 있다. 또한 여행자와 여행계약을 체결할 때에 규정을 준수해야 한다.

기획여행

여행업을 경영하는 자가 기획여행을 실시하고자 하여 광고를 하려는 경우에는 다음 각 호의 사항을 표시하여야 한다. 다만, 2가지 이상의 기획여행을 동시에 광고하는 경우에는 다음 각 호의 사항 중 내용이 동일한 것은 공통으로 표시할 수 있다. ① 여행업의 등록번호·상호 및 소재지 및 등록관청, ② 기획여행명·여행일정 및 주요 여행지, ③ 여행경비, ④ 교통·숙박 및 식사 등 여행자가 제공받을 서비스의 내용, ⑤ 최저 여행인원, ⑥ 보증보험 등의 가입 또는 영업보증금의 예치 내용, ⑦ 여행일정 변경 시 여행자의 사전 동의 규정, ⑧ 여행목적지(국가 및 지역)의 여행경보단계이다.

국외여행인솔자의 자격

여행업자가 내국인의 국외여행을 실시할 경우 여행자의 안전 및 편의 제공을 위하여 그 여행을 인솔하는 자를 둘 때에는 다음의 어느 하나에 해당되는 자격을 갖추어야 한다. ① 관광통역안내사 자격을 취득할 것, ② 여행업체에서 6개월 이상 근무하고 국외 여행경험이 있는 자로서 문화체육관광부 장관이 정하는 소양교육을 이수한 자, ③ 문화체육관광부장관이 지정하는 교육기관에서 국외여행 인솔에 필요한 양성교육을 이수한 자

여행계약

여행계약이란 ① 여행업자는 여행자와 계약을 체결할 때 여행자를 보호하기 위하여 문화체육관광부령으로 정하는 바에 따라 해당 여행지에 대한 안전정보를 서면으로 제공하여야 한다. 해당 여행지에 대한 안전정보가 변경된 경우에도 또한 같다. ② 여행업자는 여행자와 여행계약을 체결하였을 때는 그 서비스에 관한 내용을 적은 여행계약서(여행일정표 및 약관을 포함한다.) 및 보험 가입 등을 증명할 수 있는 서류를 여행자에게 내주어야 한다. 여행업자가 여행일정(선택관광 일정을 포함한다)을 변경하려면 문화체육관광부령으로 정하는 바에 따라 여행자의 사전 동의를 받아야 한다.

2. 여행업의 업무

여행업의 주요 업무는 다음과 같다. ① 여행 상담 ② 여행수속 ③ 예약과 수배 및 발권 ④ 관광안내 ⑤ 여행상품 기획 등

1) 여행 상담

여행하고자 하는 고객은 여행 지역(국가)의 안전 정보는 물론 교통, 숙박, 식사, 관광자원을 비롯하여 출발과 도착, 현지에서의 기본적인 여행관련 정보가 필요하다.

여행 상담이란 여행을 희망하는 고객이 여행사를 방문하는 경우와 전화 및 다양한 방법으로 상담을 하게 되며, 여행사의 이미지를 좌우하는 중요한 업무가 된다. 따라서 상담자는 여행상품에 대한 풍부한 지식과 상품가격, 일정, 여행수속과 예약에 관한 사항, 운송(교통)에 관한 정보, 여행조건 등에 대한 숙지가 필요하며, 고객응대를 위한 서비스 자세가 필요하다. 정보통신의 발달로 직접 방문하지 않고

온라인 상담을 하는 고객들도 많이 있어 회사의 이미지가 손상되지 않도록 하는 것이 중요하다.

2) 여행수속

여행수속 업무는 해외여행에 있어서 가장 기본적인 업무인 여권(passport) 및 비자(visa) 발급 등과 관련된 업무를 말한다. 해외여행에 필요한 여권 및 비자는 여행하는 데 있어 필수적인 서류이며, 특히 비자 신청과 관련하여 고객들로부터 문의가 많이 올 수 있다.

해외여행 수속대행은 여행자로부터 소정의 수속대행 요금을 받기로 약정하고, 여행자의 위탁에 따라 사증(visa), 재입국 허가 및 각종 증명서 취득에 관한 수속 업무, 출입국 수속에 따른 서류 작성 및 기타 관련 업무를 대행하는 것을 말한다.

여행사에서의 수속업무는 여행 출발 전까지 여행과 관련된 서류를 마련하고 작성하는 일이다. 이러한 업무는 시간적인 제한요인이 있기 때문에 각종 서류의 신청이나 발급 등 소요되는 일수를 감안하여 계획적이고 능률적으로 업무를 진행하는 것이 중요하다.

따라서 구체적인 지식을 갖고 고객에게 응대해야 하며, 보험관련 업무 및 환전 수속업무 등도 여행사에서 대행하는 업무 중 하나이다.

3) 예약과 수배 및 발권

수배업무는 고객의 요청에 따라 교통, 숙박시설, 식당 등에 대해 사전에 예약을 함으로써 여행에 필요한 여러 요소를 확정하고 이들을 조합해서 하나의 여행상품을 만들어내는 업무이다.

여행 수배업무는 여행자의 일정에 맞게 한국 또는 외국 현지의 교통, 숙박, 식당 등의 상품을 통합·조정하고 균형 있는 일정을 진행, 연출하기 위해서 필요한 업무이다.

항공과 관련되는 업무는 컴퓨터 예약시스템(CRS)을 이용하여 항공권의 예약·

발권을 비롯하여 운송, 호텔, 렌터카 등 여행에 관한 종합적인 서비스를 제공하는 업무에 대한 이해와 숙지가 필요하다.

4) 관광안내

관광안내(tourist guide)는 행사 진행에 있어 중요한 업무이며, 관광의 품질을 좌우한다. 관광안내를 하기 위해서는 자격에 필요한 평가 기준이 있으며, 일정한 시험에 합격해서 자격증을 취득해야 한다. 관광안내 업무는 안내하는 대상에 따라 외국어, 한국어 등 관련된 언어가 가능해야 하며, 전문지식은 물론 친절함, 판단력, 업무처리 능력이 필요하다.

(1) 관광통역안내사

관광통역이란 한국을 여행하는 외국인 관광객을 대상으로 관광지 등을 안내하고 여행에 필요한 정보와 서비스를 제공하는 업무를 수행한다. 한국에 입국한 외국인 관광객을 위하여 언어소통의 어려움을 해소하고 문화적 차이의 이해를 돕고 관광지 안내를 받고자 할 때 관광통역(interpretation)이 필요하게 된다. 관광통역안내사가 되기 위해서는 일정한 시험에 합격하여 자격을 취득하여야 한다.

관광통역안내사

한국을 여행하는 외국인 관광객을 대상으로 관광지 등을 안내하고 여행에 필요한 정보와 서비스를 제공하는 업무를 수행하며, 관광통역안내사 자격을 취득한 사람을 종사하게 해야 한다.
관광통역안내사의 필기 시험과목은 한국사(국사편찬위원회에서 실시하는 한국사 능력시험으로 대체), 관광자원해설, 관광법규, 관광학개론이다.

---

(2) 국외여행인솔자

국외여행인솔자(T/C : Tour Conductor)란 해외여행이 보편화되면서 관광객의 여행안전과 편의를 제공하기 위하여 도입된 제도로 해외여행의 출발에서 시작하여 여행이 종료될 때까지 관광객들을 인솔하는 사람을 지칭한다.

한국인이 국외(國外)를 여행하는 경우 여행자의 안전과 편의를 제공하는 업무를 수행하며, 자격요건에 맞는 자를 두어야 한다.

(3) 국내여행안내사

국내여행안내사란 국내(國內)를 여행하는 한국인을 대상으로 명승지(名勝地), 고적지(古蹟地) 안내 등 여행에 필요한 각종 서비스를 제공하는 업무를 수행하는 자로서 한국의 관광, 역사, 지리, 문화 등과 관련된 지식이 있어야 한다.

국내여행안내사

국내를 여행하는 한국인을 대상으로 명승지나 고적지 안내 등 여행에 필요한 각종 서비스를 제공하는 업무를 수행하며, 국내여행 안내사 자격을 취득한 자를 종사하도록 권고할 수 있다.
국내여행안내사의 필기시험 과목은 한국사(국사편찬위원회에서 실시하는 한국사 능력시험으로 대체), 관광자원해설, 관광법규, 관광학개론이다.

(4) 문화관광해설사

한국의 문화, 역사, 관광에 대한 풍부한 식견을 가지고 관광객들에게 문화유산 현장에서 문화유산에 대한 설명을 해주는 전문가를 말한다.

관광객들에게 해설함으로써 문화를 이해하는 시간을 가질 수 있도록 역사와 유적지에 대한 이해를 돕고 있으며, 고유의 문화유산이나 관광자원, 풍습, 생태 환경 등을 설명하고 해당 지역의 역사나 문화, 관광에 대한 해설 자료를 수집해서 관광객들에게 안내, 설명해 주는 역할을 한다.

문화관광해설사

문화관광해설사는 관광객들에게 관광지에 대한 전문적인 해설을 제공하는 업무를 수행한다.
문화관광해설사의 평가기준은 이론과 실습으로 구분할 수 있다. 이론평가는 기본 소양, 지역의 문화·역사·관광·산업, 외국어(영어, 일본어, 중국어), 컴퓨터, 안전관리 및 응급 처치, 수화(手話), 관광객의 심리 및 특성, 관광객 유형별 특성 및 접근전략이며, 실습은 시나리오 작성, 현장시연(試演) 테스트이다.

5) 여행상품 기획

기획(planning)이란 새로운 상품을 개발하거나 상품의 개량 또는 개선을 통해서 상품의 방향을 결정하는 과정이다. 상품을 기획하기 위해서는 수요자의 선호도를 조사하고 고객의 요구를 반영하는 상품이 개발되어야 한다.

여행상품 기획이란 여행업을 경영하는 사업자가 여행 목적지, 일정, 교통, 숙박, 식사, 요금, 서비스 내용 등을 정하여 판매하기 위해 만든 상품이다.

여행상품을 기획하는 사람을 여행 기획자라고 하는데, 관광에 관한 지식과 기획 능력을 기본으로 상품을 개발하는 업무를 수행하며, 여행업 경영의 주요 핵심 기능이다. 여행상품을 기획하여 판매하는 목적은 여행수요를 환기시키고 여행에 참가하도록 유도하는 홍보적 효과가 높기 때문이다. 여행상품을 정책적인 차원에서 개발하고 있으며, 외국의 관광행정기관을 비롯하여 항공사, 호텔과 같은 사업자들과 조직적 제휴를 통해 상품이 개발되는 경우가 많다.

3. 여행상품 분류

여행자에게 판매되는 여행상품은 서비스업의 공통적인 특성으로 형태가 없는 무형의 상품이라는 것이다. 여행상품은 생산과 동시에 소비가 이루어져야 하기 때문에 저장이 불가능하다는 것이다. 특히 여행상품은 모방하기가 쉬우며, 여행자들의 상품 구매는 요일이나 계절적 영향을 많이 받기 때문에 요일·계절에 따른 수요의 변동이 크다고 할 수 있다. 여행상품은 다양한 관점에서 분류할 수 있으나 본 내용에서는 여행상품을 기획여행 상품과 주문여행 상품으로 분류하고자 한다.

1) 기획여행 상품

국외여행 자유화는 여행사가 상품을 기획하여 판매하는 여행형태를 탄생시켰으다. 기획여행이란 국외여행을 하려는 여행자를 위하여 여행목적지 및 관광일정, 여행자에게 제공할 교통, 숙박 및 식사, 여행과 관련된 서비스, 여행요금을 정하여 광고 또는 기타 방법으로 여행자를 모집하여 실시하는 여행이다.

기획여행 상품의 개발은 여행업과 소비자에게 많은 영향을 끼치게 되었다. ① 기업의 영업 활동 방식을 기다리는(waiting) 방법에서 적극적인(push) 판매 방법으로 전환시켰다. ② 기획과 선전으로 인한 잠재(potential)수요를 창출하고, 비수기(off-season)의 여행수요를 환기(喚起)시키게 되었다. ③ 여행업이 여행관련 상품을 대량으로 구입(購入)하고, 여행자들이 많이 이용하게 함으로써 가격 인하가 가능해졌다. ④ 여행상품으로서 교통 및 숙박 등을 사전(事前)에 예약함으로써 품질관리가 가능해졌다. ⑤ 여행상품을 기획하여 대량으로 판매함으로써 기업의 인건비를 절감할 수 있게 되었다. ⑥ 소비자는 기획하여 출시한 여러 가지 상품을 비교 · 검토가 가능하여 상품의 선택권이 확대되었다.

국외여행 약관에 의한 용어

- **기획여행**
  여행업자가 국외여행을 하려는 여행자를 위하여 여행의 목적지 · 일정, 여행자가 제공받는 운송 또는 숙박 등의 서비스 내용과 그 요금 등에 관한 사항을 미리 정하고 이에 참가하는 여행자를 모집하여 실시하는 여행을 말한다. 여행업자 중에서 기획여행을 실시하려는 자는 추가로 보증보험 등에 가입하거나 영업보증금을 예치하고 유지하여야 한다.

- **희망여행**
  개인 또는 단체 여행자가 희망하는 여행조건에 따라 여행사가 운송, 숙식, 관광 등 여행에 관한 전반적인 계획을 수립하여 실시하는 여행이다.

국내여행 약관에 의한 용어

- **희망여행**
  개인 또는 단체 여행자가 희망하는 여행조건에 따라 당사가 운송, 숙박, 식사, 관광 등 여행에 관한 전반적인 계획을 수립하여 실시하는 여행이다.

- **일반 모집여행**
  일반 모집여행이란 여행업자가 수립한 여행조건에 따라 여행자를 모집하여 실시하는 여행이다.

- **위탁 모집여행**
  위탁(委託) 모집여행이란 여행업자가 만든 상품의 여행자 모집을 타 여행업체에 위탁하여 실시하는 여행이다.

2) 주문여행 상품

주문여행(order made) 상품은 여행자가 희망하는 여행조건에 따라 교통, 숙박
과 식사, 관광 등 여행에 관한 전반적인 계획을 수립하여 실시하는 여행으로서 단
체(group)로부터 여행지와 여행 일정 등의 주문을 받아 상품 구성을 포함한 가격
이 얼마인지에 대한 견적(見積)을 제공하고, 계약을 체결하게 된다.

주문여행은 여행사의 판촉능력이 중요하며, 영업의 관건은 단체를 얼마나 많이
유치하느냐에 달려 있으며, 산업시찰, 교육 연수, 공무(公務)연수, 특히 기업체나
단체에서 판매실적이 우수하거나, 사원을 대상으로 사기 증진을 위한 포상 여행
(incentive tour)은 여행분야에서 중요한 시장이라고 할 수 있다.

4. 여행상품의 가격

일반적으로 상품의 가격은 수요와 공급의 원리에 의해서 결정되며, 여행상품의
가격도 이러한 원리가 적용되고 있다. 여행상품의 가격은 하드(hard)와 소프트
(soft) 측면에서 그 원리를 찾을 수 있으며, 여행상품의 원가는 그 대부분이 교통,
숙박 및 식사비 그리고 관광지 입장료 등으로 구성된다.

여행업자는 소비자에게 상품가격을 제시하여 판매하고 있으나 구조적으로 여행
업자의 가격결정 실권이 없다고 하는 이유는 운송·숙박·식당 등 상품 공급업자
의 가격정책에 의해서 여행상품 가격이 결정되기 때문이라고 한다.

가격결정의 방식은 원가요소를 기준으로 한 가격, 구매자를 기준으로 한 가격,
경쟁요소를 기준으로 한 가격, 품질요소를 기준으로 한 가격, 공급자 요소를 기준
으로 한 가격, 판매지역 요소를 기준으로 한 가격결정 방법이 있다. 여행상품의
가격 결정은 소비자와 거래(去來)라고 하는 유통과정을 통한 여행자와의 여행 계
약에 의해서 시작된다.

여행상품의 가격은 다양한 구성요소에 의해서 결정된다고 할 수 있다. 첫째, 1차적
요인인 상품의 핵심내용(hard parts) 둘째, 2차적 요인인 수요와 공급(需給)의 원칙
셋째, 3차적 요인인 간접적인 척도(상표, 이미지 등)에 의해서 가격이 결정된다.

• 여행상품의 가격결정 요소

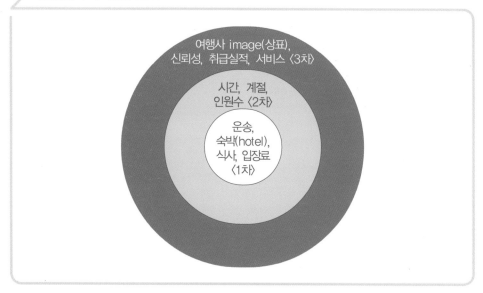

자료 : 정찬종, 여행사경영원론, 백산출판사, 2018, p.182

5. 여행상품의 유통구조

사회가 변화하고 발전함에 따라 각 분야의 분업화 현상은 다양한 효과와 이익을 가져왔다. 여행업무가 단순히 알선(斡旋)에 머물렀던 시기에는 유통구조가 존재할 필요가 없다고 인식하였다. 그러나 오늘날에는 여행상품의 생산이 전문화되고 여행상품의 생산자와 소비자들 사이의 관념적·지리적·시간적 간격(gap)이 커지게 되자 이를 극복하기 위한 생산·유통·소비 과정의 분업화가 필요하게 되었으며, 유통기구들이 그 역할과 기능을 수행하게 되었다.

일반적으로 패키지 관광(package tour)의 특징은 교통, 숙박, 식당 등을 대량으로 구매하여 여행상품을 구성(set)하여 판매하는 것이다. 여행상품 유통은 여행업자가 기획해서 만든 상품을 다른 여행업자들에게 판매하는 과정에서 도매(wholesaler)와 소매(retailer)라는 유통 체제가 탄생하였다.

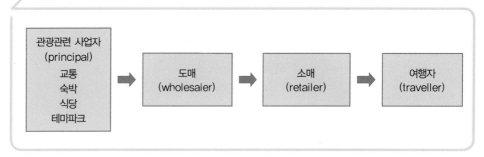

여행상품의 유통체제

| 관광관련 사업자
(principal)
교통
숙박
식당
테마파크 | → | 도매
(wholesaler) | → | 소매
(retailer) | → | 여행자
(traveller) |

1) 여행 도매업자

여행 도매업자(wholesaler)는 관광객에게 여행상품을 제공하는 다양한 공급자(교통, 숙박, 식당 등)들의 상품과 서비스를 결합하여 여행 패키지(package)를 계획·준비·판매 및 관리하는 개인 또는 기업을 의미한다.

세계관광기구에서는 여행 도매업자를 "수요를 예측하여 여행목적지까지 운송과 목적지에서 숙박 그리고 가능한 기타 서비스를 준비하여 이를 완전한 상품으로 만들어 여행업 또는 직접 자사(自社)의 영업소를 통해 개인이나 단체에 일정한 가격으로 제공하는 유통체계에서 존재하는 기업"으로 정의하고 있다.

여행 도매업자는 일정한 상표(brand)를 갖는 주된 여행상품을 생산하여 다른 여행업자들에게 판매하는 유통과정에 있는 여행업을 의미한다.

> **브랜드 상품**
>
> 회사의 이미지나 소비자의 기억에 남을 수 있는 상품으로 오랫동안 기억에 남을 수 있는 브랜드명 (brand name)을 선정하는 데 어떤 특성이나 여행자들이 기억하기 쉽고 상상할 수 있는 상품명을 선택하는 것이 기업의 발전에 기여할 수 있다고 한다.

2) 여행 소매업자

여행 소매업자(retailer)는 여행상품 생산자, 여행 도매업자로부터 상품을 공급받아 소비자에게 직접 판매하고, 도매업자(wholesaler)로부터는 판매실적에 상응하는 일정한 수수료(commission)를 받으며, 여행과 관련된 항공, 숙박 그리고 이에 수반되는 상품과 서비스 조건에 대해 여행자에게 정보를 제공한다. 여행 소매업은 서비스 공급업자인 항공사나 호텔 등으로부터 상품을 지정된 가격으로 수요시장에 판매하도록 인정받은 업체를 의미한다.

3) 지상 수배업자

여행업자가 모든 여행관련 서비스를 수배하는 경우가 일반적이지만, 국외여행의 경우 목적지의 호텔·식당·버스 등을 직접 수배하는 과정에 변경사항이 많이 발생할 수 있다.

따라서 여행업자로서는 현지의 사정에 대한 정보를 갖고 신용이 있는 현지(現地) 여행업자가 필요하다는 인식을 하게 되었다. 여행목적지에서 여행자를 대상으로 숙박, 식당, 차량, 가이드(guide)와 같은 예약 및 업무를 수행하는 현지(現地) 여행사를 지상 수배업체(land operator)라고 한다.

6. 여행서비스와 플랫폼 비즈니스

정보통신기술의 발전과 스마트 폰의 보급으로 정보통신기술(ICT : Information and Communications Technology)의 중요성에 대한 인식이 높아지면서 스마트 폰을 활용한 서비스의 개발이 시작되었고, 그 개념이 점차 넓어지면서 스마트 폰의 기능과 활용이 단순한 기능을 초월하여 관광분야까지 확대되고 있다.

소비자는 그동안 책, 친구, 온라인 등에서 여행정보를 사전(事前)에 습득하는 것이 대부분이었으나, 스마트 폰의 보급으로 관광정보 수집은 현장에서 실시간으로 습득할 수도 있고, 지인(知人)의 정보 외에 온라인상의 현지 여행자들에게도 정보를 제공할 수 있게 되었다. 정보 또한 최신의 것과 집단 평가된 정보를 실시간으로 받을 수 있게 되었다.

정보통신기술의 발전으로 인한 전자 거래는 상품유통 분야에 커다란 변화를 가져오고 있다. 관광분야에도 온라인 여행사(OTA : Online Travel Agency)의 등장과 발전으로 유통시스템에 획기적인 변화가 발생하고 있다. 정보의 다양화와 통합화 등은 사회에 미치는 광범위한 영향뿐 아니라 최종 사용자와의 직접적인 접속, 기업의 효율적인 예약관리가 가능해지면서 새로운 수익사업을 창출하는 긍정적인 측면과 더불어 부정적인 측면이 함께 존재하는 상황이 되었다.

상거래의 분류

- **B2B(Business to Business)**
  기업과 기업이 주체가 되어 상호 간에 전자상거래를 하는 것을 말하며, 상품은 있으나 판로가 없는 공급업체는 상품 판매에 어려움을 겪게 된다. 따라서 여러 판로가 있는 업체와의 거래형태로 오픈 시장(market)과 쇼핑몰 운영을 통해 상품을 판매하고 공급업체에 주문하여 고객에게 상품을 배송하는 서비스를 말한다. 특히 상품 이미지를 활용한 온라인을 이용해서 판매하고 판매가 이루어지면 공급업체에 공급한 만큼만 결제하여 배송하고 차익(差益)을 얻는 것이다. B2B의 경우 중요한 3가지 요소는 상품의 수, 운영 방법(know how), 기술력이다.

- **B2C(Business to Customer)**
  기업과 소비자 간 전자 거래를 의미하며, 일반적으로 인터넷쇼핑몰을 통한 상품의 주문 판매를 뜻한다. 기업이 소비자를 상대로 인터넷 비즈니스로 가상의 공간인 인터넷에 상점을 개설하여 소비자에게 상품을 판매하는 형태이다.

- **B2G(Business to Government)**
  기업과 정부 사이에 이루어지는 전자상거래를 의미한다.

O2O

O2O란 Online to Offline이라는 의미이며, 온라인이 오프라인으로 옮겨온다는 뜻이다. 정보 유통 비용이 저렴한 온라인과 실제 소비가 일어나는 오프라인의 장점을 접목해 새로운 시장을 창출하기 위한 방안이다.

특히 4차 산업혁명에 따른 기술 발전은 관광영역에서도 나타나고 있는데, 여행 플랫폼(Platform) 비즈니스의 성장이다. 여행 서비스 유통구조는 여행 플랫폼 기반으로 급속하게 변화하고 있으며, 새로운 변화는 여행자가 소비자에서 생산하는 프로슈머(prosumer : produce+consumer)로 변화하고 있다는 점이다.

관광산업의 측면에서 여행 플랫폼 비즈니스는 전통적인 여행업의 범주를 벗어

나 여행상품 생태계에 많은 영향을 끼치고 있으며, 초창기 비즈니스 모델이 소비
자와 소비자 사이(間)의 전자상거래인 C2C(Consumer-to-consumer)에 가까운 맞
춤형 상품이었다면, 시간이 지날수록 획일적인 기존 상품을 답습하는 형태도 다수
나타나고 있어서 향후 거래방식에 대한 방향에 관심이 집중되고 있다.

상거래의 분류

• C2C(Consumer to Consumer)
  소비자와 소비자와의 거래방식으로 중개기관을 거치지 않고 소비자들이 인터넷을 통해 직접 거래
  하는 방식이다.

규모의 경제에 따른 가격경쟁력을 갖춘 글로벌 OTA뿐만 아니라, 가격이 저렴
하지 않더라도 단체여행상품과는 차별적인 '경험'을 담고 있는 여행상품을 플랫폼
기업을 통해 구매하려는 경향이 증가하고 있다.

여행 플랫폼 비즈니스는 전통적인 여행업의 범주를 벗어나 여행상품 생태계의
큰 지각변동을 야기하고 있다. 플랫폼 기업 중 숙박부문에서는 규모의 경제와 편
리한 접근성을 강점으로 글로벌 OTA의 시장 장악력이 커지고 있으며, 여행정보
유통 구조도 페이스북(Facebook), 구글(Google), 인스타그램(Instagram) 등 글로
벌 플랫폼의 영향력이 커지고 있다고 할 수 있다.

향후 여행 플랫폼 비즈니스의 새로운 변화는 긍정적으로는 편리성 증대 및 정보
활용성 강화로 인한 관광여행 증대, 창조적 융·복합 여행상품에 대한 기대와 소비
를 가속화시킬 것으로 기대되는 한편, 주요 과제는 관광상품 유통구조의 독과점 강
화에 따른 여행 경비 증대, 관광산업 일자리 구조 변화 등이 나타날 것으로 전망하
고 있다.

여행 플랫폼 비즈니스와 함께 나타난 새로운 변화는 여행객이 소비자에서 생산
하는 소비자인 프로슈머(prosumer : produce+consumer)로 변화하고 있다는
점이다.

여행객의 측면에서 여행 플랫폼 비즈니스는 똑똑한 소비자의 등장이라는 사회·

문화 트렌드와 맞물리면서 성장하고 있으며, 플랫폼 비즈니스의 성장에 따라 자유 (FIT)여행의 증가, 모바일 플랫폼을 이용한 정보의 탐색, 상품예약, 경험을 공유하고 소비하는 여행행태 변화가 더욱 가속화될 것으로 전망되고 있다. 이러한 변화는 소비자의 욕구에 맞는, 소비자가 원하는 상품을 제공, 판매할 수밖에 없다는 것이라고 할 수 있다.

여행 상품의 유통 시스템

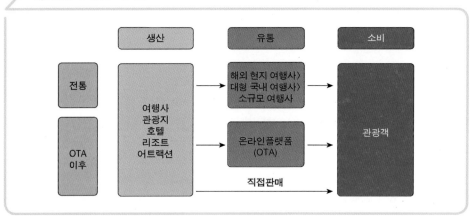

여행업 생태계의 변화

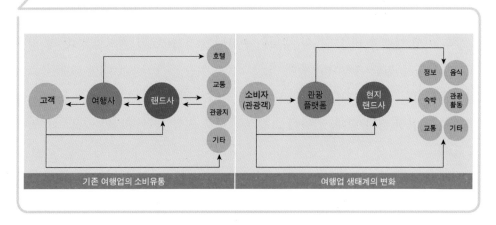

제 **2** 절   교통사업

1. 교통의 의의와 분류

1) 관광교통의 의의

일반적으로 교통(transportation)이란 사람이나 화물을 한 장소에서 다른 장소로 이동시키는 모든 활동과 활동을 위한 과정 절차를 말한다. 교통수단의 발달은 우리 인간의 삶에 많은 영향을 끼쳐왔으며, 사람들은 다양한 지역을 편리하게 방문할 수 있게 되었고, 또한 많은 양의 물자를 다양한 지역과 교환할 수 있는 계기가 되었다.

교통은 정치적으로 국가 또는 지역사회 발전의 정도를 평가하는 기준이 되고, 경제적으로 생산성의 극대화와 산업구조의 개편을 위한 수단이 되며, 사회적으로는 지역 간의 격차 해소와 문화적 일체감을 조성하기도 한다.

교통은 교통 주체(사람), 교통수단, 교통 환경의 3요소에 의해서 이루어진다. 이용자는 서비스를 제공받을 수 있는 교통수단을 판단하여 목적지까지 이동하게 되며, 교통시설의 이용은 필수적이다.

관광교통은 관광객이 단순히 목적지에서 체류(情態的)하는 방식에서 목적지를 선택하여 의사결정(動態的)을 하는 관광형태로 전환(轉換)시키는 역할을 했으며, 관광객이 목적지로 이동하는 거리를 단축하여 시간을 절약할 수 있었으며, 관광분위기를 조성하여 수요를 창출하기도 한다. 본 내용에서는 육상·해상·항공 교통으로 분류하고자 한다.

2) 관광교통의 분류

(1) 교통수단에 따른 분류

관광교통을 교통수단에 따라 분류하면 개인 교통수단, 대중 교통수단, 준(準) 대중 교통수단, 화물 교통수단, 보행 교통수단으로 분류할 수 있다.

교통수단에 따른 분류

구분	내용
개인 교통수단	이동성, 접근성, 부정기성(자가용, 오토바이, 자전거)
대중 교통수단	대량 수송 수단으로 정기성, 일정 노선(버스, 지하철, 전철)
준대중 교통수단	고정된 노선이 없음(택시)
화물 교통수단	화물 수송수단(장거리 및 대량운송 - 철도, 단거리 및 소형운송 - 화물자동차)
보행(步行) 교통수단	자체로 교통 목적 충족(다른 교통수단과의 연계 담당)

자료 : 이항구 · 고석면 · 이황, 관광교통론, 기문사, 1999, p.24

(2) 관광교통의 지역적 분류

관광교통의 지역적 분류는 국제교통, 국가교통, 지역교통, 도시교통, 지구교통 등으로 분류할 수 있으며, 통행에 따른 특성이 있다.

관광교통의 지역적 분류

구분	목표	범위	교통체계	통행특성
국제교통	국가 간 왕래 촉진	세계	도로, 철도, 항만, 항공	국제왕래를 위한 교통
국가교통	국토의 균형발전을 위한 교통망 형성	국가	철도, 항만, 항공, 고속도로	국가 경제발전을 위한 장거리 교통
지역교통	균형발전 및 교류 촉진	지역	고속도로, 철도, 항공	장거리, 지역 간 교류
도시교통	도시 내 교통효율 증대 및 대량 교통수요 처리	도시	간선도로, 도시고속도로, 철도, 버스 택시, 승용차	단거리 이동, 대량수송, 피크(peak)시간 교통량
지구(地區)교통	지역 내 자동차 통행 제한 쾌적한 보행공간 확보 대중교통의 접근성 확보	주거 및 상업시설, 터미널	보조 간선도로, 이면도로, 주차장	보행교통, 지구 내 교통 처리

자료 : 이항구 · 고석면 · 이황, 관광교통론, 기문사, 1999, p.25

2. 육상교통

관광객이 국제적으로 이동하는 경우에 교통수단은 목적지 국가까지는 항공교통을 통하여 출·입국하는 것이 보편화되어 있다. 그러나 목적지 국가에서는 철도나 자동차 교통수단을 이용하여 이동하는 경우가 많다.

1) 기차/철도

철도는 육상교통의 가장 대표적인 운송수단으로서 세계 각국의 관광 발전에 크게 공헌하였고, 산업혁명 이후 관광객의 왕래를 촉진하는 계기가 되었다. 철도의 개통은 다른 어떤 교통수단보다도 관광의 발전과 관광지 운영에 큰 영향력을 발휘해 왔다. 특히 원거리 여행은 철도에 의해 널리 보급되었고, 관광지의 개발은 철도 부설로 본격화되었으며, 이용도를 높여왔다. 장거리 여행은 항공기, 단거리 여행은 자동차에 여객을 빼앗기고 있으나, 아직도 유럽을 비롯한 주요 국가에서는 철도여행이 중요한 비중을 차지하고 있다.

철도교통은 초기 투자비용이 많이 들고 투자자본에 대한 회수 기간이 길어 이윤 발생에 장기적인 기간이 필요하므로 철도의 운영은 개인 자본보다는 국가 자본이 개입하는 경우가 많으며, 자금조달이 쉽다는 장점이 있다.

철도는 많은 여객·화물을 수송할 수 있으며, 자동차보다 값싼 운임으로 장거리 수송을 할 수 있다는 이점이 있다. 특히 관광지 내에서 관광을 위한 목적으로 철도를 활용하고 있다. 그러나 관광객용 철도는 수송량의 범위가 한정되어 있고, 경기 변동이나 기후·악천후에 크게 영향을 받으므로 수익성 측면에서 위험요소가 많다. 또한 관광용 철도는 공공적 수송수단으로서의 성격이 희박하고, 사회적 요청도 적은 점, 그리고 경제적 부담능력이 있는 관광객을 대상으로 하고 있다는 점에서 볼 때 일반철도보다는 비싼 운임으로 책정되는 경우가 많다. 세계 각국에서 관광객용 철도의 대부분은 민간기업이 사업의 주체가 되어 운영하는 것이 보편화되어 있다.

2) 자동차

자동차는 원동기를 이용하여 땅 위를 움직이게 만든 모든 차를 말하며, 사람 및 물자의 교류와 정보의 교환을 특징으로 한다. 이는 현대사회에서 필수 불가결한 수단이 되었다. 자동차의 운행을 위해서는 도로의 이용이 필요하며, 고속도로와 국도를 비롯하여 지역의 도로 등과 연계된 교통체계는 매우 중요하다.

자동차는 관광객을 관광지까지 이동시킬 수 있는 편리성을 갖추고 있으나, 화물과 같이 대량수송이 되지 않는 단점도 있다.

3) 렌터카

렌터카(rent-a-car)는 일정한 기간 유상(有償)으로 대여한 차량 및 유상으로 대여하는 서비스를 제공하는 업체를 일컫는 표현이며, 특정 요금제에 가입해서 정해진 기간에 사용하는 차를 뜻하는 것이다. 렌터카는 1920년대 미국에서 처음 시작되어 전 세계에 보급되었으며, 사용자가 직접 운전하는 자가운전(self drive)과 운전자를 포함해 자동차를 빌리는 전용운전 서비스(chauffeur service)로 구분한다.

한국에서는 대한 렌터카(1976)가 자동차 30대로 영업을 시작한 것이 렌터카 업종의 시작이다. 자동차의 대중화 추세에 부응하여 성장하였으며, 1980년대에는 각종 국제대회를 유치하면서 허츠(Hertz), 에이비스(AVIS)사와 같은 외국의 렌터카 업체와 업무제휴 형식으로 사업을 시작하였다. 최근 렌터카는 항공, 철도 등과 연계 서비스도 활발해지고 있다.

4) 전세버스

전세버스(charter bus)는 전국을 사업구역으로 해서 자동차를 이용하여 여객을 운송하는 사업으로 자동차를 이용할 경우 목적지까지 관광객을 직접 수송할 수 있을 뿐만 아니라, 관광객이 관광지에서 더욱 편리하게 활동할 수 있게 한다.

단체여행자가 전세버스를 이용하고자 할 때, 여행사가 버스를 보유하고 있는 경우 이를 대여해 줄 수 있으며, 버스를 보유하지 않았을 경우 다른 회사의 버스를 알선(斡旋)하기도 한다. 다른 회사의 버스를 알선하여 고객에게 판매하는 경우 예약과정과 계약 체결에 정확성을 기해야 한다.

전세버스의 예약은 여행자가 전화를 이용하는 방법이 있지만 가능한 여행자가 직접 방문하여 계약의 세부내용을 기재하고 계약서에 의해 정확하게 이행할 수 있도록 하는 것이 중요하다.

전세버스의 요금은 일반적으로 거리에 따라 당일(當日)전세, 숙박전세가 있으며, 차종의 크기에 따라 요금이 다르며, 주행거리 그리고 성수기와 비수기에 따라 요금에 차이가 있다. 전세버스를 이용할 때는 운임, 여행 내용 등에 대한 정확한 예약이 필요하다.

5) 시티투어 버스

시티투어(city tour)란 일정한 도시 및 지역을 정하여 그곳의 문화 및 유적 등을 방문하여 즐기는 관광이다. 관광객이 도시 및 지역을 방문할 때 여행 편의를 제공하고 다양한 관광자원을 볼 수 있도록 함으로써 이미지를 제고시킬 수 있다. 시티투어는 관광을 목적으로 정해진 구간을 버스로 이동하여 순회함으로써 다양한 명소(名所)의 소개가 가능한 문화관광의 한 형태라고 할 수 있다.

외국인 여행자에게는 다양한 볼거리 제공, 체재 일수 연장, 이미지를 개선하는 데 좋은 방안이 되고 있으며, 내국인 여행자에게는 여행 욕구 충족을 통한 국내관광의 활성화에 공헌하기도 한다. 세계 많은 도시와 지역에서는 시티투어를 정기적으로 운행함으로써 관광상품의 한 종류로 정착시키게 되었으며, 이미지와 인지도를 향상하는 데 크게 기여하고 있다.

6) 캠핑카

캠핑카(camping car)는 장기간의 여행을 하면서 요리(料理)와 숙박이 가능하도록 만든 자동차이며, 대형 트레일러나 버스에 욕실과 화장실을 갖춘 것부터 소형 트럭에 캠퍼 셸(camper shell)을 얹어놓은 것까지 여러 형태가 있다.

캠핑은 산업화에 앞장서 온 미국과 유럽 등지에서 발달하였으며, 기계문명의 발전에 따른 인간성을 회복하고 자연과의 접촉을 통한 삶의 향상 등과 같은 욕구가 강해지면서 일상생활로 자리 잡게 되었다.

자동차를 이용한 야영은 자연 회귀적(回歸的) 야성 본능과 인류문명의 발전이라고 하는 자동차의 기계적인 편익을 이용하고자 하는 야영활동의 한 형태이며, 야영지까지 차량을 진입시켜 차내에서 숙박하거나 차량 주변에 텐트를 설치하여 야영하면서 각종 여가활동을 즐기는 것이라고 규정할 수 있을 것이다.

유럽이나 미국 등 서구사회에서는 자동차가 널리 보급되어 야영(野營)이란 당연히 자동차를 이용하는 것이 필수적이었고, 문화의 형태로 정착하게 되었다.

한국에서는 자동차의 생활화가 늦었고 차량 개조의 규제로 인하여 일반 야영에서 자동차 야영으로 변화하는 속도가 다른 국가들에 비해서 보급이 늦어졌으며, 야영에 수반되는 시설 및 공간이 자연적으로 발생한 것이 아니라 계획적으로 만들어진 것이다.

3. 항공교통

1) 항공산업의 의의

항공산업(aviation industry)은 항공기를 이용하여 운송을 전개하는 일련의 산업이다. 20세기 들어 항공기가 운송수단으로 이용되기 시작한 산업 초기에 항공기의 운항은 곧 항공기술의 진보를 의미하였다. 산업 초기의 항공산업은 항공기의 개발과 제작, 시험 비행과 운항, 상업적 운송활동 등을 모두 포함하는 포괄적 의미로 인식되었다.

항공기를 이용한 운송활동 역시 시장이 급격히 확대되어 독립적인 산업으로 성장하게 되었고, 항공기술의 발달은 항공기의 개발과 생산이라는 항공우주공학이라는 활동으로 기능이 분화되었으며, 항공우주 분야는 별도의 산업으로 발전되어 왔다.

항공산업은 국가적인 사업이며, 첨단과학 사업으로 기술 향상은 항공사업에서 중요한 비중을 차지하고 있다. 항공산업은 국제민간항공기구(ICAO)와 국제항공운송협회(IATA)와 같은 국제기구로부터 진흥과 규제를 받으며, 이외에도 소음과 공해·방위문제, 우편·교역·안전운행 등에 관한 사항들도 직·간접적인 규제를 받는다.

항공사업은 항공기의 소유자, 여객과 운송사업자, 항공사업 운영자, 여행업자,

공항시설 등과 직접적인 연계가 필요한 사업이다. 항공사업의 경쟁력에는 다양한 기준이 있으나 고객에게 제공되는 서비스 품질(quality of service)의 차이가 중요한 역할을 한다.

항공운송관련 기구

국제민간항공기구(ICAO : International Civil Aviation Organization), 국제항공운송협회(IATA : International Air Transport Association) 등이 있다.

2) 항공산업의 분류

항공산업은 항공운송산업(air transportation industry)과 항공우주산업(aerospace industry)으로 구분하고 있다. 항공운송산업은 정기, 부정기 또는 전세 항공뿐만 아니라 개별적으로 운항하는 일반 항공(general aviation)도 포함하며, 항공우주산업은 항공기 제작과 우주산업 및 방위산업으로 세분화할 수 있다. 그러나 항공운송산업에서는 경영활동 주체 여부에 따라 일반 항공(개인, 기업이 출장 및 여행 목적으로 이용하는 항공)은 제외하고 있으며, 항공사가 상업적 목적으로 운송하는 사업만을 대상으로 한다.

항공운송산업이란 일정한 요건을 갖춘 항공사에 의해서 이루어지는 상업적 목적의 운송사업을 의미한다. 항공사의 활동은 민간부문의 운송 수요에 따라 이루어지는 여객과 화물의 운송을 의미하며, 국방 목적 등 국가 항공기에 의해 이루어지는 운송활동은 제외하고 있다.

항공운송은 국가에 따라 항공운송에 관한 법률과 규정의 적용 여부, 면허발급의 기준 및 항공운송산업의 분류 항목에 따라 다양하게 분류할 수 있다.

항공운송산업은 운송형태에 따라 정기 항공(scheduled air transport), 부정기 항공(non-scheduled air transport), 전세(charter) 항공으로 구분하고 있으며, 운송 대상에 따라서는 여객운송(passenger transportation), 화물 및 우편물 운송(cargo and mail transportation)으로 분류하고 있다.

운송하는 지역에 따라 국내(domestic)항공, 국제(international)항공, 지역(regional)항공으로 분류하기도 한다. 항공운임의 적용가격에 따라 네트워크 항공사(network carriers 또는 full fare carriers)와 저가 항공사(low cost carriers)로 구분하기도 한다.

3) 항공운송 업무

항공사는 항공여행을 하는 사람들에게 안전하고 쾌적한 여행을 할 수 있도록 다양한 서비스를 제공하고 있다. 항공기 운항을 위한 준비를 하고 여행 구비서류를 확인하며, 여객의 좌석 배정, 수화물 접수, 출국 및 탑승 안내, 도착지에서는 환승, 검역, 수화물 수취, 세관, 수화물 업무를 수행하며, 그 외에 환자 또는 도움이 필요한 승객, 귀빈(VIP)에 대한 서비스를 제공한다. 부득이하게 비정상 운항에 따른 고객 불편 해소를 위한 안내, 숙식, 배상 등의 업무를 처리한다. 일반적인 항공운송 업무는 다음과 같다.

(1) 여객운송 업무

출발 공항에서는 탑승하려는 승객에 대한 탑승권(boarding pass), 출국 및 탑승 안내, 탑승수속 업무이며, 도착하는 공항에서는 도착 승객 안내, 고객의 수화물 처리 등과 같은 업무가 있다.

(2) 운항관리 업무

항공기를 안전하고 효율적으로 운항하기 위한 업무이며, 항공기를 운항하는 운항승무원(flight crew)은 안전이 무엇보다도 중요하다. 운항승무원은 고도의 기술과 풍부한 경험을 바탕으로 인명을 보호하고 고가 비행기의 모든 상황을 관리하는 전문직으로서 엄격한 기준이 있고, 소정의 교육과 훈련을 거쳐야 함은 물론 국가로부터도 법적 자격을 취득해야 한다. 운항부문에 있어서 또 하나의 중요한 업무는 지상에서의 비행 계획 수립, 각종 운항 정보 등을 제공하는 것이다.

(3) 객실 서비스 업무

객실 서비스란 항공사의 객실 승무원(flight attendant)이 기내에서 승객들에게 제공하는 서비스로서 안전하고 편안하게 여행할 수 있도록 지원하는 업무이다. 탑승객의 좌석 안내, 음료 및 기내식(catering) 서비스, 영화 상영, 면세물품 판매, 입국 서류 배포 및 작성안내 등과 같은 업무를 하며, 객실 승무원은 인적 서비스가 중요하다고 할 수 있다.

(4) 영업 업무

영업 업무는 판매와 예약, 발권으로 구분할 수 있으며, 판매 업무란 항공사에서 자체적으로 판매하는 직접 판매와 대리점(agent), 총대리점, 인터넷 판매, 타 항공사 등을 통해 자사(自社)의 좌석(seat)을 판매하는 간접 판매로 구별할 수 있다.

(5) 정비 업무

항공기가 항상 안전한 운항을 할 수 있도록 항공기체의 검사, 점검, 수리, 교환 등을 실시하고 품질을 유지하거나 기능을 향상하기 위한 업무를 총칭하여 정비(整備)라고 할 수 있다.

정비는 항공기의 안전운항이라는 중대한 사항과 정시성의 확보라는 관점에서 볼 때 항공사의 서비스 수준을 결정하는 매우 중요한 부문이라 하겠다.

(6) 일반 지원 업무

항공사의 영업 활동을 지원하기 위한 업무를 수행하고 있으며, 기획, 총무, 인사, 노무, 자금, 회계, 선전, 홍보, 자재, 수입관리, 전산시스템 등의 조직이 있다.

4) 항공운송과 예약시스템

컴퓨터 예약시스템(CRS: Computer Reservation System)은 1970년대 중반 이후 항공사가 항공권의 판매 및 예약의 효율적인 관리를 위해 도입하였으며, 고객의 욕구에 맞는 좌석을 판매함으로써 소비자와 항공사에게 만족을 제공하게 되었다. 예약 시스템의 도입으로 신속한 예약 처리가 이루어지고, 수요 예측이 가능하여 수익증대에 공헌할 수 있었다.

서비스 측면에서는 지상 서비스(ground : check in, lounge) 및 기내 서비스(in flight : catering 등)의 차별화가 가능하게 되었으며, 고객에게는 항공사의 운항 일정(schedule), 노선, 운임뿐만 아니라 호텔 및 렌터카(rental car) 예약, 철도관련 정보, 여행보험, 관광업계의 결제 등 다양한 정보를 제공하게 되었다.

항공사에서 개발한 컴퓨터예약시스템은 그동안 특정 지역에만 제한적으로 사용해 왔으나 항공사들의 이해관계를 통합적으로 구축하고 발전시키기 위하여 그 기능들을 관광사업체와 연계하여 통합된 정보를 제공하게 되었다.

컴퓨터 예약시스템을 전 세계적인 대상으로 발전시킨 것이 세계적 유통시스템(GDS : Global Distribution System)이다. 이러한 개방체제는 전략적 제휴를 촉진하게 되었고 경영 효율성을 높이는 데 기여하게 되었다.

세계 주요 CRS/GDS 현황

CRS/GDS	구분	운영 현황
세계 5대 GDS	SABRE	AA(American Airlines) 최초로 항공사 CRS 개발 및 운영 시작(1976). 항공사 내부 예약관리시스템의 범주를 벗어나 여행대리점에 항공사 단말기를 직접 설치 및 보급(1976~1982). 현재 미국 및 구주(歐洲)지역까지 확대 운영
	APOLLO	AA(American Airlines)의 세이버(SABRE)에 대적하기 위하여 개발 및 운영 시작(1978). 유럽의 대표 GDS인 갈릴레오(GALILEO)와 통합(1992). 미국 및 구주지역에서 광범위하게 운영 중
	WORLD SPAN	1990년대 DL(Delta Airlines), NW(Northwest Airlines) 및 TWA(Trans World Airlines)가 공동으로 개발. 기본의 CRS 및 GDS의 기능을 up-grade하여 항공 여객 예약/발권/운송 이외에 재무 및 고객 관리기능까지 개발 보급
	AMADEUS	1980년대 미국계 항공사들의 CRS/GDS가 유럽 전역에 진입하여 유럽 항공사들의 항공 예약 및 발권 시장의 교란에 대응하기 위하여, 에어프랑스 등의 항공사(28개)가 연합으로 개발하여 운영하는 유럽의 대표 GDS. 대한항공, 아시아나항공이 운영 중에 있음

	GALILEO	아마데우스(AMADEUS)와 같이 1980년대 미국계 항공사들의 CRS/GDS 가 유럽 전역에 진입하여 유럽 항공사들의 항공 예약 및 발권시장 을 교란하는 것에 대응하기 위하여, 영국 항공이 주축이 되어 스위 스 항공, 이탈리아 항공, 네덜란드 항공 등이 개발한 GDS
지역 대표 CRS/GDS	ABACUS	1980년대 미국의 초강력 CRS에 대응하여 아시아 시장을 보호하 기 위하여 싱가포르 항공이 주축이 되어 아시아 지역 5개 항공사 가 공동으로 개발한 지역 GDS
	TOPAS	대한항공(KE : Korean Air)이 사내 업무의 효율화를 위하여 독자 적으로 개발(1975)한 CRS
	TRAVEL-SKY	중국민항총국(CAAC : Civil Aviation Administration of China)이 독 자적으로 개발하여 중국의 항공사들이 사용하는 CRS

자료 : 윤문길 · 이휘영 · 임재욱 · 최종인 · 이태규, 항공여객 예약발권 실무론, 백산출판사, 2021을 참고하여 작성함

4. 해상교통

1) 해상운송의 의의

해상운송이란 배를 이용하여 사람이나 화물을 실어 나르는 것이며, 일반적으로 해운(海運)이라고도 하고, 일정한 항로를 따라 이동하며, 여객선과 화물선으로 구분한다.

여객선은 여객(旅客)을 운송하기 위한 목적으로 건조된 선박으로 순수 여객을 운송하는 선박도 있으며, 화물과 여객을 동시에 수송할 수 있도록 건조된 선박도 있다. 여객선 사업은 선박을 이용하여 국내 · 외의 관광객을 대상으로 운송하고 그 대가로 운임을 받는 운송업이다.

유람선은 관광 및 유람을 목적으로 하며, 여행객이 짧은 시간 동안 관광지를 순항하는 선박을 의미하며, 간단한 매점, 상점 등을 갖추고 있다. 유람선은 단거리 여행하는 여객을 운송하는 차원을 넘어 장거리 여행하는 여객을 운송하는 사업으로 변화하게 되었다.

유람선은 관광객의 운송을 위해서 안정성이 매우 중요하며, 경제성 외에 속도 (speed)성도 필요하다. 관광객은 육상에서의 관광호텔처럼 고급화된 서비스를 요구하게 되었으며, 규모의 대형화, 시설의 고급화를 도모하는 사업형태로 발전하게 되었다.

크루즈(cruise)는 운송의 개념보다는 순수 관광목적의 선박 여행으로 숙박, 음식, 위락 등 관광객을 위한 다양한 시설을 갖추고 수준 높은 서비스를 제공하면서 비교적 장기간 주요 관광지를 정기 또는 부정기적으로 순항하는 선박으로 운송과 호텔의 개념이 포함된 것으로 정의할 수 있다.

2) 해상운송의 분류

(1) 정기 운송선

정기 운송선이란 정기적으로 일정한 장소까지 운송하며, 운항을 위해서는 일정한 항로, 운행시간, 요금의 공시 등을 통해서 여행자에게 서비스를 제공하고 있다.

(2) 부정기 운송선

부정기 운송선은 정기선에 대한 보완적 수단으로서, 일정하게 운영되는 것이 아니라 이용자의 요청에 따라 운송의 조건이 결정되고 계약되며, 계약 내용에 따라 운임을 받고 운송하는 것이다.

3) 크루즈의 분류

크루즈는 취항 해역, 목적, 시기 등에 따라 다양하게 분류하고 있으며, 크루즈 국제협회(CLIA: Cruise Lines International Association)에서는 특성에 따라 전통 (value/traditional)형, 리조트(resort/contemporary)형, 고급(premium)형, 호화 (luxury)형, 특선(niche/specialty)형 등으로 구분하고 있다. 또한 이용목적에 따라 관광크루즈, 세미나 크루즈 및 테마(theme) 크루즈로 분류하기도 한다.

크루즈는 선박의 규모, 항해지역, 항해목적을 기준으로 분류할 수도 있으며, 국제적으로 운행되는 크루즈는 항해지역에 따라 해양 크루즈(ocean cruise), 연안 크루즈(coastal cruise), 하천 크루즈(river cruise) 등으로 구분할 수 있다.

크루즈의 분류

구분	내용
해양 크루즈(ocean cruise)	대양으로 항해하거나 국가 간을 이동하는 개념의 크루즈
연안 크루즈(coastal cruise)	한 지역의 해안을 따라 항해하는 크루즈
하천 크루즈(river cruise)	미국의 미시시피(Mississippi)강이나 유럽과 러시아의 크고 긴 강을 따라 숙박을 제공하며 항해하는 크루즈

자료 : 류기환, 크루즈 여행 실무론, 백산출판사, 2010, p.16 ; 문화체육관광부, 크루즈 산업 육성을 위한 관광진흥계획 수립 보고서, 한국문화관광연구원, 2006을 참고하여 작성함

4) 크루즈의 업무

크루즈의 업무는 선박 기능과 호텔 기능의 관점에서 이해할 수 있다. 선박 기능은 승객 및 선원들의 안전과 선박 운영을 책임지는 선장, 항해사, 갑판원, 기관장 등이 있으며, 호텔 기능으로는 숙박 및 식음료, 오락 시설 등의 부대시설을 수행하는 업무로 분류할 수 있다.

(1) 선박 승무원

선박 승무원(ships crew)의 선장은 선박의 안전과 운영에 대한 책임을 갖고 있어야 하며, 선장을 보좌하는 항해사(航海士) 및 선장 보조원을 두기도 한다.

선박 승무원은 선박의 항해와 관련하여 항해 및 기관, 통신, 정비와 관련된 업무를 담당하며, 선박 갑판원은 시설 유지 및 보수 장비의 조작과 관련된 업무를 비롯하여 선박의 항해와 관련된 업무 등이 있다.

(2) 크루즈 승무원

크루즈 선박의 승무원은 일반적으로 유람선을 운항하는 승무원보다 더 많은 인

력을 고용하는 경우가 많다. 이러한 요인은 승객을 위한 다양한 서비스와 오락 활동에 종사하는 직원들이 필요하기 때문이다.

크루즈 승무원은 선박에서 여행객의 안전과 다양한 편의를 제공하는 업무를 담당한다. 고객에게 서비스를 제공하므로 호텔의 업무와 유사성이 있으며, 객실 운영 및 관리를 비롯하여 식음료, 부대시설 관련 업무 등이 있다. 객실관련 업무는 객실 청소 및 침구 정리 등 청결 업무가 있으며, 식음료는 고객에게 다양한 음식과 주류를 제공하고 식당에서의 식사와 관련된 업무를 담당한다.

여행객을 위해서 카지노, 면세점 등 다양한 부대시설을 운영하기 위한 업무도 있으며, 기항지에서의 투어를 여행정보 제공, 고객을 위한 사교, 오락 활동을 준비하는 업무를 수행하고 있다.

크루즈의 규모와 여행 기간에 따라 의사, 간호사, 세탁 담당자, 이·미용사, 바텐더, 헬스강사, 사진사, 오락(recreation) 진행자, 연예인 등 다양한 서비스 인력을 고용하기도 한다.

(3) 육상 직원

육상 직원은 직무의 특성에 따라 다양한 부문으로 구분할 수 있으며, 마케팅, 개인 및 단체예약 상담, 발권(ticketing) 업무, 회계 업무, 경영정보 관리, 컴퓨터 자료처리, 시스템 분석 등의 업무를 수행하고 있다. 상품 판매의 경우 일반인들에게 직접 판매하기보다는 기업이나 단체, 항공사, 여행사 등을 대상으로 판매를 위한 마케팅 활동을 강화하고 있다.

5) 크루즈 사업의 현황

크루즈는 1930년대에 터빈(turbine)을 이용한 디젤(Diesel)선 시대가 열리면서 호화롭고 쾌적한 설비를 지닌 대형 여객선 운항이 시작되었다.

여객선 시대는 세계 최대의 퀸메리(Queen Mary)호(81,123톤)의 취항(1936)을 비롯하여 영국의 카르파티아(Carpathia)호, 네덜란드의 로테르담(Rotterdam)호 등이 출현하여 크루즈 여행을 개막시켰으나, 세계의 주요 유람선은 환경변화에 적응하지 못했다. 퀸메리(Queen Mary)호는 로스앤젤레스(Los Angeles)의 롱비치(Long Beach)에 정박하여 대형 호텔로 이용되고 있다.

1950년대에 국외여행은 선박을 이용한 여행이 주를 이루었으며, 해상운송은 대외무역의 증대에 따른 수출입 화물의 운송뿐만 아니라 해상의 관광자원 개발 및 해안 도서지방의 교통 수요에 의해 여행하는 사람과 관광객을 위한 운송수단으로써의 역할을 하게 되었다.

1960년대에 제트 여객기의 출현을 도외시하였고 여행패턴의 변화에 저항감을 표출하기도 하였으며, 많은 사람은 여객선 사업이 시장성과 전망이 불투명한 산업이 될 것이라고 예견하였다. 그러나 여객선 사업은 관광산업의 성장에 발맞추어 유망한 산업으로 발전하게 되었는데, 안정성 확보와 서비스의 향상 등은 종전의 단순한 운송수단이라는 개념을 초월하여 성공적인 변신을 하게 되었고, 최근에는 항공여행객의 대체 수용과 방문 국가에서 자유로운 관광활동이 가능해져 수요가 점차 증가하게 되었다.

크루즈는 대형 선박으로서 적당한 속력으로 운항함으로써 육지의 대규모 특급 호텔 또는 소도시를 옮겨놓은 것과 같은 최고급 시설을 갖추고 있으며, 정형화된 등급은 없으나 업계에서는 등급에 따라 캐주얼(casual), 프리미엄(premium), 호화(luxury)형으로 구분하고 있다.

크루즈 선사 현황

크루즈 선사	브랜드(크루즈)
카니발 코퍼레이션(Carnival Corporation & plc)	카니발(Carnival), 프린세스(Princess), 코스타(Costa), 홀랜드 아메리카(Holland America Line), 아이다(AIDA), P&O(P&O Cruises), P&O cruise Australia, 큐나드 라인(Cunard Line), 시본(Sea born)
로얄 캐리비안 크루즈 (Royal Caribbean Cruises Ltd.)	로얄 캐리비안 인터내셔널(Royal Caribbean International), 셀러브리티(Celebrity) 크루즈, 튜이(TUI) 크루즈, 풀만 투르(Pullman tur), 스카이 시(Sky sea) 크루즈, 아자마라(Azamara)

노르웨지안 (Norwegian Cruise Line Holdings)	노르웨지안(Norwegian Cruise Line), 오셔니아(Oceania), 리젠트 시즈(Regent seas)
지중해 해운회사(MSC : Mediterranean Shipping Company)	MSC(Mediterranean Shipping Company) Cruises
겐팅 홍콩(Genting Hongkong)	스타 크루즈(Star Cruises), 드림 크루즈(Dream Cruises), 크리스탈 크루즈(Crystal Cruises)
디즈니 크루즈 라인 (Disney Cruise Line)	디즈니 매직(Disney Magic), 디즈니 원더(Disney Wonder), 디즈니 드림(Disney Dream), 디즈니 판타지(Disney Fantasy), 디즈니 위시(Disney Wish)
아스카II(Asuka II, 飛鳥II)	크리스탈(Crystal) 크루즈 소속의 클럽 하모니(Club Harmony) 이름으로 운항하였으나 모(母)기업인 일본우선(日本郵船, NYK)으로 이적(2005)하면서 이름도 변경
폴 고갱(Paul Gauguin)	타히티(Tahiti)에서 운항하는 호화(luxury) 크루즈 선박회사

자료 : 한국관광공사, 방한 크루즈 관광 유치 활성화 방안, 2019, p.63 ; 나무위키(namu.wiki)(2024)를 참조하여 작성함

6) 크루즈 사업의 미래

세계관광기구(UNWTO)가 선정한 미래 10대 관광 트렌드는 해변, 스포츠, 크루즈, 도서, 생태, 농어촌, 문화, 모험, 테마파크, 국제회의 등이다. 특히 크루즈는 선진국형 해양 관광산업으로 분류하고 있다.

크루즈 승객의 대부분은 휴가여행을 즐기려는 사람들로서 여행 기간이 비교적 길다는 특성이 있다. 따라서 일반관광의 경우 부가가치는 관광객의 개별 지출에 한정되지만, 크루즈는 주요 기항지(寄港地)에 정박하면서 관광을 하고 다시 승선하는 여행형태로서 크루즈 승객은 물론 승무원의 소비, 선박 관련 용품 구입과 같은 소비 행동이 발생하여 높은 부가가치 효과를 창출하고 있다. 이러한 효과로 인하여 많은 국가는 크루즈 여행객을 유치하기 위한 다양한 상품개발과 인센티브(incentive) 제공을 위해 노력하고 있다.

세계관광기구(UNWTO)에 의하면 크루즈 이용객은 연평균 소득이 높은(7만 5천 달러 이상) 여행자(46%)가 많았으며, 소비자들은 비교적 소득이 높은 고소득층에 분포하고 있다고 발표하였다. 크루즈 산업이 발달한 서양에서는 적절한 가격에

편하게 여행을 즐길 수 있다는 여행으로 인식하고 있으며, 그동안 크루즈 탑승객은 다른 관광산업에 비해서 부유한 편이었으나 과거에 비하면 탑승객의 대중화 경향이 나타나고 있다. 기존에는 여유 있는 은퇴자들이 중심을 이루었으나 최근에는 아이부터 젊은 세대를 포함한 다양한 계층에서 크루즈 여행을 선호하면서 대중화가 이루어지고 있고 크루즈 수요가 지속적으로 확대될 것으로 전망하고 있다.

세계적인 크루즈 회사에서는 아시아지역 국가들의 경제성장과 소득수준 향상으로 크루즈 이용객이 급증할 것으로 예견하고 있다. 한국에서도 여행 트렌드가 변화하고 있으며, 소득수준의 향상과 더불어 크루즈 여행에 대한 기대가 높아져 수요가 증가할 것으로 전망하고 있다.

참고문헌 REFERENCE

김시중·이웅규, 서울시티투어 활성화를 위한 실증적 연구, 관광경영학회, 1999.

김창수, 관광교통론, 대왕사, 1998.

김철용, 서울 시티투어 운영 전략, 한국경제신문(1997.5.10).

류기환, 크루즈 여행 실무론, 백산출판사, 2010.

윤대순, 여행사경영론, 기문사, 1997.

윤문길·이휘영·윤덕영·이원식, 항공운송 서비스 경영, 한경사, 2008.

윤문길·이휘영·임재욱·최종인·이태규, 항공여객 예약발권 실무론, 백산출판사, 2021.

윤 주, 크루즈 관광산업의 인적 자원 육성을 위한 기초연구, 한국문화관광연구원, 2016.

이선희, 여행업경영개론, 대왕사, 1996.

이원희·박주영·조아라, 관광 트렌드 분석 및 전망(2010-2024), 한국문화관광연구원, 2019.

이정학, 관광학원론, 대왕사, 2013.

이항구, 관광법통론, 백산출판사, 1996.

이항구, 관광학서설, 백산출판사, 1997.

이항구·고석면·이황, 관광교통론, 기문사, 1999.

이후석, 도시 관광개발의 과제와 전략, 관광지리학(제9호), 1998.

이휘영 외, 항공여객 예약발권 실무론, 백산출판사, 2021.

정찬종, 여행사경영론, 백산출판사, 2018.

조성극, 일본여행업의 해외여행 상품론에 관한 연구, 경기대학교 대학원 박사학위논문, 1995.

조아라, 4차 산업혁명과 관광 트렌드(2020~2024), 한국문화관광연구원, 2019.

허국강·이태규, 항공여객 운송서비스, 백산출판사, 2013.

한국관광공사, 방한 크루즈 관광 유치 활성화 방안, 2019.

문화체육관광부, 크루즈산업 육성을 위한 관광진흥계획 수립 보고서, 2006.

長谷正弘 편저, 관광마케팅(이론과 실제), 한국국제관광개발연구권원 譯, 백산출판사, 1999.

http://www.kumgangsantour.com

CHAPTER

09

BUSINESS
TOURISM

관광숙박과
외식사업

CHAPTER

09 관광숙박과 외식사업

제 1 절 관광숙박업

1. 호텔업의 개념

숙박시설의 발전은 여행의 역사와 더불어 발전해 왔다고 한다. BC 500년경 기숙사(boarding house)의 출현과 그리스에서 온천욕을 하기 위해 방문하는 여행자들을 위한 리조트(resort)의 출현 등은 숙박시설의 역사성을 표현하고 있다.

현대적인 의미의 호텔은 아니지만 고대 로마의 오스티아(Ostia)에서 발견된 숙박시설은 당시의 여행과 숙박시설의 형태로 추측하고 있으며, 여행자들은 열악한 도로 사정과 불안한 치안상태에서 여행해야 했던 시절에 피난처로서 숙소가 필요했고 그 당시에는 간이 숙소가 제공되었을 것이다. 로마 시대에는 도로와 교통수단의 발달이 여행 활성화에 중요한 역할을 하였으며, 이로 인하여 여행자들을 위한 숙박시설도 발전하는 데 기여한 바가 크다고 할 수 있다.

숙박시설은 국가의 역사, 독특한 문화와 관련성이 높은 한옥 호텔, 료칸(旅館, 여관), 토루(土樓), 파라도르(parador), 게르(ger), 펜션(pension) 등과 같이 다양한 종류가 있다. 숙박시설과 호텔을 명확히 구분하는 것이 현실적으로 어려우며, 호텔의 기준이 무엇이며, 어디까지를 호텔로 구분할 것인지 분류한다는 것이 쉽지는 않겠지만 일반적인 관점에서 호텔을 이해하고자 한다.

숙박시설은 의사결정과정에서 목적지를 선택하는 데 교통수단과 더불어 중요한 역할을 한다. 이용자들은 숙박시설의 종류, 입지, 등급, 서비스 수준 등의 적절성을 확인하기도 하며, 가격도 숙박시설의 선택에 중요한 요인으로 작용하게 된다.

호텔은 종래의 숙박과 음식을 제공하는 시설로만 이해되었으나 오늘날에는 사기업(私企業)이 아닌 영리를 목적으로 하면서 사회공공에 공헌하는 공익적 사업으로서의 성격을 갖고 있다.

오늘날 호텔의 개념도 하나의 사기업으로서의 숙박과 음식을 제공하는 시설이라는 기본적인 이해가 필요하며, 더 나아가 오늘날에는 영리를 목적으로 하면서 사회와 국제 간의 문화교류를 하는 사업으로 인식하는 것도 중요한 의의가 있다고 하겠다.

2. 호텔업의 분류

호텔은 입지, 목적, 형태 및 문화적 특성 등에 따라 분류할 수 있다. 그러나 이러한 분류는 일반적으로 분류하는 기준이며, 손님을 접대하는 관점에서는 정확한 의미라고 할 수는 없다. 미국에서는 고객에게 제공되는 시설의 특성에 의해 형태, 등급, 입지에 따라 분류하고 있으며, 이를 참고하여 다음과 같이 분류하고자 한다.

1) 입지에 의한 분류

(1) 시티 호텔

시티(city) 호텔 또는 도심지(down town) 호텔은 도시 중심에 있으며, 고객의 대부분은 비즈니스를 목적으로 하는 호텔로서 교통도 편리해야 할 뿐만 아니라 쇼핑 및 다양한 오락(entertainment)을 즐길 수 있는 장소에 입지(立地)하고 있다. 다양한 부대시설이 있으며, 비즈니스 업무를 원활하게 지원하는 비즈니스 센터 등도 갖추고 있다.

(2) 서버번 호텔

서버번(suburban) 호텔 또는 교외(country) 호텔은 도시지역이 아닌 곳에 자리잡은 호텔로 공기가 맑고 소음이 적은 곳에 있으며, 넓은 주차시설을 확보하고 있고 다양한 운동 및 오락 시설의 확충이 가능한 호텔이다.

(3) 에어포트 호텔

공항 호텔(airport hotel)은 공항 주변에 입지하고 있는 호텔을 말하며, 이용하는 고객들은 단기(短期) 체재 형태가 많다. 업무를 마친 후 다음 장소로 신속히 출발해야 하거나 비행편의 연결을 기다리는 고객층이 주로 이용한다고 할 수 있다.

(4) 시포트 호텔

항구 호텔(seaport hotel)은 주로 선박을 이용하는 고객들을 위하여 항구 주변에 자리 잡은 호텔이다. 항구 호텔은 선박을 이용하는 여행객이나 선원이 주로 이용하는 호텔로 교통이 편리한 곳에 입지하고 있으며, 항만(港灣, harbor) 근처에 인접해 있다.

(5) 터미널 호텔

터미널 호텔(terminal hotel)은 버스와 같은 교통수단을 이용하는 고객들을 위하여 터미널 주변에 입지한 호텔이다. 터미널 호텔의 특징은 공항 또는 항구 호텔처럼 시간과 경비를 절약하기 위해 숙박하는 고객이 주로 이용한다.

(6) 역전 호텔

역전(驛前) 호텔(station hotel)은 철도역 주변에 자리 잡은 호텔이며, 기차를 이용하여 여행할 수 있는 국가나 지역에서는 매우 보편화된 숙박시설이다. 교통수단의 이용에 따라 주요 도시에 정차하여 운행하는 철도를 이용하는 고객을 위한 호텔이며, 철도산업이 발전한 국가의 경우 역전 호텔이 많은 편이다.

(7) 하이웨이 호텔

하이웨이 호텔(highway hotel)은 자동차를 이용하여 여행하는 자에게 숙박시설을 제공하게 된 것이 그 기원이라고 할 수 있다. 하이웨이 호텔은 입지 의존도에 영향을 많이 받는 호텔이며, 새로운 도로가 확충되어 교통 패턴에 변화가 생기면 이용자의 수요 증가에 민감하게 반응하여 영업에도 많은 영향을 줄 수 있다.

하이웨이 호텔(highway hotel)은 레저 여행자에게 매우 매력적이라고 할 수 있다.

2) 숙박 목적에 의한 분류

(1) 컨벤션 호텔

컨벤션 호텔(convention hotel)은 대형 회의를 할 수 있는 공간을 확보하고 있어 다양한 회의와 미팅(meeting), 연회행사를 할 수 있다. 이러한 호텔들은 국제회의가 중요한 산업으로 등장하면서 중요성이 높아지고 있으며, 대규모 식당과 칵테일 라운지(lounge) 시설 등을 갖추고 있다.

(2) 커머셜 호텔

커머셜 호텔(commercial hotel)은 비즈니스 목적의 여행자에게 적합한 호텔로서 일반적으로 도심지(down town) 중심이나 상업지역에 자리 잡고 있다. 상용목적으로 이용하는 고객들을 위하여 업무에 지장이 없도록 팩스, 컴퓨터 등과 같은 시설을 갖춘 비즈니스 센터를 대부분 운영한다.

고객이 호텔에서 투숙 및 비즈니스 업무를 볼 수 있도록 전용 라운지 층(EFL : Executive Floor Lounge)을 운영하여 편의를 제공하고 있다. 커머셜 호텔은 교통이 편리한 도심에 위치하다 보니 단기 체재를 목적으로 하는 단체 여행객들이 이용하기도 한다.

(3) 리조트 호텔

리조트(resort) 호텔은 주로 레저(leisure) 위주의 회의 및 총회, 수요시장의 세분화를 통해 여행자들을 유치한다. 교외에 입지하고 있으며, 주로 휴가 기간을 이용하는 가족 단위 여행객들이 많은 편이며, 수영, 달리기(jogging), 테니스, 당구, 승마, 낚시 그리고 요트 등과 같은 여가 활동을 할 수 있는 시설을 제공한다. 이러한 호텔들은 운동·오락(recreation) 활동을 할 수 있으며, 객실 요금에 식사가 포함되는 미국식 요금제도 또는 수정된 미국식 요금제도를 채택하는 경향이 많다.

요금제도

- **유럽식 요금제도(EP : European Plan)**
  객실과 식사요금을 별도로 계산하는 제도이다.

- **미국식 요금제도(AP : American Plan)**
  객실요금과 아침, 점심, 저녁의 식사요금을 포함하여 숙박요금을 계산하는 제도이다. 주로 리조트 지역에서 많이 활용하는 제도이다.

- **대륙식 요금제도(CP : Continental Plan)**
  객실요금에 아침식사 요금을 포함하여 지불하는 제도로 유럽지역에 많이 분포되어 있다.

- **수정된 미국식 요금제도(MAP : Modified American Plan)**
  미국식 요금제도(AP : American Plan)를 수정한 것으로 일반적으로 조식과 석식을 객실요금에 포함시키는 제도이다.

---

(4) 카지노 호텔

카지노(casino) 호텔은 고객과 방문객들이 게임할 수 있는 시설을 제공한다. 카지노 호텔은 특별한 식당들과 다양한 부대시설 및 오락시설을 갖추고 있다.

(5) 아파트먼트 호텔

아파트먼트 호텔(apartment hotel)은 장기 체재를 목적으로 하는 고객들을 위하여 호텔의 객실을 장기간 빌려주는 호텔이다. 또는 가족이 휴가를 왔을 경우, 콘도미니엄의 개념으로도 이용된다. 호텔에서 청소와 메일(mail) 관리 등과 같은 서비스를 제공한다. 가족들이 객실 안에서 취사 및 식사할 수 있도록 배려하는 호텔도 있다.

3) 숙박형태에 의한 분류

(1) 스위트 호텔

스위트 호텔(suite hotel)은 침실(寢室)과 거실(居室) 또는 응접실(應接室)이 갖추어진 형태의 호텔이다. 즉 사무 업무(執務)를 볼 수 있는 공간으로 활용할 수 있는 응접실과 독립된 객실을 갖춘 쾌적한 호텔이다. 특히 올 스위트(all suite) 호텔은 전체 객실의 타입(room type)을 스위트 룸(suite room)으로 구성한 호텔이고, 넓고 쾌적하며, 거주성이 높은 호텔이다.

(2) 장기 체재 호텔

장기 체재(extended stay) 호텔은 새로운 숙박형태의 상품이며, 장기 투숙을 위한 아파트먼트 형태의 객실을 제공하고 생활공간, 거주공간으로 분리되어 주방, 외부 출입구와 운동·오락(recreation) 시설을 갖추고 있다.

(3) 콘퍼런스 센터

콘퍼런스 센터(conference center)는 교육에 도움이 되는 환경을 갖추고 숙박과 대규모 회의 및 모임을 할 수 있는 시설을 보유하고 있다. 전통적으로 콘퍼런스 센터는 다양한 회의를 할 수 있는 장소와 연회, 회의 기획, 행사를 지원하는 서비스가 포함되며, 오락(recreation) 시설 등을 제공하기도 한다.

(4) 마이크로 호텔

마이크로 호텔(micro hotel, microtel)은 숙박산업에서 발전한 저렴한 숙박시설의 종류이며, 전통적인 개념의 오래된 호텔로서 소규모의 객실을 보유하고 있다. 미국의 숙박산업에서 많은 체인 호텔이 출현하면서 이에 대항하기 위해 저렴한 가격으로 객실을 제공하기 위해 탄생한 호텔이며, 중간요금(mid rate)을 제공하는 호텔로 발전하였다.

(5) 비앤비

비앤비(B&B : Bed and Breakfast)는 지역 고유의 전통(古風)적인 시설을 제공한다. 숙박객을 위해 최소한의 침대(bed)와 간단한 아침(breakfast) 식사를 제공하며, 주로 레저 목적의 여행자들이 많이 이용하고 있다.

(6) 마 앤드 파 호텔

마 앤드 파 호텔(ma-and-pa hotel)은 오래된 형태(style)의 모텔(motel)에 붙여진 이름으로 객실 수(50실 미만)가 적고 숙박에 필요한 최소한의 설비만을 보유하고 있다. 관광객을 위한 오두막(cabin)과 캠프(camp)가 이러한 범주에 포함된다.

(7) 부티크 호텔

부티크 호텔(boutique hotel)은 소규모의 객실을 갖추고 조용한 환경을 원하는 고객에게 제공하는 호텔이다. 이러한 호텔은 대형 호텔의 고급스러움과는 차별되는 감각을 강조하고 있으며, 개성 있는 디자인, 독특한 특성을 선호하는 경향이 있어서 문화 코드(culture code)를 구별하고 있다.

(8) 온천 호텔

온천(spa) 호텔은 고객의 건강(health)을 지향하고 활동적인 서비스를 제공하는 호텔로서 다이어트(diet)를 할 수 있는 식사 계획, 의료, 건강교육과 훈련 등을 실시한다. 일부 리조트(resort) 호텔에서는 고객에게 온천 호텔과 유사한 프로그램을 제공하기도 하지만 온천 호텔은 건강을 추구하는 고객을 위해 건강 프로그램을 개발하고, 실천할 수 있도록 봉사한다는 점에서 차이가 있다고 하겠다.

(9) 보텔

보텔(boat hotel, boatel)은 보트(boat)를 이용하여 여행하는 관광객을 위한 숙박시설의 개념으로 부두(埠頭)에 정박하거나 해변(海邊)에 입지한다. 해수면(海水面)

과 가까운 곳에서 레저 활동하는 여행자들이 선호하는 호텔이다. 객실을 비롯하여 식당, 라운지, 세탁물 서비스, 주차장과 같은 시설을 갖추기도 하며, 소형(小型) 선박을 수리하기 위한 설비를 갖추어 운영하기도 한다.

4) 문화 특성에 따른 분류

(1) 한옥 호텔

한옥(韓屋) 호텔은 한국의 문화적 특색을 나타내는 숙박시설로서, 주요 구조는 목조(木造) 형태와 한식(韓式) 기와 등을 사용한 건축물이다. 한국 고유의 전통미를 간직한 건축물과 그 부속시설을 말하며, 숙박과 체험에 적합한 시설을 갖추어 관광객에게 제공하는 호텔이다.

(2) 료칸

료칸(ryokan)은 일본의 전통적인 숙박시설이다. 일본 료칸(旅館)에는 일본식 정원이 있으며, 식사는 코스로 나오는 것이 일반적인 특징이다. 에도시대(江戸時代 : 1603-1868)부터 이어져 온 일본의 전통적인 숙박시설이며, 료칸은 일본식 돗자리가 있는 객실의 다다미(畳 : たたみ), 욕실이 있어 방문객들은 욕의(浴衣 : ゆかた)를 입고 일본의 문화와 관습을 체험할 수 있다. 일본의 료칸은 단순히 여행객이 머물고 가는 숙박시설의 개념보다는 역사와 문화의 전통을 지키는 공간이라고 할 수 있다.

(3) 토루

중국의 남부지역에는 강한 햇빛을 피하기 위해 벽을 높이 쌓아 집 내부에는 최소한의 햇빛만 들어오게 한 독특한 형태의 주택이 있다. '토루(土樓)'라고 불리는 이 주택은 중국 객가(客家 : Hakka)족의 전통 가옥이며, 적(敵)과의 싸움에 대비하여 방어 필요성의 관점에서 독특한 건축문화를 만들어냈다. 객가(客家)족은 중국 남부 푸젠성(福建省)과 광동성(廣東省)에 주로 거주하고 있다.

(4) 파라도르

파라도르(parador)는 스페인에서 휴양지라는 의미로 사용하고 있으며, 수도원, 성(城)이나 요새(要塞) 등의 역사적인 건물을 숙박시설로 개조해서 만든 호텔을 뜻한다. 스페인에서는 이러한 시설을 체인화한 파라도르 데 투리스모(Paradores de Turismo de España)라는 회사가 창업(1928)했다고 한다.

(5) 게르

몽골(蒙古)의 유목민들이 생활하는 집을 게르(Ger, 파오)라고 하며, 정착 생활을 하기 위한 시설이 아니라 유목생활을 위한 주거 형태이다. 몽골고원의 풍토와 이동을 목적으로 하는 유목생활을 하는 데 적합하게 되어 있다. 유목생활에 맞게 이동도 간편하고 목재로 된 골조에 양털로 만든 펠트(felt)를 덮어씌운 가옥이다.

(6) 리야드

리야드(riad)는 정원(庭園)이라는 뜻의 아랍어에서 유래된 것으로, 모로코 (Morocco)의 전통 가옥을 의미한다. 사각형 건물 가운데 마당이 있고 천장이 개방 (open)되어 있는 형태의 숙박시설이다.

(7) 템플스테이

템플스테이(temple stay)는 관광객들이 사찰(寺刹, 템플)에서 숙박하며 사찰 생활을 체험할 수 있도록 하는 문화체험 프로그램이다. 한국의 전통적인 불교문화를 사찰에서 체험해 봄으로써 한국 불교에 대한 이해를 넓히고, 한국 전통문화와 불교의 수행 정신을 체험할 수 있다.

5) 운영 특성에 의한 분류

(1) 콘도미니엄

콘도미니엄(condominium)은 1957년 스페인에서 기존(既存) 호텔에 개인의 소유권 개념을 도입하여 개발한 것이 시초이며, 관광객의 숙박과 취사에 적합한 시설을 갖추어 시설의 회원 공유자 및 기타 관광객에게 이용하게 하는 숙박시설이다.

소유주(所有主)는 일정 기간 이용하고 나머지 기간에는 일반인들에게 임대하여 수익성을 창출시키고 있다. 콘도미니엄은 객실에 주방시설을 갖추고 있기도 하며, 단지에 이용객들을 위한 레저시설을 확보하여 이용자들의 편의를 제공하는 경우가 많다.

콘도미니엄은 가족 단위의 관광객이 레저시설을 이용하여 즐길 수 있도록 호텔 수준의 시설을 갖추고 있으며, 분양을 통해 개인이 공동 소유권을 가지고 있으나 경영관리와 서비스는 전문적인 회사에 운영을 위탁하는 경우가 많다.

(2) 펜션업

펜션(pension)은 고대 그리스의 여러 도시에서 여행자에게 빵(bread)과 포도주(wine)를 제공하는 게스트하우스(guest house), 하숙의 유형으로 가정적 분위기와 편의성을 갖춘 숙박시설이며, 호혜를 베푸는 환대정신에서 출발하였다.

펜션(pension)이란 단어는 연금(年金) 또는 하숙집이라는 의미로 유럽지역에서는 은퇴한 가족이 경영하면서 손님에게 환대와 함께 요리 위주의 식사를 제공하는 숙박시설에서 유래되었다. 노인들이 안락한 노후생활을 위해 직장이나 사업을 떠나 한가롭고 조용한 곳에서 여행자에게 숙박 및 음식을 제공하는 일종의 하숙 운영을 통하여 경제적인 자립, 노후보장이라는 두 가지 측면을 만족시키는 것에서 시작되었다.

유럽에서 시작된 펜션은 서민적인 민박의 개념으로 주로 장기 체재의 저렴한 시설을 지칭하며, 가족적인 분위기의 따뜻한 접대와 저렴한 요금이 특징이다. 이는 남부 유럽지역에서 많이 운영되고 있다.

프랑스에서는 자연풍광이 아름다운 지역이나 고성(古城) 등이 입지한 지역에 잘 개발되어 있으며, 영국에서는 침실과 아침 식사를 제공하는 숙박이라는 의미의 비앤비(B&B : Bed & Breakfast)라고 하며, 독일은 숙소인 게스트하우스(guest house)

라는 명칭을 사용한다. 일본은 1970년대부터 개발된 농어촌 펜션을 각 지방의 특색을 활용하여 관광상품으로 만들게 되었으며, 민박을 개발하여 운영하고 있다고 한다.

한국에서는 숙박시설을 운영하는 자가 자연·문화 체험 관광에 적합한 시설을 갖추어 관광객에게 이용하게 하는 업을 관광펜션업이라 정의하고 있다.

(3) 이글루 호텔

산타 마을로도 잘 알려진 이 지역에는 자연으로 둘러싸인 핀란드(Finland)와 스웨덴 라플란드(Lapland) 지역의 사리셀카 펠(Saariselkä Fell)에 위치하며, 유리 이글루(glass igloo)에서 밝은 별이 빛나는 화려한 하늘과 아름다운 오로라(aurora)인 극광을 감상할 수 있는 이색적인 휴양시설이 있다. 이글루에는 난방과 냉방을 조절할 수 있는 온도 장치가 설치되어 있으며, 전망이 중요한 만큼 돔(dome) 유리에 성에(window frost)를 방지하는 전기 보온 설계가 되어 있다고 한다.

숙박시설의 분류

구분	분류 내용
입지	시티(city)/도심(down town) 호텔, 서버번(suburban)/교외(country) 호텔, 에어포트 호텔(airport hotel), 시포트 호텔(seaport hotel), 터미널 호텔(terminal hotel), 역전 호텔(station hotel), 하이웨이 호텔(highway hotel)
숙박 목적	컨벤션 호텔(convention hotel), 커머셜 호텔(commercial hotel), 리조트 호텔(resort hotel), 카지노 호텔(casino hotel), 아파트먼트 호텔(apartment hotel)
숙박형태	스위트 호텔(suite hotel), 장기 체재(extended stay) 호텔, 콘퍼런스 센터(conference center), 마이크로 호텔(microtel), 비앤비(bed and breakfast), 마 앤드 파 호텔(ma-and-pa hotel), 부티크 호텔(boutique hotel), 온천(spa) 호텔, 보텔(boatel)
문화 특성	한옥(韓屋) 호텔, 료칸(ryokan), 토루(土樓), 파라도르(parador), 게르(Ger, 파오), 리야드(riad), 템플스테이(temple stay)
운영 특성	콘도미니엄(condominium), 펜션(pension), 이글루(glass igloo) 호텔
경영 형태	단독경영 호텔(independent hotel), 체인(chain) 경영 호텔, 프랜차이즈(franchise)
호텔 등급	5성급 호텔, 4성급 호텔, 3성급 호텔, 2성급 호텔, 1성급 호텔
	최고급(luxury), 1급(first-class), 2급(standard, mid-rate), 3급(economy, budget), 4급(micro budget)

체재 기간	단기 체재(transient) 호텔, 장기 체재(extended stay) 호텔
서비스 수준	제한된 서비스 호텔(limited service hotel), 풀 서비스 호텔(full service hotel)
기타	게스트하우스(guest house), 농장(farm house), 빌라(villas), 코티지(cottages), 시간 배분제 리조트(time share resorts), 휴가촌(vacation village, holiday centers), 캐러밴 (touring caravan), 캠핑(camping sites), 마리나(marinas)
한국 (관광진흥법)	• 관광숙박업 : 호텔업(관광호텔업, 수상관광호텔업, 한국전통호텔업, 가족호텔업, 호스텔업, 소형호텔업, 의료관광호텔업), 휴양콘도미니엄업 • 관광객이용시설업 : 외국인관광도시민박업, 한옥(韓屋)체험업 • 관광편의시설업 : 관광 펜션업

자료 : Stephen Rushmore, "Hotel Investment(A guide for Lenders and owners)", Warren, Gopham & Lamont, pp.3-8 ; 고석면, 호텔경영론, 기문사, 2012, pp.15-22 ; 차길수·윤세목, 호텔경영학원론, 학림출판사, 2011, pp.54-73를 참고하여 작성함

3. 호텔업의 경영관리

호텔업의 경영관리를 공통관리라고 할 수 있는 고객관리를 중심으로 조직관리, 생산관리, 마케팅 관리, 인적 자원관리, 회계·재무관리, 경영정보 관리로 구분하여 영역을 설정하고자 한다.

호텔관련 자격시험

호텔관련 자격시험 과목에서 외국어는 공통이다.
• 호텔서비스사는 관광법규, 호텔실무(현관·객실·식당)
• 호텔관리사는 관광법규, 관광학개론, 호텔관리론
• 호텔경영사는 관광법규, 호텔회계론, 호텔인사 및 조직관리론, 호텔 마케팅론

---

1) 고객관리

호텔업은 고객을 유치하고 재방문을 유지하기 위한 노력의 일환으로 서비스의 품질을 향상시켜 만족감을 제공하려고 한다. 훌륭한 서비스란 고객에 대한 깊은 배려와 신속한 서비스, 객실 시트(sheet)의 청결, T.V. 및 에어컨·난방기 등의 작동상태, 그리고 맑은 공기와 맛있는 식사, 계산의 편의성, 합리적인 가격 등 많은

기준이 있을 수 있다.

호텔업의 사명감은 고객의 안전과 고객의 생명을 보호하는 것이며, 동시에 품질이 우수한 서비스를 제공하기 위해서는 훌륭한 인적 자원을 채용·배치하여 고객과의 신뢰관계를 구축하는 것이 고객 관리라는 차원에서 매우 중요하다. 고객관리 중심의 조직구조를 형성하는 것은 서비스를 강화하여 고객에게 좋은 이미지를 심어주기 위한 것이며, 고객과의 접촉(encounter) 빈도가 높은 영업조직뿐만 아니라 접촉빈도가 낮은 관리 조직도 고객의 중요성을 인식하는 계기가 될 수 있기 때문이다.

고객관리는 호텔업 경영에서 가장 기본이 되는 관리라고 할 수 있으며, 고객을 효율적으로 관리하는 이유는 수익을 창출하기 위한 것이며, 전체 구성원들이 전사적(全社的) 고객관리(CRM : Customer Relationship Management)를 실천하는 것은 중요한 전략이 된다.

● 호텔 경영관리의 영역

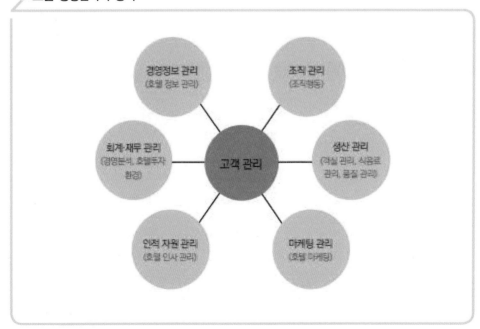

2) 조직관리

호텔에서 직·간접적으로 근무하는 사람을 호텔리어(hotelier)라고 한다. 호텔리어는 방문하는 사람에게 호텔을 대표하는 전문 직업인으로서 최고의 서비스를 제공하기 위해 끊임없이 노력하고 있으며, 다양한 직무를 수행하고 있다.

호텔업은 상품과 서비스를 생산하여 고객에게 판매하는 기업으로서 다양한 활동이 필요하고 기업의 조직은 종사원들의 고객에 대한 행동과 태도 등이 기업 문화와 일치하도록 관리한다. 조직은 기업의 목적 또는 각 조직 단위의 목적을 달성하기 위해 구성된 것이며, 조직의 혁신은 성장과 발전의 원동력이 된다.

호텔업을 운영하기 위해서는 여러 가지 경영활동이 필요하다. 경영관리의 기능을 관리와 영업기능으로 구분했을 때 관리기능은 목적을 달성할 수 있도록 경영활동을 기획하고 조직화하여 구성원이 직무를 수행할 수 있도록 동기를 부여하고 활동을 조정하고 통제하는 것이며, 영업 기능은 고객과의 접촉을 통해서 상품 판매의 목적을 실현하기 위한 구체적인 활동적 기능이다.

호텔업 경영의 핵심은 조직이고 경영의 실체는 인간이 활동하는 시스템이며, 조직은 인간에 의해서 인위적으로 만들어진 것이고 조직관리는 호텔업이 추구하고자 하는 목표를 달성하기 위해서 구성원들이 실행하는 활동이다.

조직은 추구하려는 목표를 달성하기 위하여 체제가 필요하고 필요한 역량을 갖춘 인적 자원을 활용하여 능력을 발휘할 수 있도록 하는 것이며, 그 활동을 관리하기 위한 영영이 조직관리이다.

조직을 효과적으로 관리하기 위해서 규정의 제정, 규정의 적용 범위, 조직의 구분, 업무 분담과 같은 지침을 문서화하여 이를 준수하도록 하고 있다.

3) 생산관리

생산관리(production management)란 고객이 요구하는 상품을 제공하는 활동이라고 할 수 있으며, 호텔업도 기업으로서 객실을 비롯하여 식음료 등 다양한 상품이 있으며, 고객의 요구에 부응해야 한다는 점에서 상품을 관리하여 품질을 향상해야 할 필요성이 있다.

(1) 객실관리

호텔업의 생산관리에서 중요한 역할을 하는 것은 객실상품으로서 호텔수입에서 큰 비중을 차지하고 있다.

객실관리(room management)란 호텔에서 생산하는 객실과 서비스 상품을 효과적으로 관리하고 통제하기 위한 관리활동이다. 객실관리에는 고객 영접(迎接, reception), 객실예약 및 판매(room reservation & sales), 객실정비(housekeeping), 리넨(linen) 및 세탁물(laundry) 관리 등이 있다.

(2) 식음료관리

식음료(food & beverage)관리는 호텔이 생산하는 주요 상품으로 다양한 음식과 음료의 생산 및 판매활동을 효과적이고 과학적인 방법으로 관리·통제하기 위한 관리활동이다.

호텔에서의 식음료는 단순히 음식만을 판매하는 것이 아니라 시설, 분위기, 서비스 등이 유기적으로 통합함으로써 완전한 상품이 되며, 호텔의 식당 등을 이용하는 고객이나 호텔의 투숙객으로부터 호텔의 전반적인 이미지 및 음식의 맛 등이 평가되는 기준이 되기도 한다.

식음료 관리에는 식당(restaurant), 음료(beverage), 연회(banquet), 조리(cuisine), 식품안전관리(food safety), 원가관리(cost control) 등의 관리 업무가 있다.

> **소믈리에(sommelier)**
>
> 소믈리에는 고객에게 적합한 포도주(wine)를 추천하고 서빙(serving)을 하는 직무를 담당하며, 포도주(wine) 관리, 판매관리, 재고관리, 저장관리, 고객 서비스, 이벤트 개발을 통한 판매기획 수립과 같은 업무를 담당한다.

> **식품안전관리인증기준(HACCP : Hazard Analysis Critical Control Point)**
>
> 식품과 관련된 위해(危害)요소를 관리하기 위한 제도이며, 원료 생산에서부터 제품의 생산, 저장 및 유통의 각 단계별로 위생 및 안전 확보에 필요한 계획을 설정하고, 관리함으로써 식품의 위생 및 안전성을 확보하기 위한 예방적 차원의 관리 방식

호텔에서 식당 분야가 차지하는 비중이 높아지면서 조리(cuisine)업무도 그 중요성이 증가하고 있다. 고객 기호에 맞는 음식을 제공하기 위해서 고객의 선호도 분석과 메뉴 엔지니어링(engineering) 기법을 도입하여 적정한 원가관리를 하는 것은 매우 중요한 관리 기법이다.

> **메뉴 엔지니어링(menu engineering)**
>
> 일정 기간의 영업 성과와 메뉴상에 있는 품목들을 바탕으로 고객이 선호하는 메뉴품목을 조사하는 것으로 판매 수량, 판매비율, 공헌이익 등을 분석하여 평가하는 기법이다.

(3) 품질관리

품질(quality)관리란 호텔업에서 상품이 생산되어 소비자에게 제공되는 과정에서 서비스의 수준을 향상하기 위한 관리 활동이다. 서비스 품질은 호텔의 기업문화와 연관성이 높으며, 품질이 우수한 상품 및 서비스를 제공하여 호텔업의 명성을 높이고, 시장경제에서 경쟁의 우위를 확보하여 매출액 증진과 수익성 향상을 도모할 수 있는 중요한 관리이다.

호텔업은 고객의 요구사항을 듣고, 요구사항을 충족시키기 위한 활동이 필요하며, 품질 향상 운동은 전체 구성원이 전사적 품질관리(TQM : Total Quality Management)에 목표를 두고 실천해 나가야 한다.

4) 마케팅 관리

마케팅(marketing) 관리란 수요시장에서 호텔 상품의 인지도를 높이고 상품 판

매를 촉진하기 위한 활동이다. 호텔 마케팅은 생산된 상품과 서비스가 생산자에서 소비자 또는 이용자에게 유통시키는 과정에서 다양한 수단과 매체를 활용하여 효과적인 판매방법을 선택하고 유지하기 위한 체계적인 관리 활동이다.

호텔마케팅의 수행을 위해 상품분석(product analysis), 시장분석(market analysis), 경쟁분석(competition analysis), 판매계획(sales program), 시설의 정비계획(maintenance plan), 영업예측(operation projections), 마케팅 예산(marketing budget), 마케팅 정책(statement of policy), 통제 및 평가(monitoring & evaluating)와 같은 관리 활동이 필요하다.

정보기술의 발전으로 마케팅 활동도 시대적 변화에 부응하는 다양한 마케팅 수단을 활용하고 있으며, SNS(Social Networking Service)마케팅, 플랫폼(platform)을 구축한 업체와의 협업을 통한 마케팅 활동을 하는 추세에 있다.

5) 인적 자원관리

인사관리(personnel management)란 사람을 대상으로 하는 관리이며, 사람을 관리한다는 의미는 개인의 개성 존중과 능력개발, 종사원의 인간적 만족이라는 점에서 다른 관리제도와 차이가 있다. 인사관리의 체계는 인적 자원의 채용 및 배치, 평가관리, 보상관리, 교육훈련관리, 인간관계와 노사(勞使)관리, 안전 및 보건관리 등으로 구분할 수 있다.

호텔업은 인적 서비스 의존도가 높고 인적 서비스가 품질에 영향을 미치게 되어 인적 자원의 관리(human resource management)는 중요한 의미가 있다. 호텔업에서 인력을 채용하고 능력을 초대한 발휘할 수 있도록 직무 위주의 배치를 하는 것은 조직화를 통해서 목적을 달성하기 위한 과정이다. 또한 인적 자원의 처우를 개선하여 근로의욕을 고취하거나, 직무능력을 향상시키기 위하여 교육훈련을 실시하는 것은 노동생산성을 향상하기 위한 관리 활동이라고 하겠다.

호텔에도 채용 브랜딩(branding)이 필요하다고 하는 인식이 확대되고 있다. 채용 브랜딩이라는 용어는 익숙하지 않으나 채용과 관련하여 이미지와 인식을 구축하고 유지하는 과정이라고 한다. 기업의 가치, 문화, 업무환경, 혜택을 강조하여 지원자들을 불러들여 기업에 대해서 긍정적으로 생각하게 하고 지원할 수 있도록 하는 데 있다.

채용 브랜딩(branding)을 통해서 직원들의 조기 퇴사를 막고 채용 전에 가졌던 기대와 채용 후에 겪는 현실과의 차이로 인한 진입충격을 최소화할 수 있다는 것이다. 가장 효과적인 방법은 기업의 가치와 문화를 명확하게 표현하고 지원자에게 전달하는 것이다. 근무하고 있는 직원들을 활용해서 경험을 공유하고 기업의 매력을 강조하는 것이며, 채용공고에 대한 홍보를 비롯하여 웹 사이트를 활용한 콘텐츠 제작, 기업의 문화를 반영한 비디오, 사진 소개를 활용하고 있다.

호텔의 성공적인 운영은 인사관리를 통해서 종사원들을 경제적으로 풍요롭게 하고, 사회적 인간으로서 보호하고 만족을 얻도록 함으로써 자발적으로 생산 활동에 참여하려는 의욕을 불러일으키게 하는 것이다. 이러한 관점에서 유능한 인재를 구해서 그들의 입장을 이해하고 협력을 얻어 생산성을 향상시키고 창의에 의한 기업 활동을 통해 기업의 성장을 도모하고 효율적인 업무의 필요성이 제기되었으며, 이것이 인사관리의 임무이다.

6) 회계 · 재무관리

호텔업은 숙박객과 이용객에 대해서 다양한 상품을 판매하는 사업이다. 객실 · 식음료 · 부대사업에서 생산되는 상품을 판매하고 회수하기 위해서는 일련의 절차가 필요하며, 이러한 과정은 반복되고 순환되는데, 호텔회계(hotel accounting)의 기본이 된다. 호텔회계는 상품판매에 대한 영업회계를 비롯하여 회수과정을 관리하는 여신(credit, 與信)회계 등도 주요 관리활동이 된다.

재무관리(financial management)란 기업을 둘러싸고 있는 외부의 이해집단에 대해서 주기적으로 보고하게 되며, 호텔업의 경영에 대한 실적, 현금흐름 등 기업의 경제적 활동결과가 최종적으로 요약되는 것이며, 재무적 기능을 계획적으로 관리하기 위한 관리활동이다.

(1) 경영분석

경영분석(business analysis)이란 손익계산서(P/L : Profit & Loss statement), 대차대조표(B/S : Balance Sheet), 이익잉여금(statement of retained earning) 처분계산서, 현금 흐름표(statement of cash flows) 등 재무제표를 비롯한 각종 회계자료를 상호 비교 관찰하여 기업의 실태를 파악하고 경영에 필요한 여러 가지 유익한 정보를 얻기 위한 활동이다.

경영분석은 기업의 합리성 여부를 검토하여 미래의 발전적 경영을 위해 필요한 정보를 획득하는 수단이 되기도 하며, 중요한 관리활동이 된다.

(2) 투자환경 분석

투자란 부동산, 증권, 기계, 그림과 같은 자산을 매입하는 활동을 말하며, 특정한 자산을 매입하는 목적은 장래에 많은 이익을 얻을 수 있다는 확신 때문이다. 투자하기 위해서는 투자에 따른 환경평가를 하게 되는데, 투자에는 다양한 상황이 발생되며, 불확실성이 존재하기 때문에 제시된 지표를 활용하여 타당성과 객관성 분석을 하게 된다.

투자환경 분석(investment environment analysis)이란 투자에 따른 수익성의 확보와 만족할 만한 성과 그리고 회수를 위하여 투자는 물론 경영과 관련된 범주와 경영환경에 영향을 주는 변수들에 대한 정보를 획득하고 분석하는 것이다.

투자환경의 요소를 측정하고 분석함으로써 위험을 최소화하고 투자의 위험 요소를 제거하는 전략을 수립하거나 투자위험의 요소를 통제함으로써 효율적인 투자를 할 수 있게 하는 것이 목적이다.

7) 경영정보 관리

경영정보(management information)란 호텔경영과 관련하여 필요로 하는 정보를 수집하고, 처리하며, 저장하여 관리함으로써 필요할 때 활용하기 위한 활동시스템이다.

정보는 이용하고자 하는 사람에게는 의미 있는 형태로 처리된 데이터이며, 현재 또는 미래를 예측하고 실제적인 행동을 하는 데 중요한 가치를 제공해 주는 것이라고 할 수 있다. 정보의 자원화는 혁신적인 관리활동을 하기 위한 중요성이 증가하고 있고, 정보의 흐름과 내용을 경영자가 데이터를 활용하여 분석함으로써 의사결정을 지원하는 역할을 하고 있다.

경영정보시스템의 구축은 영업 분석, 손익 분석, 현황분석 등을 분석할 수 있도록 하여 관리자들에게 유용하고 효과적인 자료를 실시간으로 제공할 수 있는 데이터의 축적은 가장 중요한 경영정보의 요소가 되고 있다.

정보기술의 발전은 호텔경영에도 획기적인 변화를 가져오게 되었으며, 고객과 종업원, 호텔 상품의 판매 등과 활동을 체계적으로 구축하고, 경영자의 의사결정을 지원하기도 한다. 정보시스템은 비용, 시간 절감 및 생산성 향상은 물론 호텔 서비스의 품질 향상에도 많은 기여하고 있으며, 다양한 프로그램의 출현으로 프런트 오피스(front office), 백 오피스(back office), 인터페이스(interface) 등과 같은 호텔 운영 체계를 구축하게 되었다.

제2절 외식사업

1. 외식사업의 개념

외식(外食)이란 일반적으로 넓은 의미의 가정(家庭) 이외의 장소에서 행하는 식사를 표현하는 것이다. 오늘날에는 지불(支拂)능력만 있으면 시간과 장소에 구애받지 않고 음식을 구매하여 식사할 수 있게 되었다.

생존의 수단으로 시작된 식생활은 오늘날 일상생활과 사회생활 측면에서 가정이라는 범위 외에도 가정 밖에서도 체험이나 욕구를 요구하게 되면서 다양한 형태로 변화되었다.

외식은 음식이라는 기본적인 식생활이 생존을 위한 본능적인 욕망을 충족시키는 기능과 역할에서 출발하였으나 맛에 대한 기대 그리고 다양한 음식을 접하고 싶은 동기가 강해지면서 음식을 제공받는다는 기본적인 기능 이외에도 인적 서비스, 분위기, 기타 관련된 편의를 제공받을 수 있는 장소를 선호하게 되었다.

우리는 사회생활을 하는 과정에서 새로운 환경과 문화를 접하게 된다. 음식의 섭취는 생존이라는 고정적 관념을 초월하여 음식이 만들어지는 과정, 음식의 역사, 먹는 방법 등 여러 가지 스토리를 이해하고 음식을 직접 경험하려는 경향이 많아지고 있다.

특히 관광은 새로운 욕구와 동기를 충족하려는 심리적인 과정으로서 다양한 문화를 접하게 되며, 다른 국가(지역)의 음식문화를 알고 이해하는 것은 매우 중요한 인간의 심리이기도 하며, 관광행동의 척도가 되기도 한다.

2. 외식사업의 분류

외식사업은 업종(한식 · 양식 · 일식 등), 업태(패스트푸드 · 패밀리 레스토랑 등) 등으로 다양하게 분류할 수 있으나, 본 내용에서는 다음과 같이 구분하고자 한다.

1) 패스트푸드

패스트푸드(fast food)는 표준화된 조리과정과 위생적이고 밝은 분위기, 빠른 서비스 등으로 종래 음식점에 대한 인식을 바꾸고 체인화 전략을 통해 기업화, 대형화를 이룬 것이 특징이다. 고객은 젊은 층뿐만 아니라 식사시간이 부족한 직장인들에게도 인기가 높다.

2) 패밀리 레스토랑

패밀리 레스토랑(family restaurant)은 대규모 투자가 필수적이며, 자본 회수기간이 길어서(3-4년) 대기업이 많이 참여하는 외식업종이다. 최근에는 기존의 패밀리 레스토랑과는 차별화된 테마(theme) 레스토랑이 등장하고 있으며, 각 레스토랑은 자금력을 바탕으로 음식과 서비스의 품질을 유지하고, 사용료(royalty), 인건비, 식자재에 관한 비용을 절감시키는 합리적인 경영을 위해 노력하고 있다.

3) 퓨전 레스토랑

외식업계에 다양한 식당들이 등장하면서 1980년대 중반부터 성장한 업종이 퓨전 레스토랑(fusion restaurant)이다. 퓨전요리는 미국 캘리포니아에 많이 정착해 있는 동양인들에 의해 시작되고 발전해 왔는데, 동·서양의 조리기법에서 장점만을 살려 새로운 맛을 창조하기 위한 것이다. 현대인이 건강에 대한 관심도가 높아지면서 채소(vegetable)를 많이 사용하고, 기름지지 않은 동양 요리에 흥미가 많아지면서 미국에서 성공한 퓨전 레스토랑은 1990년대 세계 각국으로 전파되기 시작하였다.

4) 전문식당

전문식당(dining restaurant)이란 주로 특색 있는 요리를 취급하는 고급 레스토랑으로 호텔의 한식, 중식, 일식, 이탈리아식과 같은 업종의 식당이라고 할 수 있다. 테이블 서비스를 중심으로 편안한 분위기와 실내장식(interior), 종사원들에 의한 고품질의 서비스가 제공되며, 일일 특별(daily special) 요리를 비롯해 코스요리가 주요 메뉴가 되고 있다. 전문식당은 식사 시간이 오래 걸리며, 메인 코스(main course) 이외에 포도주(wine) 및 기타 음료도 준비하고 있으며, 고객은 취향에 따라 주문이 가능하다.

3. 식생활과 문화

인류가 지구상에 등장한 이후, 인간은 생존을 위해 식량을 얻고 확보하여 저장하는 투쟁의 역사를 통해서 문화를 형성해 왔다. 식생활은 인간이 삶을 영위하는데 필수적인 의(衣)·식(食)·주(住) 가운데 하나로 인류의 역사와 더불어 형성되었으며, 식생활의 역사 또한 문화에서 중요한 역할을 하고 있다.

식생활 문화는 한 민족이 서로 같은 환경과 역사 속에서 그 지역에서 먹는 것과 관련하여 공통으로 나타나는 행동양식을 의미하며, 여기에는 식품의 생산, 유통, 소비, 가공, 저장, 조리, 식기와 조리 용구, 상차림의 구성 양식, 식습관과 기호, 위생, 영양상태, 의례(儀禮)음식의 관행, 식품의 금기풍습 등과 같은 생활사, 심리, 사고방식 등의 넓은 범위를 포함하고 있다.

식생활 문화는 긴 역사의 시대적 흐름에서 자연·사회·문화·경제 등의 변천에 따라 영향을 받으면서 형성되어 왔고, 각 민족의 식생활 양식은 그 민족의 독특한 의식과 행위 전반에 관한 것부터 인간의 생활양식과 환경 그리고 역사적·지리적·사회적·문화적·경제적 요인에 의해 형성, 발전했다고 할 수 있다.

세계에는 여러 민족, 국가가 독특한 방식으로 생활하고 있고 이러한 환경에서 식사 방법, 식사 메뉴 등 음식문화가 발전하여 왔다. 일상생활에서 만나는 음식과 식품은 오랜 역사의 산물이며, 각 국가(민족)의 대표적인 음식이 되었고 기호(嗜好)식품을 보면서 문화의 차이를 이해할 수 있다.

식생활이란 오랫동안 특정한 지역에 살면서 그 지역에서 생산되는 재료를 이용하여 조리했기 때문에 국가 및 민족의 특성을 반영한 것이라고 할 수 있다.

식생활 문화는 인간을 인간답게 하는 문화적 행동이지만 한편으로는 식생활에 포함된 문화성은 민족 생활의 역사이며, 민족문화의 척도가 되기도 한다.

식생활 문화의 형성요인

요인별	내용
자연적 요인	위치, 풍토, 기후, 지세(地勢) 등
사회적 요인	종교, 전통, 관습, 풍속, 도시화, 국제화, 정보화 등
경제적 요인	생활수준, 소득수준, 노동조건 등
기술적 요인	식품산업, 가공기술, 저장기술 등
사회계층적 요인	핵가족화, 세대, 연령, 직업 등
심리적 요인	생활 가치관, 잠재적 욕구 등
국제화 요인	국제 교류, 식품의 수출 등

자료: 성태종·이연정·이욱·박경태·김동석·박미란·김인숙·신충진·최수근, 음식문화 비교론, 대왕사, 2007. p.23을 참고하여 작성함

4. 식생활 문화권의 분류

본 내용에서는 식생활 문화를 주식(主食)과 먹는 방법에 따라 분류하고자 한다.

1) 주식(主食)에 따른 분류

주식(主食)이란 주로 먹는 음식이 무엇인지에 따라 분류하는 것으로 쌀, 밀, 옥수수, 감자, 고구마, 토란, 마 등을 먹는 문화권이다. 일반적으로 세계 인구는 쌀, 밀, 보리, 호밀, 옥수수, 감자, 고구마 등을 주식으로 하고 있다.

(1) 쌀을 주식으로 하는 문화권

쌀을 주식으로 하는 문화권은 주로 인도, 동북아시아, 동남아시아이다. 우리나라와 일본 및 중국은 끈기가 있는 쌀밥을 선호하며, 동북아시아 지역에서는 끈기가 적은 쌀밥 또는 쌀국수를 선호하는 추세가 있다.

(2) 밀을 주식으로 하는 문화권

밀(wheat)을 주식으로 하는 문화권은 인도 북부, 파키스탄, 중동, 중국 북부, 북 아프리카, 유럽, 북아메리카 등이며 건조한 곳이어서 수확량이 적고, 목축이 많이 이루어지고 있어서 동물성 식품을 상대적으로 많이 섭취하는 특성이 있다.

(3) 옥수수를 주식으로 하는 문화권

옥수수를 주식으로 하는 문화권은 미국 남부, 멕시코, 페루, 칠레, 아프리카 지 역이며, 페루나 칠레에서는 낟알 그대로 또는 거칠게 갈아서 죽을 만들어 먹으며, 아프리카는 옥수수를 가루로 만들어서 수프(soup) 또는 죽(粥)을 끓여 먹는다.

(4) 서류(薯類)를 주식으로 하는 문화권

서류(薯類 : root and tuber crops)란 감자, 고구마, 토란(土卵), 마(yam) 등 을 주식으로 하는 것이며, 동남아시아와 태평양 남부의 여러 섬 등에서 주식으로 하고 있다. 1550년경 유럽에 전래(傳來)된 감자는 현재 밀과 함께 유럽에서 주식 으로 많이 활용되고 있다.

2) 먹는 방법에 따른 분류

식사하는 과정에서 사용하는 도구가 무엇인지에 따라서 분류하는 방법이며, 수 식(手食)문화권, 저식(著食)문화권, 기물(器物)문화권으로 분류할 수 있다.

(1) 수식(手食)문화권

수식(手食)이란 음식을 손으로 집어서 먹는 식문화이다. 음식을 먹을 때 손을 사용하는 것은 다른 문화권에서는 비위생적이고 원시적이라고 생각할 수 있지만, 이슬람교·힌두교·남아시아의 일부 지역에서는 엄격한 수식 예의(manner)를 지키 고 있으며, 남아시아·서아시아·아프리카·오세아니아(원주민) 지역에서는 이러한 생활 자체가 그 문화의 특색이라고 할 수 있다.

(2) 저식(著食)문화권

저식(著食)이란 숟가락이나 젓가락을 사용하여 음식을 먹는 문화이다. 중국의 문명은 화식(火食)에서 발생했다고 하며, 중국과 한국은 숟가락과 젓가락을 함께 사용하고 일본은 젓가락을 주로 사용한다. 대표적인 국가는 한국, 일본, 중국, 대만, 베트남 등이다.

(3) 기물(器物)문화권

기물(器物)이란 나이프(knife), 포크(fork), 숟가락(spoon)을 쓰는 문화권이다. 17세기 프랑스의 왕실이 거주하는 궁정(宮廷)에서 요리가 정착되었다고 하며, 유럽·러시아·북아메리카·남아메리카 등의 국가 및 지역에서 사용하고 있다.

식생활 문화권의 분류

먹는 방법	특징	지역	인구
수식(手食)문화권	이슬람교·힌두교·남아시아의 일부 지역에서 발전되었으며, 엄격한 수식 매너	남아시아, 서아시아, 아프리카, 오세아니아(원주민)	24억 (40%)
저식(著食)문화권	중국 문명 중 화식(火食)에서 발생하였다고 하며, 중국과 한국은 수저를 함께 사용하고 일본은 젓가락만 사용	한국, 일본, 중국, 대만, 베트남	18억 (30%)
기물(器物)문화권	나이프, 포크, 스푼을 사용하는 문화권으로 17세기 프랑스의 궁정요리에서 정착	유럽, 러시아, 북아메리카, 남아메리카	18억 (30%)

자료 : 이지현·김선희, 글로벌 시대의 음식문화, 기문사, 2013, pp.14-15를 참고하여 재작성함

5. 식문화와 관광

식문화는 인류의 탄생과 함께 전 세계의 국가와 지역에서 생활하는 과정(營爲)과 오랜 역사와 전통이 문화의 형태로 발전하게 되었다.

관광의 역사에서 고대 로마시대의 주요 관광 동기 및 목적은 크게 종교, 요양, 식도락(食道樂), 예술 감상, 등산 등의 형태로 나타났으며, 로마 사람들은 그리스(Greece) 사람들보다 훨씬 미식가였다고 한다. 이러한 사실은 당시의 조리 교본

(教本)이라고 할 수 있는 요리책(데 레 코퀴나리아 : De re coquinaria)이 출간된 것을 보아도 알 수 있으며, 포도주(wine)를 마셔가며 식사를 즐기는 식도락(gastronomia)이라는 말이 전해올 정도로 유명하였고 이는 관광형태의 종류가 되었다.

로마시대의 식도락은 맛(美食)을 추구하기 위해 지역을 탐방하면서 비만증에 걸린 병자들이 증가하게 되었고 이탈리아의 바이아(Baia)는 비만 치료를 위한 온천 요양 관광지로 발달하였으며, 요양객을 위하여 연극(演劇) 공연과 카지노가 설치 운영되었다고 한다. 이것이 바로 오늘날의 요양 온천관광이라는 형태를 탄생시키기도 하였다.

외식은 현대인의 생활양식(pattern)에서 중요한 일부분이 되면서 현대사회에서 성장 속도가 매우 빠른 산업으로 발전하게 되었다. 외식산업은 미국에서 1950년대부터 급속히 발달하기 시작하였으며, 세계 주요 국가들의 경제가 발전하면서 하나의 중요한 산업으로 인식하게 되었다.

세계 각국은 경제성장에 따른 소득의 증가 및 교육 수준의 향상, 개인의 의식과 생활양식의 변화, 그리고 새로운 문화에 대한 기대수준이 향상되면서 소비양식(pattern)도 변화하게 되었다. 개성적인 식사를 선호하며, 자신의 기호를 추구하는 식문화를 즐기려는 계층이 많이 발생하였다.

특히 관광은 문화에 대한 동경심과 다른 문화의 특성(異質性)을 체험하며, 음식을 통해 국가(지역)의 관광지, 체재지에서 생활환경을 직접 체험하려는 여행자들이 증가하면서 문화교류의 역할도 하는 중요한 매개체가 되었다.

고석면, 호텔경영론, 기문사, 2019.

고석면, 한국관광호텔의 내부관리에 관한 연구, 관광경영학연구, 관광경영학회, 1997.

김재민·신현주, 현대호텔경영론, 대왕사, 1991.

나정기, 호텔식음료 원가관리, 백산출판사, 1994.

성태종·이연정·이욱·박경태·김동석·박미란·김인숙·신충진·최수근, 음식문화 비교
론, 대왕사, 2007.

오정환, 호텔 마케팅 전략, 기문사, 1996.

오정환·이철호, 국제호텔경영전략, 가산출판사, 2000.

우경식, 관광산업의 이해, 새로미, 2013.

이지현·김선희, 글로벌 시대의 음식문화, 기문사, 2013.

이항구, 관광학서설, 백산출판사, 1995.

차길수·윤세목, 호텔경영학원론, 학림출판사, 2011.

최승이, 국제관광론, 대왕사, 1993.

표성수, 전략적 관광품질계획에 관한 연구, 호텔경영논총, 경기대학교, 1993.

홍성용, 스페이스 마케팅, 삼성경제연구소, 2008.

삼일회계법인, 서비스기업의 성공조건, 1993.

호텔 앤 레스토랑, 호텔에도 채용 브랜딩이 필요해(2024.05.13)

Arno Schmidt, Food & Beverage Management in Hotels, Van Nostrand Reinhold
Co., 1987.

Gary K. Vallen and Jerome J. Vallen, Check-in Check-out, Times Mirror Higher Education
Group, 1996.

Stephen Rushmore, Hotel Investment(A guide for Lenders and owners), Warren, Gopham
& Lamont.

W.A. Rutes and R.H. Penner, Hotel Planning and Design, Waston-Guptill Publication,
1985.

CHAPTER

TOURISM BUSINESS

10

리조트와
테마파크

리조트와 테마파크

제1절 리조트 사업

1. 리조트의 개념

리조트(resort)의 어원은 프랑스어의 리조트리어(resortier)에서 유래되었으며, 휴양을 위해 사람들이 가는 장소, 사람들이 자주 방문하는 장소를 의미한다. 리조트란 심신(心身)이 지친 사람들이 피로를 풀고 회복하기 위해서 자주 찾아가서 즐기는 곳이라고 할 수 있다. 고대 로마시대에는 로마인들이 보양(保養)과 휴양을 하면서 건강을 유지하기 위해 자연 온천수가 나오는 주변의 리조트를 자주 찾았던 것으로 추측하고 있다.

리조트는 오늘날 흔히 '종합 레크리에이션 센터' 또는 '체재(滯在)형 관광지'라고 부르지만 정확한 개념에 대해서는 견해에 따라 차이가 많다. 옥스퍼드(Oxford) 사전에 의하면, 리조트 랜드(resort land), 리조트 타운(resort town), 리조트 콤플렉스(resort complex) 등으로 부르기도 하며, '휴가 · 건강회복 등을 위해 사람들이 찾아가는 곳'이라 정의하고 있다. 또한 웹스터(Webster) 사전에 의하면 '휴가를 이용한 휴식과 레크리에이션을 위하여 사람들이 많이 방문하는 곳'으로 정의하고 있다.

리조트의 개념적 정의는 '사람들을 위해 휴양 및 휴식을 제공할 목적으로 일상생활권을 벗어나 자연경관이 좋은 곳에 위치하며, 레크리에이션 및 여가활동을 위한 다양한 시설을 갖춘 종합단지(complex resort town)'라고 할 수 있다.

리조트란 '자연경관이 수려한 일정 규모의 지역에 관광객의 욕구를 충족시킬 수 있는 현대적인 복합시설이 갖추어진 지역으로 사람들의 심신단련, 휴양 및 에너지를 재충전하여 삶의 활력소를 찾을 수 있도록 하는 목적으로 개발된 활동 중심의 체류(滯留)형 종합 휴양지'라고 할 수 있다.

리조트의 탄생배경은 명확하지 않지만 오늘날까지 전해져 오는 근거는 다음과 같다. 첫째, 고대 로마시대의 공중 목욕문화에서 시작되었다는 견해이다. 둘째, 영국·프랑스 등의 국가에서는 일조량의 부족을 극복하기 위한 관점에서 시작되었다는 것이다. 2천 년 전 고대 로마시대 베수비오(Vesuvius) 화산의 폭발로 한 순간에 화산재에 묻혀버린 이탈리아의 폼페이(Pompeii) 도시가 우연히 발견(1874)되어 당시의 건물 곳곳에서 목욕탕과 욕조(浴槽)는 물론 벽화에서도 목욕 문화가 표현되고 있다는 것으로 추측했을 때 리조트의 효시는 목욕 문화에서 탄생하였다고 해도 과언이 아니라고 하겠다.

2. 리조트의 분류

리조트는 사람들의 활동형태에 따라 다양하게 분류할 수 있으며, 특수한 지역에 레크리에이션, 스포츠, 숙박시설(호텔·콘도미니엄·유스호스텔·펜션)을 비롯하여 문화, 헬스 등 다양한 시설 등으로 구성되어 있으며, 리조트는 숙박 및 휴양 기능이라고 하겠다.

리조트는 입지, 이용 및 활동목적, 활동형태 및 시설목적 등에 따라 분류할 수 있으며, 학자들은 일반적으로 입지, 이용목적, 활동형태 및 시설목적에 따라 분류하고 있다.

1) 입지에 의한 분류

입지에 의한 분류는 리조트가 위치해 있는 장소적 개념으로 산지(山地), 해안, 전원(田園), 온천, 도시형으로 구분할 수 있으며, 숙박과 식음료, 스포츠 관련 시설이 주축이 된다고 할 수 있다.

입지에 의한 분류

구분	리조트 유형	주요 활동
입지	산지형(mountain resort)	스키, 골프, 등산, 산악자전거, 행글라이더 등
	해안형(seaside resort)	요트, 윈드서핑, 수상스키, 래프팅(rafting), 스킨스쿠버 등
	전원형(rural resort)	수목원 산책, 각종 체험 프로그램 등
	온천형(spa resort)	온천, 요양 등
	도시형(urban resort)	놀이공원(theme park), 동·식물원, 전시장, 공연장 등

자료 : 김우진, 호텔·리조트 부대시설 경영론, 기문사, 2012, p.67 ; 김기홍·서병로·강한승, 웰니스 산업, 대왕사, 2013, pp.157-168을 참고하여 작성함

2) 이용목적에 따른 분류

이용목적에 따른 분류란 어떤 활동을 위해서 리조트가 조성 운영되고 있는지에 대한 분류라고 할 수 있다.

이용목적에 따른 분류

구분	리조트 유형	주요 활동
이용목적	골프 리조트(golf resort)	운동 참여 및 관람
	스키 리조트(ski resort)	운동 참여 및 관람
	온천 리조트(spa resort)	숙박 위주의 요양, 보양 등
	카지노 리조트(casino resort)	게임 참여
	테마 리조트(theme resort)	특정 대상 학습 및 경험
	마리나 리조트(marina resort)	여가 활동, 요트 투어
	비치 리조트(beach resort)	해수욕 및 휴양
	교육/연수 리조트(education/training resort)	교육 활동 및 연수
	생태관광 리조트(ecotourism resort)	자연친화적 휴양 및 산림치유

자료 : 김우진, 호텔·리조트 부대시설 경영론, 기문사, 2012, p.67 ; 김기홍·서병로·강한승, 웰니스 산업, 대왕사, 2013, pp.157-168을 참고하여 작성함

3) 활동형태 및 시설목적에 따른 분류

소비자들이 행동하고 활동하는 형태와 병행하여 조성된 관점에서 구분하여 분류하는 것을 의미한다.

활동형태 및 시설목적에 따른 분류

구분	리조트 유형	주요 활동
활동형태 및 시설목적	스포츠 리조트(sports resort)	산악지역에 위치, 경기 참여 및 건강 유지
	헬스 리조트(health resort)	대도시 주변에 위치, 건강 유지
	휴양 리조트(vacation resort)	휴양 중심으로 섬, 산악지역에 위치
	마리나 리조트(marina resort)	항구 주변에 위치
	스키 리조트(ski resort)	산악지역에 위치, 경기 참여 및 건강 유지
	관광/유람 리조트(sight-seeing resort)	산악지역, 호수 등과 같은 곳에 위치
	복합 리조트(multi complex resort)	숙박, 오락, 상업 등의 복합시설

자료 : 김우진, 호텔·리조트 부대시설 경영론, 기문사, 2012, p.69 ; 김기홍·서병로·강한승, 웰니스 산업, 대왕사, 2013, pp.157-168을 참고하여 작성함

3. 외국의 리조트 현황

영국이나 프랑스는 비가 오거나 흐리고 안개가 끼어 습도가 높고 일조량이 부족하여 사람들은 날씨가 쾌청한 지역의 해변이나 온천지역으로 이동하여 일광욕을 즐기려는 욕구가 나타나게 되었다.

영국은 1660년경 킹 찰스 2세가 리조트를 이용한 것이 시작이었으며, 프랑스에서는 벨기에 사람이 온천에서 지병을 치료(1326)한 것이 오늘날 스파(spa)로 지칭되며 효시가 되었다고 한다.

스위스에서는 1800년까지 여름 휴가철의 리조트를 이용하는 것이 보편적이었으나, 1860년경 겨울 휴가철의 스키(ski) 리조트를 탄생시키게 되었고 그 후 여름과 겨울의 연중 헬스(health)와 스파(spa)를 이용하게 하는 것은 물론 방문객들을 위하여 게임(gamble)을 할 수 있는 공간을 마련, 운영함으로써 리조트 경영

의 혁신을 가져왔다.

미국에서는 18세기경 동부의 온천지역에서 시작되어 로드아일랜드(Rhode Island) 등의 해안지역으로 확대되었으며, 도시(town)를 가로지르는 철도의 건설(1868)을 계기로 본격적으로 발전하였다. 19세기경에는 건강 목적의 휴양과 애틀랜타(Atlanta) 부두의 오락시설을 이용하기 위하여 많은 사람이 몰려들기 시작하였고, 이들에게 숙박시설의 제공을 시작으로 발전하게 된 대표적인 도시가 애틀랜타(Atlanta)였으며, 당시 리조트의 효시가 되었다고 한다.

외국에서는 급격한 도시화와 산업화에서 오는 긴장감, 물질적 풍요에서 오는 정신적 폐해를 극복하기 위한 과정에서 현대인이 지향하는 성향에 부응하기 위한 형태로 변화되고 있으며, 복합형 리조트의 확산을 가져오는 계기를 마련하게 되었다.

4. 한국의 리조트 현황

한국 리조트의 역사는 스키장에서 시작되었다고 할 수 있다. 강원도의 용평에 스키장을 개장(1975)하면서 최초의 리조트 형식의 소비 공간이 되었다고 할 수 있으며, 숙박시설을 공동으로 소유하는 콘도미니엄은 경상북도 경주의 한국콘도가 효시(1980)라고 할 수 있다. 시대가 변화하면서 단순한 숙박시설이었던 콘도미니엄이 1980년대 이후 스키장과 결합하면서 리조트 시대가 본격적으로 시작되었다고 할 수 있다.

경제 성장에 의한 소득 수준의 향상과 근로시간의 단축으로 인하여 여가 시간이 증가함으로써 휴식과 여가활동을 하기 위한 욕구가 확대되면서 숙박 위주의 콘도미니엄보다는 사계절 이용 가능한 종합 레저타운 개념이 2000년대에 등장하였으며, 스키 리조트 중심에서 골프 및 휴양 리조트 중심으로 개발하게 되었다.

리조트도 시대적인 변화와 병행하여 골프·스키·온천·물놀이 등 여러 가지를 체험할 수 있는 시설이 조성되었고, 고객의 취향에 맞춘 다양한 프로그램을 기획하여 제공하기 위한 노력을 하게 되었다.

리조트는 일상 생활권을 벗어나 체류를 하고 소비하는 공간이 되어야 하며, 여가 활동과 휴식공간을 제공한다는 차원에서 시설과 규모, 서비스에서 차별화 경쟁을 하고 있으며, 고객을 유치하기 위하여 호화스러운 리조트들이 탄생하고 있다.

리조트의 신축에는 객실 규모를 대형화하는 경향이며, 건물도 기존의 빌딩 형태보다는 복층 구조의 단독 빌라 형태로 조성하는 것이 일반적인 추세이다. 해외에서 고급 리조트를 경험한 사람들이 급증하면서 공급자 위주의 리조트 시장이 소득향상과 여가시간 증가 등으로 수요자 중심으로 재편되고 있다는 것을 의미한다.

이러한 리조트는 고급스럽다는 이미지를 부각하기 위해서 호텔식 컨시어지(concierge) 서비스가 접목되어 고객이 도착할 때부터 떠날 때까지 지원서비스가 이루어지고 있으며, 일반인에게 개방하는 기존 리조트들과 달리, 회원제로 운영되는 것이 특징이다.

여가생활의 보편화가 국민생활의 일부분으로 정착되면서 리조트의 발전 가능성이 높다고 할 수 있으며, 중·장기적으로 자연·건강·치유·생태·친환경 등 특화된 테마를 갖춘 고품격 리조트가 주목받을 것으로 전망하고 있다.

5. 리조트 산업의 발전방안

1) 입지의 선정

리조트 사업은 입지적 특성이 중요하다고 할 수 있으며, 입지의 선정은 리조트 사업의 성패와 직결된다. 리조트의 입지 선정은 시설 규모 및 배치, 공간구성에서 매우 중요한 요소이며, 가격정책, 운영방향 등 정책 결정에 영향을 주게 된다.

리조트는 적정한 투자를 통해 시설을 조성해야 하고 소비자의 트렌드(trends) 변화에 대처하기 위해서는 시설의 위치 변경이나 재배치를 위한 유연성이 필요하다. 그러나 리조트 사업은 개관 준비부터 인·허가 과정, 개발에 많은 기간이 소요되며, 안정적 운영을 통한 수익성 확보를 위해 많은 시간이 필요하다. 리조트 사업은 비(非)유동자산이 차지하는 비율이 높고, 조성된 시설은 변경이나 재배치가 어려운 사업이다. 교통이 발전하면서 도심이나 유명 관광지에 분포하던 호텔이 다양한 지역에 위치하면서 호텔과 리조트의 경계가 명확하지 않게 되었으며, 리조트 사업은 호텔과 같이 입지의 선정이 수요창출에 중요한 역할을 한다는 것을 인식해야 한다.

2) 개발목표의 설정

기존에는 리조트 개발이 온천이나 기후를 고려한 요양·보양·휴식 등이 목적이었으나 소비자들의 욕구가 변화하고 높아지면서 골프·스키·요트·수영을 비롯한 스포츠 활동을 즐길 수 있는 복합형 리조트가 증가하고 있다.

복합형 리조트의 확산 및 대중화는 경제 성장에 의한 소득 증가와 생활수준의 향상, 각종 기술과 기계의 발달로 근로시간의 단축과 여가시간의 증가에 중요한 원인이 있다고 할 수 있다.

리조트 개발이 복합형 리조트 형태의 개발로 보편화되면서 초기부터 리조트의 특징을 부각시키는 테마(theme)성·독창성·창조성 등이 강조되어 건설되고 있다.

이러한 변화는 공급 측면에서 국민들의 레저욕구를 충족시키면서 수익성을 확보하기 위한 방안이 되었으며, 기업과 관심 있는 지방정부도 리조트 사업에 대한 새로운 인식을 하게 되었다. 그러나 리조트 개발이 환경문제를 야기한다는 보편적인 견해가 심각하게 대두되고 자연을 훼손시키는 리조트 개발은 크게 제약받을 것으로 전망된다. 따라서 자연을 보호, 관리하면서 환경을 중요시하는 개발 방향으로 전환하는 생태(ecology) 중심의 리조트가 증가할 것으로 예상된다.

3) 소비자 트렌드의 인식

현대인들은 삶의 질을 추구하는 생활양식으로 변화하면서 여가 시간을 활용하게 되었으며, 가치관의 변화, 소득의 증가, 교통수단의 발달은 리조트 산업에 커다란 영향을 미치게 되었다.

사람들은 급격한 도시화와 산업화로 인하여 긴장감을 조성하게 되었고 물질적 풍요에서 오는 정신적 갈등을 겪는 현대사회에서 긴장감을 해소하기 위해서 다양한 활동을 하게 된다. 리조트 사업에 영향을 주는 중요한 요소인 여가에 대한 인식, 교육 수준의 향상, 무역의 확대, 교통수단의 발달, 개별여행의 증가, 관광을 지향하는 성향 등은 리조트 산업의 변화를 촉진하는 계기가 되고 있다.

또한 고령화 사회의 진입, 정보화 시대, 국제화 사회로의 변화는 사람들의 삶에 많은 영향을 주고 있으며, 트렌드(trend)도 변화하고 있다는 의미가 된다. 이러한 환경변화는 소비자들도 기존의 스키, 골프 등의 스포츠를 중심으로 한 활동에서 건강, 문화, 생태를 비롯하여 복합적인 활동을 추구하는 개념의 리조트가 각광받을 것으로 전망할 수 있다.

리조트 산업도 소비자 트렌드의 변화를 인식하고 리조트를 개발해야 하는 것이 당면한 과제가 되었다.

4) 가격정책

가격(price)이란 재화 및 서비스가 갖고 있는 가치를 의미하며, 수요와 공급의 원리에 의해서 결정된다. 정보화 시대에는 소비자가 리조트에 관한 다양한 정보를 접할 수 있고, 장·단점의 비교가 가능하기 때문에 상품의 가치를 느낄 수 있도록 하기 위해서는 리조트의 특성이 무엇인지를 전달하는 것은 매우 중요한 요인이 된다.

리조트의 운영은 가격의 적정성을 실현함으로써 고객을 유치할 수 있고 소비자를 보호하는 정책이 우선되어야 이용률을 높일 수 있으며, 보급형 회원권 제도를 활용하여 투자비를 회수하기 위한 방안을 강구하는 추세이다.

가격정책은 소비자들의 이용률을 높이고 고객을 유치할 수 있는 마케팅적 요소이다. 리조트 사업이 공급자 위주의 시장일 경우 가격은 투자의 매력이 되었으나, 수요자 시장으로 전환함에 따라 가격정책은 투자한 자금을 회수하기 위한 중요한 전략적 요소가 되었다.

제2절 테마파크

1. 테마파크의 역사

테마파크의 역사는 고대 그리스와 로마에서 상거래를 촉진하기 위해 행해진 교역박람회에서 그 기원을 찾을 수 있다. 17세기에는 놀이정원이라는 일종의 공원(park)이 프랑스 전역에서 생겨나 유럽으로 확대되기 시작하였으며, 중세 유럽과 아시아에서 발달된 박람회·축제·서커스 등과 같은 오락 프로에서 진화되었다고 볼 수 있다.

위락공원(amusement park)은 17세기의 영국과 프랑스 등에서 산업혁명으로 인한 도시의 발전과 혼잡한 사회생활 속에서 인간적인 여유를 찾기 위한 움직임이 그 배경이라고 할 수 있다.

1930년대에 접어들면서 영화를 비롯한 여러 가지 대체적인 오락수단이 개발됨으로써 위락공원은 중대한 갈림길(岐路)에 서게 되었으며, 대표적인 위락공원으로는 미국 뉴욕 근교의 코니아일랜드(Coney Island), 덴마크 코펜하겐(København)의 티볼리 공원(Tivoli Gardens) 등을 들 수 있다.

18세기에 들어와 교역박람회나 위락정원에 각종 탑승물이 설치되기 시작하였으며, 특히 19세기 미국의 철도, 자동차가 보급됨으로써 유희(遊戲)시설이 대형화되었고, 관람, 공연, 식당, 상점 등의 편의시설도 설치되었다.

테마파크는 위락공원이 가지고 있는 요소에 영화, 공연기능 등과 같은 통일적인 테마를 중심으로 연출함으로써 다양한 체험과 만족감을 줄 수 있게 되었다.

미국의 테마파크(theme parks 또는 themed amusement parks)의 역사는 1950년대 디즈니랜드(Disneyland)사(社)에 의해 탄생(1955)한 'LA 디즈니랜드'에서 기원을 찾을 수 있으며, 캘리포니아의 디즈니랜드와 플로리다의 디즈니월드(Disney World)가 개장되면서 본격적인 테마파크의 시대가 열렸다고 할 수 있다. 디즈니랜드는 다양한 테마를 복합적으로 구성하여 이용자들에게 각광받게 되었고 세계적인 명소로 발전하게 되었으며, 유명한 캐릭터인 미키 마우스(Mickey Mouse)를 근간으로 하여 인종, 성별, 연령에 관계없이 많은 사람이 이용하는 거대한 산업으로 성장하였다.

테마파크가 산업화된 데는 오락(entertainment)공원에 대한 수요의 증대가 기본적으로 작용하였지만, 중요한 요인은 미국의 자동차업계에서 자동차 수요를 증대시키기 위한 '경영전략'이 있었고 육상교통과 항공산업의 발전도 테마파크의 새로운 시장을 촉진시켰다고 할 수 있다.

테마파크의 발전 배경은 세계 각국의 관광수입 증대와 국민들의 복지 차원에서 국가별 특성과 성격에 부합하는 독특한 주제를 기반으로 크고 작은 테마파크를 조성하게 된 데 있다.

한국은 1960년대 동·식물을 소재로 한 산책과 휴식을 위하여 일부 지역에 도시공원이 설치된 것이 시초이다. 1970년대부터 경제발전이 가속화되면서 어린이 대공원이 위락공원으로 개장하였고, 전통적으로 내려오는 아름다움(傳統美)을 주제(theme)로 한 용인 민속촌이 개장(1974)되었다. 이러한 공원들은 체험보다는 관람이 위주였으며, 대규모 놀이시설을 갖춘 복합레저 공원인 경기도의 용인 자연농원(에버랜드)이 개관(1976)하면서 테마파크의 새로운 장을 열었다.

2. 테마파크의 개념

테마파크(theme park)란 명확한 테마를 설정하고, 여러 가지의 시설·구경거리·음식·쇼핑 등 종합적인 위락공간을 구성하여 방문객들로 하여금 휴식에서 놀이까지 하나의 코스로 즐기도록 하는 위락시설이라고 정의할 수 있다.

초기의 테마파크는 위락공원(amusement park)의 원래 형태인 유원지(leisure land)였다고 할 수 있으며, 명확한 주제 설정도 부족하고 방문객의 흥미와 관심을 유도할 수 있는 소재도 미약해 단순히 오락성을 띤 장소에 지나지 않았다.

테마파크는 기존의 유원지에 테마를 준 공원으로 유원지보다 한 단계 더 발전한 것이며, 주요 테마는 일상의 반복과 지루함에서 벗어나 새로운 환상과 공상의 세계, 옛 시절의 향수(鄕愁)를 불러일으킬 수 있는 내용, 혹은 역사의 한 부분을 재현하는 내용 등 비일상적이고 비현실적인 내용이 주종을 이룬다고 할 수 있다.

테마파크(theme park)는 일정한 테마(주제)에 입각하여 유기시설의 유무에 관계없이 쇼 또는 이벤트 등의 소프트웨어를 결합해 공간 전체를 연출하여 오락을 제공하는 시설로 만들어진 유원지 내지는 레저시설로 정의할 수 있다.

3. 테마파크의 분류

테마파크는 테마의 공간성, 특별한 주제(theme)성, 유사성, 형태, 개념별 주제 특성 등 다양한 형태로 분류할 수 있다. 테마파크는 특정한 주제를 중심으로 분류하고 있으나, 비슷한 성격이 있는 주제들이 복합적으로 나타나는 유사성(類似性)이 있다고 할 수 있다.

1) 공간적 분류

테마파크의 공간적 분류란 테마파크가 위치한 공간의 여건에 따라 자연공간과 도시공간으로 구분하며, 활동에 따라 주제형과 활동형으로 분류할 수 있다.

첫째, 자연공간과 주제형 동식물·어류·정원 등
둘째, 자연공간과 활동형 리조트·바다·산·고원·온천 등
셋째, 도시공간과 주제형 산업·과학·풍속·구조물 등
넷째, 도시공간과 활동형 스포츠·오락·건강·예술 등

2) 주제별 분류

테마파크를 구성하고 있는 개념(concept)과 시설 및 이벤트 프로그램 등 주제가 무엇인지에 따라서 문화와 역사(culture & history), 정원과 예술(garden & art), 애니메이션(animation), 과학과 첨단기술(science & hi-tech), 수상놀이(water), 스튜디오(studio), 복합형(complex) 등으로 분류하는 것이다.

테마파크의 주제별 분류

구분	개발 콘셉트
사회 · 역사 · 민속	민가(民家), 건축, 민속, 공예, 예능, 풍속 등
생물	동물, 새, 고기, 식물 등
산업	광산(鑛山)유적, 지역 산업시설, 전통공예 등
예술	음악, 미술, 조각, 영화, 문학
놀이	스포츠, 놀이기구 등
환상적 창조물	캐릭터, SF영화, 동화, 만화, 서커스, 과학 등
과학 하이테크	우주, 로봇, 바이오, 통신
자연자원	자연경관, 온천, 공원, 폭포, 하천

자료 : 김창수, 테마파크의 이해, 대왕사, 2011, p.28을 참고하여 작성함

3) 형태별 분류

테마파크의 형태적 분류란 테마파크가 제공하는 기능적 특성에 의해 학습과 연관성이 높은 학습형태를 비롯하여 산업형태, 오락형태로 분류할 수 있다.

테마파크의 형태별 분류

구분	주요 주제	내용
학습형태	자연(nature)	자연현상, 물고기 · 바다, 조류, 야수(野獸)
	역사(history)	유적, 역사, 민가, 거리(距里), 민화(民話) 등
	예술 · 예능(art)	음악, 회화(繪畵) · 조각, 문예, 전통예능 · 연극 등
산업형태	1차 산업(farm)	과수원, 목장, 원예(꽃) 등
	2차 산업(factory)	광산업, 공예업, 양조업, 과자업, 완구업 등
	3차 산업(shopping)	전통공예, 특산물의 전시 및 판매 등
오락형태	외국 풍물(foreign)	특정 국가 · 거리
	연예(entertainment)	캐릭터, 예능, 과학, 역사 등
	놀이 · 건강(recreation · health)	워터파크, 스포츠, 온천 · 헬스
	유원지 및 게임(amusement)	유원지, 게임 등

자료 : 문화체육관광부, 유기장업 육성발전세미나 자료, 1997, p.50 ; 김우진, 호텔 · 리조트 부대시설 경영론, 기문사, 2012, p.220을 참고하여 작성함

4) 개념별 주제 및 내용적 분류

테마파크가 갖고 있는 주제의 특성에 부합하는 내용이 무엇인지에 따라서 분류하는 것으로 상상의 세계, 미래과학, 친환경, 교육과 예술로 구분할 수 있다.

테마파크의 개념별 주제와 내용에 따른 분류

개념별 주제	내용
상상의 세계 (imaginations)	꿈·환상, 오락, 영화, 동화·만화, 캐릭터, 신화·전설(간접체험), 미니어처(miniature), 서커스(acrobatics)
미래과학 (future & science)	교통, 우주, 미래, 통신, 바이오, 게임(가상현실)
친환경 (nature & life)	동물, 식물, 곤충, 바다·물고기, 자연, 물, 불
문화(culture)	건축·풍속(상징물), 구조물, 민속(상황 재현)
교육과 예술 (education & art)	과학, 문화, 예술, 전설·역사, 인물, 교육

자료 : 김창수, 테마파크의 이해, 대왕사, 2011, pp.29–30을 참고하여 작성함

4. 테마파크 사업의 특성

테마파크 사업은 본질적으로 비일상성, 공간 사업이며, 국민들의 소득이 일정 수준에 도달한 이후에야 비로소 발전할 수 있는 '소득 탄력적'인 성격이 있다. 사업적 특성은 입지 조건, 인건비, 높은 투자비가 요구되지만 대규모 장치산업으로 경기부양과 경제적 효과에 기여하는 사업적 특성이 있다.

1) 공간·장치 산업

테마파크 산업은 초기 막대한 투자를 필요로 하는 자본집약적인 공간·장치 산업이다. 테마파크의 비용구조는 대체적으로 토지 및 설비비가 높고 비유동자산 관련 비용(감가상각비, 보험료, 토지 등의 세금, 임차료 등)이 높은 비중을 차지하고 있다.

테마파크는 무엇보다도 거대한 자금 조달능력을 필요로 하며, 초기 투자(10억 달러)비용과 호텔, 쇼핑센터 등 부대시설을 추가하면 막대한 자본과 고도의 기술 및 전문 인력 등이 필요할 뿐 아니라 장기간의 개발 기간이 필요하다. 따라서 재원 조달을 주로 투자자와 금융기관에 의존하기 때문에 신뢰를 얻은 대기업이 주도할 수밖에 없는 구조적 한계도 있다.

또한 테마파크 사업은 개장 이후에도 고객들을 지속적으로 유치하기 위해서는 추가적인 시설 도입은 필수적 요인이며, 설비의 교체와 유지를 위해서는 추가적인 비용이 필요하게 되어 경영 수지를 악화시킬 수도 있다.

테마파크는 초기의 투자규모를 매출액의 2배 이내로 억제하고 있으며, 용지투 자는 초기 투자의 10% 이내, 인건비의 비중은 매출액의 20% 전후이며, 테마파크 의 운영비용은 건설비용의 절반으로 억제하는 것이 바람직하다고 하고 있다.

2) 노동집약적 산업

테마파크 사업은 투자비용이 높고 주제별 특성에 따라 다양한 서비스가 제공되 어야 한다. 건설 초기에는 건설 인력의 고용효과가 높으며, 개장 이후에는 서비스 분야의 인력이 필요한 사업이다.

테마파크는 주제별 특성에 차이가 있겠지만 안전 및 시설관리를 비롯하여, 식음 료 서비스, 영화, 디자인, 음악, 연출, 조명, 의상 등 분야와 업무영역에 적합한 전문 인력이 요구되는 노동집약적인 산업이다.

테마파크의 이용객에게 서비스를 제공하기 위해서는 다양한 노동력이 필요하 며, 높은 고용은 인건비의 비중이 높을 수밖에 없다는 의미가 된다. 따라서 테마파 크에서는 인적 자원을 성·비수기 계절을 고려하여 탄력적으로 운영하기도 하며, 인건비의 비중을 매출액의 일정 비율에 맞추어 운영하려고 노력하고 있다.

3) 과점(寡占)적 산업이지만 독점(獨占)적 산업

과점(寡占)이란 상품의 공급에서 경쟁자가 소수(小數)인 경우를 표현하는 용어이다. 테마파크 산업은 초기에 막대한 투자를 필요로 하는 장치산업이기 때문에 자본력이나 경영기법, 전문 인력을 확보하지 못한 기업은 채산성을 맞추기 어렵기 때문에 소수의 대기업이 참여하여 시장을 장악하고 수요의 대부분을 공급하는 시장형태로 나타날 수 있다.

독점(獨占)이란 상품의 공급에서 경쟁자가 없는 경우를 통상적으로 표현하는 용어이다. 테마파크 사업은 특정한 주제를 갖고 판매하기 때문에 일종의 독점(獨占)적 시장형태가 될 수 있다는 의미이며, 독특한 주제를 기반으로 개발되어 운영함으로써 독창성과 나름대로의 독점력을 갖고 있다고 할 수 있다. 그러나 소비자는 특정 주제와 맞는 상품성에 대한 인식이 부족할 수도 있으며, 지역주민을 주된 고객층으로 하고 있는 테마파크는 비슷한 규모의 업체들과 상호 경쟁을 해야 하기 때문에 완전한 독점이라고 인식하기는 어려울 것이다.

4) 계절적 산업

테마파크는 막대한 비유동자산이 투자되었기 때문에 연중 영업이 가능해야 하고 입장객 수의 편차가 적어야 한다. 전 세계적인 테마파크 사업이 해당되는 것은 아니지만 기후가 양호한 지역에 많이 입지해 있다.

테마파크 사업은 수요와 공급의 조절이 어렵고 계절적 영향을 많이 받는다고 하며, 특히 야외(野外) 테마파크의 경우 계절과 날씨 변동에 민감하다고 한다. 세계적으로 유명한 야외 테마파크는 피크(peak)영업(3-4월)을 시작하여 이를 종료하는 계절(9-11월)에 맞추어 개원과 폐원을 할 수밖에 없다.

테마파크의 이용객 편중현상은 레저사업이 공통적으로 직면하는 특징 가운데 하나이지만, 테마파크의 경우 레저사업보다 심각한 시간대별·요일별·계절별 이용객의 편중현상이 발생하고 있어 경영하는 데 어려움이 많다고 제기하고 있다.

테마파크는 이용객의 편중현상이 심하고 수요 예측이 어려운 사업이지만 테마의 독창성, 입지적 조건의 강조, 교통의 편리성을 부각시키고 적절한 요금 정책을 수립하여 방문비율을 높이고 체류시간의 연장과 소프트웨어(software : 이벤트·퍼레이드 등)적 차원의 다양한 상품을 개발하는 것도 바람직한 방법이다.

5) 첨단 종합산업

테마파크의 질적 수준은 과학기술의 발달 수준에 의해 결정된다고 할 수 있으며, 이들 산업에서 축적된 경영기술을 적극적으로 활용할 필요가 있다고 한다.

미국에서 출발한 테마파크는 유럽을 거쳐 아시아와 기타 지역으로 확산되었으며, 과학기술의 발전은 테마파크 산업에도 많은 영향을 주고 있으며, 고도의 과학기술을 바탕으로 첨단기술(science & hi-tech)을 테마파크에 도입하는 국가가 많아지고 있다.

테마파크 산업은 종합적인 산업기술의 발전을 필요로 하는 첨단산업 내지는 종합산업이다. 미래의 테마파크는 최첨단 과학기술의 활용과 첨단기술(science & hi-tech)을 활용한 테마파크가 주를 이룰 것이라는 예측이다.

5. 테마파크 산업의 미래

1) 소비 트렌드의 반영

테마파크가 요청되는 사회·경제적 배경은 소비자들의 욕구 변화이다. 인간의 욕구는 기본적인 생존욕구에서 경제가 발전하고 사회 환경이 변화함에 따라 욕구가 다양한 형태로 표출되게 되었다. 소비자는 생활의 여유가 생기면서 새로움을 추구하는 형태로 전환되면서 테마파크에 대한 기대가 커지게 되었고 저렴한 복제물이 아닌 진짜를 추구하게 되었다.

테마파크는 교통시설이 정비되고 자동차가 보급됨에 따라 이동이 수월해지고 행동반경이 확대되었고 수요시장의 변화에 영향을 미치게 되었다. 수요시장의 확대는 테마파크 사업에는 바람직한 현상이지만 소비자들에게는 선택의 폭이 확대되어 방문자들을 확보하기 위한 치열한 마케팅 경쟁이 발생하게 되었다.

소비 트렌드에 대한 인식의 필요성은 관람객들의 개성화, 활동적인 참여, 서비스에 대한 기대 등에서 비롯된다. 테마파크가 출현한 이래 그동안 주요 고객층으로 인식되었던 청소년층의 인구 감소, 가족 중심의 방문이 합계 출산율 저하로 인하여 인구 비중이 줄어들고 있으며, 여성의 사회진출 증가, 고령화 사회 진입, 경제력과 구매능력이 있는 노령인구의 확산은 사회적 현상이다.

테마파크 사업은 상품개발과 서비스 품질을 향상하고, 안전성 확보를 도모하면서 환경변화에 대처해야 하며, 환경변화에 대처하고 소비자들의 취향과 선호도에 부응해야 하는 중요한 시점에 있다.

2) 특색 있는 주제 설정

테마파크는 지역특성에 부합하는 소재들을 활용하는 경우가 많으며, 현재 운영하고 있는 테마파크는 독창성이라는 특색(特色) 있는 주제들을 활용하여 방문객을 유치하려 노력하고 있다.

테마파크는 건설 당시부터 독자성을 추구하려고 하며, 지역 특성을 기반으로 아이덴티티(identity)를 확립하기 위해서 노력하고 있으며, 소비자들에게 쉽고 빠르게 이미지를 전달할 수 있는 아이덴티티(identity)를 선정하는 것은 매우 어려운 과제 중 하나이다.

테마파크를 운영하는 경영자들은 아이덴티티(identity)를 중요한 경쟁력의 수단으로 인식하고 있으며, 아이덴티티(identity)를 활용하여 소비자 유치에 노력하고 있다. 또한 주제에 맞는 캐릭터(character)를 매개로 하여 브랜드에 대한 친밀감을 높이고 적은 비용으로 마케팅도 확장할 수 있다고 판단하고 있다.

지역 특성에 맞는 주제(theme)를 선정하기 위해서는 지역산업의 특징이나 문화 축제와의 연계, 나아가 지역이나 도시 자체를 테마파크로 전환하기 위한 방향도 필요하다고 생각한다.

테마파크의 주제가 특색이 없다면 경쟁력은 약화될 수밖에 없으며, 특색 있는 테마파크 개발을 위해서는 지역 문화·테마의 지속적 발굴을 위한 조사 및 연구가 필요하고, 마케팅 등을 수행할 인력을 육성하기 위한 프로그램도 중요하다.

특색 있는 테마파크 사례

구분	사례
꿈과 모험 그리고 미래	디즈니랜드(Disneyland)
역사와 과거시대의 재현	노츠베리 팜(Knott's Berry Farm)
우주·과학	스페이스 월드(Space world), 엑스포 랜드(Expo land)
음악과 문화	게일로드 오프리랜드(Gaylord Opryland)의 컨트리 뮤직
영화	유니버설 스튜디오(Universal Studios)
공장	허쉬 파크(Hershey park)
물과 어류	씨 월드(Sea world), 오션파크(Ocean park)
야구	보드워크 앤드 베이스볼(Boardwalk and Baseball)
도전과 용기	식스 플래그 매직 마운틴(Six Flags Magic Mountain)

3) 지역과 연계한 테마파크 개발

테마파크의 건설이 국가 및 지역사회에 미치는 다양한 효과가 있다. 테마파크의 건설은 국가 전체에 생산 유발효과를 가져오는 것은 물론 지역에는 지역사회 주민들의 고용 창출과 조세수입의 증대를 가져와 사회 간접시설에 투자함으로써 생활 기반시설의 확충 및 정비효과 등을 가져온다.

테마파크의 개발은 사회·교육적 효과를 창출하기도 하며, 지역의 이미지를 새롭게 하는 계기가 될 뿐만 아니라 주민의 애향심을 높여주며, 주민의 문화예술에 대한 향수를 고취시키기도 하고 환경체험, 공연체험, 문화 인식 등 다양한 콘텐츠의 구성으로 즐기고 배우는 교육적 효과를 달성하기도 한다.

테마파크는 일정한 공간을 활용하여 특성을 표출함으로써 지역의 특징을 자연스럽게 홍보할 수 있으며, 자연을 소재로 한 테마파크의 개발은 자연환경의 보호 및 관리에도 많은 영향을 끼치고 있다.

테마파크는 종합산업적 성격이 있으며, 역사, 문화, 정보, 관광, 연예산업 등의 육성이 가능하고 지역 활성화와 특성 있는 도시로서의 새로운 가치를 창조할 수 있다. 테마파크의 개발은 지역의 특성, 지역 산업들과 연계하여 다양한 테마파크가 출현하지 않는다면 미래를 담보하는 것이 쉽지 않다는 것이다.

4) 스토리텔링의 구축

테마파크가 지니고 있는 특징의 한 가지는 일상성이 아닌 비일상성을 제공한다는 것이다. 일상생활에서 접촉하기 어려운 공간을 재현하기도 하고 그 장소에서 벌어질 수 있는 체험거리를 비롯하여 오락, 쇼핑 등 다양한 경험을 할 수 있는 공간이며, 이야깃거리들이 존재한다.

스토리텔링이란 다양한 매체를 활용하여 이야기를 표현하고 전달하는 의사소통의 기법이라고 할 수 있다. 테마파크에서도 다양한 개념(concept)의 스토리를 추가하여 중요한 특징을 소개하는 스토리텔링(storytelling)은 흥미, 체험, 교육, 상호작용과 같은 중요한 역할을 하고 있다.

모든 테마파크의 특징이 문화 콘텐츠에 기반을 두지는 않았지만 특정 주제를 설정하고 그에 맞는 분위기를 조성해서 전체적으로 일관성 있게 구성해야 한다. 특히 테마파크의 핵심가치를 염두에 둘 필요가 있으며, 사람들의 기억에 오랫동안 남아 있고 경험을 제공할 수 있는 독창적인 스토리를 구축하여 방문객에게 안내하고 설명하기 위한 노력이 요구된다.

강소미, 국내 테마파크의 미래와 전략 방향, 야놀자리서치, 2023.

김기홍·서병로·강한승, 웰니스 산업, 대왕사, 2013.

김우진, 호텔·리조트 부대시설 경영론, 기문사, 2012.

김창수, 테마파크의 이해, 대왕사, 2011.

서천범, 2000년대의 레저산업, 기아경제연구소, 1997.

엄서호·서천범, 레저산업론, 학현사, 2009.

이규식, 창의산업으로서의 테마파크, 프랑스 문화연구(23집), 2011.

장희정·양위주, 레저, 대왕사, 2000.

문화체육관광부, 유기장업 육성발전 세미나 자료, 1997.

문화체육관광부, 유원산업의 진흥 및 관리방안에 관한 연구, 1997.

한겨레신문(2012.5.16)

CHAPTER

TOURISM BUSINESS

11

카지노와 국제회의

11 카지노와 국제회의

제 1 절 카지노업

1. 카지노의 역사

1) 외국

카지노 게임은 17-18세기 유럽의 귀족사회에서 사교의 수단으로 소규모 클럽 형태로 운영되기 시작한 것을 근대적인 카지노의 시작으로 보고 있다. 독일에서는 18세기 중엽 온천 주변인 바덴바덴(Baden-Baden)과 비스바덴(Wiesbaden)에 카지노 게임이 설치되어 운영(1820, 20개)되었다고 한다.

19세기에는 회원제(club style) 중심의 카지노가 유럽 각국에서 개업하였으며, 유럽인들의 활동이 활발해지면서 카지노가 전 세계에 확산되기 시작했고 20세기 초까지 유럽지역은 카지노의 중심지였다.

미국에서는 서부 개척기 시대에 도박이 성행하였으나 카지노라는 시설을 선보인 것은 19세기 중엽 미시시피(Mississippi)강에 정박했던 호화 여객선이었다. 미국의 주(states)정부에서는 생존과 정부재원을 확충하기 위해 복권 추첨을 하였으며, 이를 경제적 곤란을 해결하는 수단으로 이용하였다. 따라서 미국 정부는 정부의 수입에 카지노를 포함시키는 규정을 제정해 도박(gambling)에 더욱 큰 관용을 베풀어주기도 하였다.

카지노가 오늘날과 같은 사업의 한 형태로 발전하게 된 것은 1930년대 미국에서 대공황(大恐慌)을 극복하기 위한 하나의 대책으로 네바다주(State of Nevada)에서 카지노를 합법화(1931)하면서 본격적으로 육성하면서 상업적 성격의 카지노 중심지로 등장하게 되었다. 미국의 카지노는 유럽지역의 소규모 클럽형태를 과감히 탈피하면서 거대한 기업형태로 발전하였다.

카지노가 세계적으로 자리 잡게 된 것은 1960년대 이후, 미국, 유럽, 아시아, 아프리카 국가들이 외화획득과 세원 확보를 목적으로 카지노산업을 육성하게 되면서부터였다. 1970년대까지의 미국 카지노는 단순한 도박 위주의 도박장에 불과했으나 1980년에 들어와서 카지노는 리조트 개념으로 탈바꿈하였고, 카지노의 이미지도 가족 단위의 휴양지로 변화하면서 미국 전역으로 확산되었다.

2) 한국

한국에서의 카지노는 외국인을 상대로 하는 오락시설로서 외화획득에 기여할 수 있는 사업이라 인식하였고 관광을 진흥시키기 위한 목적이었다. 외래 관광객 유치를 위하여 외국 선박의 출입이 많은 인천에 선원들이 즐길 수 있는 인천 올림포스(Olympos) 호텔 카지노를 허가(1967)한 것이 카지노업의 시작이었다. 또한 일본 오키나와(Okinawa)를 찾아가는 주한 미군을 유치하기 위해 외래 관광객을 위한 전용 위락시설인 서울 워커힐(Walkerhill) 카지노가 개장(1968)되었다.

1960년대 「복표발행·현상기타사행행위단속법」을 개정(1969)하여 카지노에 내국인 출입을 제한하게 되었으며, 내국인을 대상으로 사행(射倖)행위를 하였을 경우 영업 금지 또는 허가 취소의 행정조치를 취할 수 있게 하였고, 외국인만을 대상으로 이용하게 하는 제한적인 근거를 마련하게 되었다.

1970년대에 들어와 카지노는 주요 관광지로 확산되어 속리산을 비롯하여, 부산, 경주 지역에 카지노가 신설되었고, 1980년대 강원도, 제주에 신설되었는데, 카지노의 신규 허가가 완화된 제주도에는 신규 카지노들이 대거 개장하게 되었다.

1980년대 말 정부는 비경제성인 탄광을 폐광시키고 경제성이 있는 탄광만을 육성하기 위한 취지로 석탄합리화 정책을 추진하게 되었다. 1990년대에 많은 탄광이 폐광하면서 강원도 지역은 석탄 생산량이 급격히 감소하게 되어 지역경제가 크게 위축되자 경제를 회생시키기 위한 대책으로 '강원도 정선군 고한읍(古汗邑) 백운산 지구'를 국내에서 유일하게 내국인 출입이 가능한 카지노 건설지역으로 정하게 되었다.

정부에서는 석탄산업의 사양화(斜陽化)로 인하여 낙후된 폐광지역(廢鑛地域)의 경제를 진흥시켜 지역 간 균형 있는 발전과 주민의 생활 향상을 도모하기 위한 목적으로 「폐광지역 개발 지원에 관한 특별법」을 제정(1996)하였다. 그동안 내국인 출입이 허용되지 않았던 우리나라에서 내국인 출입이 가능한 카지노 설립이 포함되어 있었으며, 해당 지역으로 고한, 사북(舍北) 지역이 선정되었고, 그 결과 탄생한 것이 (주)강원랜드(1999)이다.

세계적인 카지노 추세는 숙박, 레포츠, MICE, 테마파크, 쇼핑, 컴퓨터 게임(gaming) 등을 갖춘 복합리조트(integrated resort) 형태로 변화하고 있다.

한국 카지노의 변천사

시기	주요 내용
1961년	• 카지노 운영을 위한 최초의 관련 법규 「복표발행·현상기타사행행위단속법」의 제정
1967년	• 최초로 인천 올림포스 호텔 카지노 개설
1968년	• 워커힐 호텔의 카지노 개장
1969년	• 「복표발행·현상기타사행행위단속법」의 개정으로 카지노업장에 내국인 출입 금지
1970년대	• 주요 관광지 확산 : 속리산 관광호텔 카지노(1971), 제주 칼 호텔 카지노(1975), 부산 파라다이스 비치호텔 카지노(1978), 경주 코오롱 관광호텔 카지노(1979)
1980년대	• 강원 설악파크 호텔 카지노(1980), 제주 하얏트 호텔 카지노(1985)
1990~1991년	• 신규 카지노업장 개설 : 제주 그랜드호텔, 제주 남서울 카지노, 제주 서귀포 칼 호텔, 제주오리엔탈 호텔 카지노, 제주 신라호텔 카지노 • 「복표발행·현상기타사행행위단속법」이 「사행행위 등 규제법」으로 개정
1994년	• 「관광진흥법」 개정(카지노산업을 관광산업으로 규정) • 행정조직의 개편에 따른 관광 주무부서가 교통부에서 문화체육부로 이관
1995년	• 「폐광지역 개발지원에 관한 특별법」 제정을 통해 폐광진흥지구 지정 및 종합개발계획 수립, 개발에 따른 각종 규제사항의 완화, 내국인 출입이 가능한 카지노 설치 허용

1997년	• 카지노 전산시설을 이용한 영업실적 기록 의무화 • 관광진흥법 시행규칙을 개정(1997.12.01)하여 카지노 영업종류에 슬롯머신, 비디오 게임 및 빙고게임을 신설(1998.01.02 시행)
1998년	• 폐광카지노 법인인 (주)강원랜드 출범
1999년	• 폐광지역 종합개발사업 카지노 리조트 기공식(정선, 1999.09.01) • 외국인 투자 촉진법 개정으로 관광사업(카지노 포함) 시 외국인 및 외국인 사업자에 게 개방 • 카지노 감독 전문기구 설립 추진(5월)
2000년	• 내국인 출입 허용 최초 강원랜드의 스몰(small) 카지노 개장
2003년	• 강원랜드의 스몰 카지노 폐장 및 강원랜드 메인 카지노 개장
2004년	• 제주국제자유도시특별법(2004.01.28)의 신설로 제주지역의 관광사업에 5억 달러 이 상 투자하는 경우 외국인 카지노 허가 특례
2005년	• 그랜드코리아레저㈜에 3개 카지노 신규 허가(서울 2개, 부산 1개) • 기업도시개발특별법(법률 제7310호, 2005.05.01 시행) 제30조 개정 • 관광레저형 기업도시의 실시계획에 반영하여 관광사업에 투자하는 사업시행자에게 외국인전용 카지노업 허가특례(5,000억 원 이상 투자)
2006년	• 제주지역 카지노 인·허가권을 제주특별자치도에 이양
2007년	• 카지노 등 사행산업을 통합 관리 감독하는 사행산업통합감독위원회 출범
2013년	• 새만금 사업 추진 및 지원에 관한 특별법(법률 제11542호) 개정 • 새만금 사업지역에서의 관광사업에 투자하려는 경우 외국인전용 카지노업 허가(미 합중국 화폐 5억 달러 이상)
2014년	• LOCZ 코리아(리포·시저스 컨소시엄), 인천경제자유구역 카지노업 사전심사 적합 통보
2015년	• 크루즈산업의 육성 및 지원에 관한 법률(법률 제13192호, 2015.08.04 시행) 신설 • 국제 순항 국적 크루즈선으로 외국인 전용 카지노업 허가 특례(총톤수가 2만 톤 이상)
2016년	• 인스파이어 인티그레이티(Inspire-IR) 리조트사의 인천 경세자유구역 내 카지노 사업 사전심사 적합 통보

자료 : 문화체육관광부, 2022년 관광동향에 관한 연차보고서, 2023, p.265 ; 기타 자료를 참고하여 작성함

2. 카지노의 개념

카지노(casino)의 어원은 도박, 음악, 쇼, 댄스 등 여러 가지 오락시설을 갖춘
집회장(작은 집)이라는 의미의 이탈리아어 카사(casa)이고, 르네상스 시대에는
귀족이 소유했던 사교 오락용(댄스, 당구, 도박 등)의 별관을 뜻했으나 지금은 해

변, 온천, 휴양지 등에 있는 게임장을 의미한다.

관광진흥법에 의하면 카지노는 관광사업의 종류로서 "전용영업장을 갖추고 주사위·트럼프·슬롯머신 등 특정한 기구 등을 이용하여 우연(偶然)의 결과에 따라 특정인에게 재산상의 이익을 주고 다른 참가자에게 손실을 주는 행위 등을 하는 업"으로 규정하고 있다.

카지노 사업은 관광의 진흥과 발전에 중요한 역할을 하며, 관광호텔의 부대시설로서 외래 관광객에게 게임, 오락, 유흥을 제공하여 체재기간을 연장하고 외화를 획득할 수 있는 사업 중 하나가 되었다.

카지노의 개념을 국어사전에서는 음악, 댄스, 쇼 등 여러 가지 오락시설을 갖춘 실내 도박장으로 정의하고 있으며, 웹스터(Webster)사전에서는 모임, 춤 그리고 전문 도박(professional gambling)을 위해 사용되는 건물이나 넓은 장소라고 정의하고 있다.

카지노의 개념은 그동안 주로 도박이 이루어지는 곳으로 인식되었으나 여가 선용이나 사교를 위한 공간의 개념이기도 하였으며, 오늘날 카지노는 다양한 행사 및 쇼, 오락을 제공하는 장소로 인식이 변화하고 있으며, 카지노 리조트라고 표현하는 것이 보편화되고 있다.

3. 카지노의 영업과 종류

1) 카지노업의 허가 요건

카지노 사업을 경영하기 위해서는 관광진흥법 규정에 의한 허가를 받아야 하고, 다음 사항에 해당하는 경우에 허가할 수 있다. 그러나 공공의 안녕, 질서유지 또는 카지노업의 건전한 발전을 위하여 필요하다고 인정하면 허가를 제한할 수 있도록 하고 있다.

① 국제공항이나 국제여객선터미널이 있는 특별시·광역시·특별자치시·도·특별자치도(이하 "시·도"라 한다)에 있거나 관광특구에 있는 관광숙박업 중

호텔업 시설(관광숙박업의 등급 중 최상 등급을 받은 시설만 해당하며, 시·
도에 최상 등급의 시설이 없는 경우에는 그 다음 등급의 시설만 해당)
② 우리나라와 외국을 왕래하는 여객선에서 카지노 사업을 하려는 경우로서 대
통령령으로 정하는 요건에 맞는 경우

카지노 사업의 허가를 받기 위해서는 전용영업장을 비롯하여 관광진흥법에서
규정한 시설과 기구를 갖추어야 하고 법적인 시설기준은 다음과 같다. ① 전용영
업장(330제곱미터)을 갖추어야 하고, ② 외국환 환전소(1개 이상)를 설치해야
하며, ③ 카지노 영업을 위한 4종류 이상의 게임기구 및 시설(4종류 이상), ④
카지노 전산시설 등을 갖추어야 한다.

2) 카지노업의 영업 종류

카지노업의 영업 종류는 테이블 게임(table game), 전자 테이블게임(electric
table game), 머신게임(machine game)으로 구분할 수 있다.

카지노업의 영업 종류

영업 구분		영업 종류
테이블 게임(table game)		룰렛(roulette), 블랙잭(blackjack), 다이스(dice, craps), 포커(poker), 바카라(baccarat), 다이사이(tai sai), 키노(keno), 빅휠(big wheel), 빠이까우(paicow), 판탄(fan tan), 조커 세븐(joker seven), 라운드 크랩스(round craps), 트란타 콰란타(trent et quarante), 프렌치 볼(french boule), 차카락(chuck-a-luck), 빙고(bingo), 마작(mahjong), 카지노 워(casino war)
전자 테이블게임 (electric table game)	딜러 운영 전자 테이블 게임(dealer operated electric table game)	룰렛(roulette), 블랙잭(blackjack), 다이스(dice, craps), 포커(poker), 바카라(baccarat), 다이사이(tai sai), 키노(keno), 빅휠(big wheel), 빠이까우(paicow), 판탄(fan tan), 조커 세븐(joker seven), 라운드 크랩스(round craps), 트란타 콰란타(trent et quarante), 프렌치 볼(french boule), 차카락(chuck-a-luck), 빙고(bingo), 마작(mahjong), 카지노 워(casino war)
	무인전자 테이블게임 (automated electric table game)	
머신게임(machine game)		슬롯머신(slot machine), 비디오게임(video game)

자료 : 법제처, 관광진흥법 시행규칙을 참고하여 작성함

4. 카지노업의 운영

1) 카지노 사업자의 준수사항

카지노 사업자는 카지노 운영과 관련하여 다음과 같은 행위를 할 수 없도록 하고 있다. ① 법령에 위반되는 카지노 기구를 설치하거나 사용하는 행위, ② 법령을 위반하여 카지노 기구 또는 시설을 변조하거나 변조된 카지노 기구 또는 시설을 사용하는 행위, ③ 허가받은 전용영업장 외에서 영업을 하는 행위, ④ 내국인(해외이주법에 의한 해외이주자는 제외)을 입장하게 하는 행위, ⑤ 지나친 사행심을 유발하는 등 선량한 풍속을 해칠 우려가 있는 광고나 선전을 하는 행위, ⑥ 영업종류에 해당하지 아니하는 영업을 하거나 영업 방법 및 배당금 등에 관한 신고를 하지 아니하고 영업하는 행위, ⑦ 총매출액을 누락시켜 관광진흥개발기금에 납부하는 금액을 감소시키는 행위, ⑧ 19세 미만인 자를 입장시키는 행위, ⑨ 정당한 사유 없이 그 연도 안에 60일 이상 휴업하는 행위이다.

2) 카지노 사업자의 영업 준칙

카지노 사업자는 카지노업의 건전한 육성·발전을 위하여 필요하다고 인정하는 영업 준칙을 준수하여야 한다.

(1) 1일 최소 영업시간

카지노 사업자는 원활한 영업활동, 효율적인 내부관리를 위하여 이사회·카지노 총지배인·영업부서·안전관리부서·환전·전산 전문요원 등 필요한 조직과 인력을 갖추어 1일 8시간 이상 영업해야 한다.

(2) 게임 테이블의 집전함(集錢函)부착 및 내기금액 한도액의 표시

카지노 사업자는 전산시설·출납창구·환전소·카운트 룸[드롭박스(Drop box : 게임테이블에 부착된 현금함)의 내용물을 계산하는 계산실]·폐쇄회로·고객편의

시설·통제구역 등 영업시설을 갖추어 영업을 하고, 관리기록을 유지하여야 한다.

(3) 드롭박스의 부착과 베팅금액 한도표 설치

카지노 영업장에는 게임기구와 칩(chips : 카지노에서 베팅에 사용되는 도구)·카드 등의 기구를 갖추어 게임 진행의 원활을 기하고, 게임테이블에는 드롭박스를 부착하여야 하며, 베팅금액 한도(限度)표를 설치하여야 한다.

(4) 영업의 투명성

카지노 사업자는 고객출입관리, 환전, 재환전, 드롭박스의 보관·관리와 계산요원의 복장 및 근무요령을 마련하여 영업의 투명성을 제고하여야 한다.

(5) 슬롯머신 및 비디오게임의 최소 배당률

머신게임을 운영하는 사업자는 투명성 및 내부통제를 위한 기구·시설·조직 및 인원을 갖추어 운영하여야 하며, 머신게임의 이론적 배당률을 75% 이상으로 하고 배당률과 실제 배당률이 5% 이상 차이가 있는 경우 카지노 검사기관에 즉시 통보하여 카지노 검사기관의 조치에 응하여야 한다.

(6) 전산시설·환전소·계산실·폐쇄회로의 관리 및 회계 관련 기록 유지

카지노 사업자는 회계기록·무료(comp. : 카지노 사업자가 고객 유치를 위해 고객에게 숙식 등을 무료로 제공하는 서비스)비용·크레딧[credits : 카지노 사업자가 고객에게 게임 참여를 조건으로 칩(chips)을 신용 대여하는 것] 제공·예치금 인출·알선수수료·계약게임 등의 기록을 유지하여야 한다.

(7) 게임진행 규칙 준수

카지노 사업자는 게임 종류별 일반규칙과 개별규칙에 따라 게임을 진행하여야 한다.

(8) 카지노 종사원의 게임 참여 불가 등 금지사항

카지노 종사원은 게임에 참여할 수 없으며, 고객과 결탁한 부정행위 또는 국내외의 불법영업에 관여하거나 그 밖에 관광종사자로서의 품위에 어긋나는 행위를 하여서는 아니 된다.

(9) 카지노 영업소 출입신분 확인

카지노 사업자는 카지노 영업소 출입자의 신분을 확인하여야 하며, 다음에 해당하는 자는 출입을 제한하여야 한다. 당사자의 배우자 또는 직계혈족이 문서로써 카지노 사업자에게 도박 중독 등을 이유로 출입 금지를 요청한 경우의 그 당사자 (다만, 배우자·부모 또는 자녀 관계를 확인할 수 있는 증빙 서류를 첨부하여 요청한 경우만 해당한다.)이다. 그 밖에 카지노 영업소의 질서 유지 및 카지노 이용자의 안전을 위하여 카지노 사업자가 정하는 출입금지 대상자가 있다.

5. 카지노업의 경영

1) 카지노업의 경영방식

카지노업의 경영방식은 소유 직영방식(ownership management)과 임대방식(lease)으로 분류할 수 있다. 소유 직영방식은 호텔이 카지노를 직접 소유하고 경영하는 형태이며, 임대방식은 건물을 임차(賃借)하여 경영하는 형태이다. 카지노 사업의 대부분은 임대방식으로 운영하고 있으며, 고객을 유치하는 방식에서 많은 차이점이 있다.

카지노의 운영에서 소유 직영방식은 통합적 마케팅 활동이 가능하고 객실료와 식·음료 업장의 탄력적인 가격 결정이 용이하며, 고객 유치를 위한 다양한 정책의 수립이 가능하다. 임대방식의 경우에는 소유자와 임대에 따른 의견 상충이 발생할 수 있으며, 이는 호텔업의 운영방식과 카지노업 운영방식의 차이에서 발생할 수 있다. 고객을 유치하기 위한 통합적 마케팅 활동에도 어려움이 있을 수 있다.

> ### 카지노업 경영방식
>
> - 소유 직영방식이란 호텔이 카지노를 직접 소유하고 경영하는 형태이다. 이와 같은 방식으로 여러 개의 기업을 운영하려면 자금, 입지, 인력 면에서 충분한 조건을 갖추고, 카지노 경영의 노하우가 축적되어 있어야 한다.
> - 임대방식이란 자금 조달능력을 갖지 못한 기업체가 카지노 사업에 참여할 경우에 사용하는 방식으로, 일부 업체가 임대방식으로 운영되고 있다.

　　카지노업의 중요한 과제는 마케팅을 효과적으로 수행하는 것이며, 고객을 유치하기 위해서 무료 쿠폰을 보내기도 한다. 이 방법은 가장 보편적인 마케팅 수단이며, 손님의 게임 시간과 평균 배팅액수를 곱해 무료(complementary)로 적립해 줌으로써 객실·식사 이용 등에 사용할 수 있도록 하는 정책으로 다른 카지노에 손님을 뺏기지 않으려는 전략이다. 한국 카지노업의 업체와 운영방식은 다음과 같다.

카지노업체 현황

지역	업체명(법인명)	운영방식	종사원 수
서울	파라다이스카지노 워커힐((주)파라다이스)	임대	684
	세븐럭 카지노 강남 코엑스(그랜드코리아레저(주))	임대	904
	세븐럭 카지노 강북 힐튼점(그랜드코리아레저(주))	임대	533
부산	파라다이스카지노 부산지점((주)파라다이스)	임대	287
	세븐럭 카지노 부산 롯데점(그랜드코리아레저(주))	임대	340
인천	파라다이스카지노(파라다이스시티)((주)파라다이스세가사미)	직영	721
강원	알펜시아카지노((주)지바스)	임대	16
대구	호텔 인터불고 대구카지노((주)골든크라운)	임대	163
제주	공즈 카지노(길상창휘(유))	임대	18
	파라다이스카지노 제주지점((주)파라다이스)	임대	160
	아람만 카지노((주)청해)	임대	97
	제주오리엔탈카지노((주)건하)	임대	57

	드림타워카지노(제주드림타워)((주)엘티엔터테인먼트)	임대	531
	제주썬 카지노((주)지앤엘)	직영	70
	랜딩카지노(제주신화월드)(람정엔터테인먼트코리아(주))	임대	405
	메가럭 카지노((주)메가럭)	임대	40
강원	강원랜드 카지노((주)강원랜드)	직영	1,972

자료 : 문화체육관광부, 2022년 관광동향에 관한 연차보고서, 2023, p.266 ; 한국카지노업관광협회, 2022.12.31을 참고하여 작성함

2) 카지노업의 조직

카지노의 조직은 규모나 운영방식에 따라 차이가 있고, 입지조건, 제공되는 게임의 종류, 소유권 형태, 경영진의 경영철학과 경영능력 등에 따라 차이가 있다.

카지노업은 여러 가지 환경적 요소를 고려하여 효율적인 조직이 되어야 하며, 카지노 영업 준칙이 나오기 전까지는 여러 방법으로 조직 구성을 구분하였으나 대다수의 업체들이 카지노 영업 준칙에 의한 경영조직을 갖추고 있다.

카지노업의 조직에서 카지노 영업을 위한 공통적인 기능은 필수적이며, 일반적으로 영업부서, 판촉부서, 관리부서 등으로 구분할 수 있다.

또한 카지노의 원활한 영업활동 및 효율적인 내부통제를 위하여 이사회, 카지노 총지배인, 영업부서, 안전관리부서, 출납부서, 환전상, 전산 전문요원 등으로 구성되어 있다.

한국의 경우 특성에 따라 영업과 판촉 그리고 관리기능으로 분류할 수 있으며, 카지노 사업의 운영과 관련된 직종들은 다음과 같다.

(1) 딜러

딜러(dealer)란 카지노 영업장 내에서 이루어지는 각종 게임을 수행(conduct)하는 직원으로 게임의 종류 및 행위에 따라 호칭을 달리한다.

(2) 플로어 맨

플로어 맨(floor man, pit boss)은 게임 테이블을 운영할 책임 있는 간부로서, 딜러(dealer)의 관리, 근무배치, 교육 등을 담당하고, 고객을 접대하며, 담당 테이블의 상황을 상사에게 보고한다.

(3) 시프트 보스

시프트 보스(shift boss, shift manager)는 시프트의 일괄 책임자로서, 해당 시프트에 대한 인력관리, 카지노 시설 및 근무 시간 동안의 플로어 맨(floor man)을 지도, 감독한다.

(4) 제너럴 매니저 & 어시스턴트 매니저

제너럴 매니저 & 어시스턴트 매니저(general manager & assistant manager)는 카지노 운영 전반을 관리하는 책임자이다. 해당 부서의 인력관리, 카지노 시설관리 및 운영에 대한 책임을 진다.

(5) 케이지

케이지(cage)란 영업장에서의 현금 출납을 관장하는 곳으로 종사원을 캐셔(cashier)라고 하며, 직급별로 호칭을 달리한다. 케이지는 회계(accounting)부서 또는 관리부서의 조직에 소속되어 있다.

(6) 뱅크

뱅크(bank)는 업장 내의 칩(chips), 카드(card) 출납을 관장하는 곳으로, 필(fill : 칩을 칩 뱅크에서 테이블로 이동하는 것) 또는 신용(credit)관리 업무를 담당한다. 칩 뱅크는 칩을 보관, 수불, 관리하는 조직이다.

(7) 보안

보안(security)은 안전 또는 섭외라는 명칭으로 불리며, 영업장 내의 안전유지 및 외부인(업장 출입을 할 수 없는 자)의 통제와 카지노의 재산 보호가 주요 임무이다.

(8) 서베일런스 룸

서베일런스 룸(surveillance room)은 모니터 룸(monitor room)이라고도 하며, 업장을 감시·보호·녹화하여 분쟁이 발생하였을 때 자료를 제공하고, 종사원(employee), 고객(customer), 게임 테이블(game table) 등의 상황을 심사, 분석하는 역할을 한다.

(9) 그리터

그리터(greeter)는 카지노 호스트(host), 주로 판촉부 소속으로 고객을 접대하는 업무를 담당하는 직원으로 판촉부 소속인 경우가 많다.

(10) 카지노 바

카지노 바(casino bar)는 카지노에 입장한 고객에게 주류, 음료, 식사 등을 제공하는 조직의 직원이며, 바텐더(bartender), 요리사(cook), 식음료 서버(server) 등이 있다.

(11) 인포메이션 데스크

인포메이션 데스크(information desk : check room)는 카지노에 입장하는 고객에게 입장권의 발권 및 카지노 안내, 게임 설명 및 귀중품 보관 등의 업무를 수행하는 곳이다.

(12) 일반 관리

일반 사무직과 같은 관리부 직원으로 총무, 경리, 기획, 비서, 전산 등의 업무

등을 비롯하여 영선(營繕), 기사(driver), 미화 등이 있으며, 근무수칙에 의거 업무를 수행한다.

6. 카지노업의 과제

한국을 포함한 아시아 지역의 국가들은 카지노에 대한 인식이 종교적 이념과 도덕성 때문에 북미나 유럽의 국가들에 비해서 활성화되지 못했다. 카지노의 합법화 여부에 대한 조사와 대중적인 의견을 수렴하는 과정에서 카지노 사업의 범죄와의 관련성에 관하여 많은 의견을 제기하였다.

또한 게임의 도덕성에 대해 의문을 제시하여 카지노산업이 사회에 미치는 악영향을 우려하여 카지노에 대한 반대 의견을 피력하고 있다. 그러나 일부 견해에 의하면 카지노 사업이 다른 산업에 비해 더 많은 범죄를 일으킨다는 주장에는 어떤 근거도 없다고 한다.

전 세계적으로 많은 국가에서는 카지노 사업을 합법화하고 장려함으로써 외화획득과 세수 확보, 지역경제 활성화의 수단이 되고 있다. 한국의 카지노는 이용자의 제한과 도박장이라는 부정적인 인식이 팽배해 제도적 차원의 지원이나 촉진보다는 통제와 규제의 대상으로 이해되었다.

그러나 카지노 사업은 외화획득에 공헌하고 있으며, 호텔 영업에 대한 기여도가 높다고 한다. 카지노 고객은 호텔의 객실, 식·음료, 유흥시설, 기타 부대시설을 이용하기 때문에 부수적인 매출액의 증대 효과가 발생한다.

카지노 고객들은 일반적으로 스위트(suite) 객실을 사용하며, 카지노에서 게임하는 것이 목적이고 카지노업체에서 초청하는 고객은 호텔에 투숙하는 동안 모든 것을 호텔 내에서 소비한다. 개인 고객이나 일반 단체고객들은 사업(business)이나 관광을 목적으로 호텔에 투숙해도 호텔 밖에서 식·음료를 많이 이용하지만, 카지노 고객은 영업장이 있는 호텔에 숙박하기를 원하고, 게임을 즐기다 보면 체재기간이 연장되며, 매출도 증가할 수 있어 호텔 영업에 큰 공헌을 하고 있다.

카지노는 노동집약적 산업으로서 인적 자원에 대한 의존도가 다른 기업에 비해 높다고 할 수 있다. 날씨가 나쁜(惡天候) 기상 조건에도 불구하고 영업장 내에서 이루어지기 때문에 상품의 한계성도 없으며, 야간에 특별한 상품이 없는 경우 대체상품으로 이용될 수 있어 상품의 한계성을 극복할 수 있다고 할 수 있다.

카지노는 최근 들어 오락의 의미로 재인식되고 있다. 세계 주요 국가들도 카지노가 창출하는 조세수입의 증대와 지역경제에 미치는 영향을 고려해 카지노를 긍정적으로 인식하는 경향이 높아지고 있다.

세계는 지금 카지노 전쟁이라고 할 만큼 카지노 산업을 육성하여 관광산업을 진흥시키기 위해 노력하고 있다. 동남아 국가들은 카지노를 포함한 복합 리조트 사업, 쇼핑몰과 테마파크를 활용한 사업 등 다양한 슬로건을 내걸고 많은 관광객을 유치하고 있다고 한다.

세계의 관광산업은 시시각각으로 변화하고 있으며, 우리나라도 카지노는 복합 리조트 사업으로 국가 전략산업이 될 수 있다는 시각에서 카지노를 재인식하는 계기가 되어야 하며, 정부, 국민, 카지노 관련 업체 등의 지속적인 노력이 필요하다.

제 **2** 절   국제회의업

1. 국제회의의 개념

국제회의란 통상적으로 공인된 단체가 정기적 또는 부정기적으로 개최하며, 3개국 이상의 대표가 참가하는 회의를 의미한다.

국제회의란 국제적인 이해에 관한 사항을 논의하기 위하여 국제기구 혹은 국제기구에 가입한 단체 및 국내 단체가 주최·후원하는 회의로서 3개 국가 이상의 참가와 회의 기간이 2일 이상인 회의라고 할 수 있다. 그러나 국제회의의 정의는 국가 및 대표적인 전문 국제기구나 국내단체의 기준에 따라 다양하게 정의되고 있다.

1) 국제협회연합

국제협회연합(UIA : Union of International Associations)은 국제회의란 국제기구가 주최 또는 후원하는 회의이거나, 국제기구에 가입한 단체 및 국내 단체가 주최하는 국제적인 규모의 회의로서 참가자 수가 300명 이상(외국인 40% 이상)으로 참가국 수는 5개국 이상이며, 회의 기간은 3일 이상이어야 한다고 규정하고 있다.

2) 국제컨벤션협회

국제컨벤션협회(ICCA : International Congress & Convention Association)에서는 참가자 100명 이상, 참가국 4개국 이상에 대하여 국제회의라고 규정하고 있다.

3) 아시아컨벤션뷰로협회

아시아컨벤션뷰로협회(AACVB : Asian Association of Convention & Visitor Bureaus)는 2개 대륙 이상에서 참가하는 회의를 국제회의로 규정하고 있으며, 같은 대륙에서 2개국 이상 국가가 참가하는 것은 지역회의로 정의하고 있다.

4) 한국관광공사

국제기구 본부에서 주최하거나 국내 단체가 주관하는 회의로서 외국인 참가자 10명 이상, 참가국 3개국 이상, 회의 기간 2일 이상으로 규정하고 있다.

국제회의에 대한 개념 분류

구분 / 국별	정의주체	정의내용	참가국 수	참가자 수*	참가자 중 외국인 수	회의 기간
국 외	국제컨벤션협회(ICCA)		4개국 이상	100명 이상		
	국제협회연합(UIA)	국제기구가 주최 또는 후원하거나 국제기구에 가입한 단체가 주최하는 국제적 규모의 회의	5개국 이상	300명 이상	40% 이상	3일 이상
	아시아컨벤션뷰로협회(AACVB)	• 국제회의 : 2개 대륙 이상에서 참가하는 회의 • 지역회의 : 2개국 이상이지만 같은 대륙에서 참가하는 회의				
국 내	새 우리말 큰사전	국제적 이해에 관한 사항을 심의 결정하기 위하여 여러 나라의 대표자에 의해서 열리는 공식적인 회의				
	한국관광공사	국제기구 본부에서 주최하거나 국내 단체가 주관하는 회의	3개국 이상		10명 이상	2일 이상

	문화체육관광부 (국제회의산업 육성에 관한 법률)	• 국제기구 또는 국제기구에 가입한 기관 또는 법인, 단체가 개최하는 회의
		  - 해당 회의 5개국 이상의 외국이 참가하고, 회의 참가자가 300인 이상 (외국인 100명 이상)이며, 3일 이상 진행되는 회의일 것
		• 국제기구에 가입하지 않은 기관 또는 법인, 단체가 주최하는 회의
		  - 회의 참가자 수 중 외국인이 150명 이상이고, 2일 이상 진행되는 회의				

자료 : 한국관광공사, 한국 국제회의 산업현황, 1995, p.18 ; 대전광역시, 컨벤션산업 현황보고, 1999, p.4

2. 국제회의의 중요성

1) 국제교류 측면

국제회의는 국제적인 다양한 회의를 개최함으로써 국가 간의 친선을 도모하는데 공헌하고 있다. 국제회의는 마이스(MICE)산업의 일부로서 기업회의(Meeting), 포상관광(Incentive), 컨벤션(Convention), 전시사업(Exhibition)의 4개 분야를 포괄하는 산업이다.

국제회의는 중요 산업으로써 국가 간의 유치 경쟁이 치열해지고 있으며, 국제회의 산업은 교류와 만남을 통하여 최신정보와 지식을 교환하여 문화교류와 국제친선을 도모하는 데 그 목적이 있다.

2) 국가홍보 측면

국가들은 국제회의를 유치하기 위하여 국제회의 전담기구를 설치하고 컨벤션센터를 건립하는 등 다양한 노력을 강화하고 있다. 국가들은 국제회의의 개최가 국가홍보 및 위상을 높일 수 있다는 인식하에 도시(都市) 단위를 중심으로 공공부문과 민간부문이 협력하여 국제회의를 성공적으로 유치하고 운영하기 위하여 컨벤션 전문조직(CVB : Convention & Visitors Bureau)을 설치하는 등 조직을 강화하고 있다.

국제회의의 개최는 국제적 영향력 증대, 외교성책과 같은 정치적 효과가 있고, 국가의 이미지를 홍보하여 민간외교에도 중요한 역할을 할 수 있어 국가관광기구(NTO: National Tourism Organization)는 정부와 학계(學界), 업계 공동으로 회의 유치를 위하여 협력관계를 강화하고 있다.

3) 경제적 측면

국제회의는 일반 관광과 비교하면 소비액이 높고 체재 기간도 길며, 일반 관광객보다 1인당 소비액이 높은 것으로 분석(3배 이상)되고 있어 외화획득에 공헌하는 비중이 높다. 한국에서 국제회의 참가 고객을 대상으로 소비액을 조사한 바에 의하면 일반 관광객보다 1인당 평균 소비액도 높았으며(1.8배 이상), 체재기간에 서도 일반 관광객의 체재일수(4.9일)에 비해서 높게(7.6일) 나타났다.

국제회의 개최는 등록비, 숙박비, 쇼핑, 현지 교통비, 식음료, 관광 등의 소비가 발생되어 국가 차원의 조세수입 증대와 경제 효과, 고용 창출에 기여한다고 조사된 바 있다. 국제회의는 국내총생산(GDP : Gross Domestic Product)에 대한 공헌도 가 높으며, 민간 기업의 활성화에도 기여하고, 경제적 파급효과가 높은 산업이다.

4) 관광적 측면

국제회의 참가자는 대부분 개최지를 최종 목적지로 선택하기 때문에 체재일수 가 비교적 길며, 특히 회의 전후(前後)에 관광(pre tour & post tour)을 즐기고 (50%) 배우자를 동반(32.5%)한 것으로 조사되었다.

국제회의는 비(非)수기에도 행사 유치가 가능하며, 계절과의 연관성이 비교적 적어 관광 비수기를 극복할 수 있는 산업이 되고 있다. 국제회의의 개최는 국가의 이미지 홍보가 가능하여 관광객 유치에도 기여하는 효과가 있다.

3. 국제회의의 종류

한국관광공사는 국제회의(convention)를 성격과 형태에 따라 분류하고 있다. 회의 성격에 따라 기업(corporate) 회의, 협회(association) 회의, 비영리단체(非營 利團體 : Non-Profit Organization) 회의 및 정부기구 회의 등으로 분류하고, 회의 형태에 따라 교섭회의, 전문학술회의, 친선회의, 국제기구의 정기회의 등으로 분류 한다. 국제회의는 다양한 시각에서 분류하고 있으며, 본 내용에서는 국제회의를 회의의 형태에 따라 다음과 같은 종류로 구분하고자 한다.

국제회의의 종류

종류	내용
회의(meeting)	모든 종류의 모임을 총칭하는 가장 포괄적인 용어이다.
컨벤션 (convention)	회의에서 가장 일반적으로 쓰이는 용어로, 정보 전달을 주목적으로 하는 정기 집회에 많이 사용되며, 전시회를 수반하는 경우가 많다. 기구나 단체에서 개최하는 연차총회의 의미였으나, 최근에는 총회, 회의와 관련하여 개최하는 각종 소규모 회의, 위원회 회의 등을 포함하는 포괄적인 의미로 사용한다.
콘퍼런스 (conference)	컨벤션과 같은 의미의 용어로 유럽지역에서 빈번히 사용되며, 주로 국제 규모의 회의를 의미한다.
포럼(forum)	제시된 한 가지의 주제에 대해 상반된 견해를 가진 동일 분야의 전문가들이 사회자의 주도하에 청중 앞에서 벌이는 공개 토론회로서, 청중이 자유롭게 질의에 참여할 수 있으며, 사회자가 의견을 종합하는 것이다.
심포지엄 (symposium)	제시된 안건에 대해 전문가들이 다수의 청중 앞에서 벌이는 공개 토론회로서, 청중이 질의(質議)하는 기회는 적은 편이다.
패널 토론 (panel discussion)	청중이 모인 가운데 2-8명의 연사가 사회자의 주도하에 서로 다른 전문가적 견해를 발표하는 공개 토론회로서, 청중도 자신의 의견을 발표할 수 있다.
클리닉(clinic)	클리닉은 소그룹을 위해 특별한 기술을 훈련하고 교육하는 모임이다.
전시회 (exhibition)	전시회는 판매자(vendor)에 의해 제공된 상품과 서비스의 전시모임을 말한다. 엑스포지션(exposition)은 주로 유럽에서 전시회를 말할 때 사용되는 용어이다.
워크숍 (workshop)	콘퍼런스, 컨벤션 또는 기타 회의의 한 부분으로 개최되는 짧은 교육 프로그램으로, 30-35명 정도의 인원이 특정 문제나 과제에 관한 새로운 지식, 기술, 아이디어 등을 서로 교환한다.
무역박람회 (trade show)	무역박람회(교역전)는 부스(booth)를 이용하여 여러 판매자가 자사의 상품을 전시하는 형태의 행사를 말한다. 전시회와 매우 유사하나 다른 점은 컨벤션의 일부가 아닌 독립된 행사로 열린다는 것이다.
포상 여행 (incentive travel)	대기업이 자사 제품의 판매량을 증대시킬 정책으로 기업이 제시한 일정 기간 영업목표량을 초과 달성한 직원이나 대리점을 선정하여, 포상으로 물품이나 돈 대신 여행 보내주는 것을 말한다.

자료 : 한국관광공사, 한국 국제회의 산업 현황, 1996, pp.6-8 참고하여 작성함

4. 국제회의업의 분류

국제회의업은 국제회의시설업과 국제회의기획업으로 분류하고 있다.

1) 국제회의시설업

국제회의시설업이란 대규모 관광수요를 유발하는 국제회의를 개최할 수 있는 시설을 설치·운영하는 업으로 정의하고 있다.「국제회의 산업육성에 관한 법률」에 의하면 국제회의시설이란 국제회의 개최에 필요한 회의시설, 전시시설 및 이와 관련된 시설 등을 의미한다.

국제회의가 중요해지고 다양한 행사가 개최되면서 전시를 전문적으로 기획하는 업을 PEO(Professional Exhibition Organizer)라고 한다.

2) 국제회의기획업

국제회의기획업은 대규모 관광수요를 유발하는 국제회의의 계획, 준비, 진행 등의 업무를 위탁받아 대행하는 업으로 정의하고 있다.

국제회의는 성격에 따라 준비 과정이나 운영, 행사 진행 등의 업무가 필요하며, 국제회의 개최와 관련하여 행사를 주관하는 업체로부터 위임받아 부분적 또는 전체적으로 대행하는 업을 PCO(Professional Convention Organizer)라고 한다.

5. 국제회의업의 업무

MICE가 중요한 산업으로 부각하면서 국제회의나 다양한 행사의 유치, 기획, 운영 업무를 진행하기 위해서는 전문지식을 갖춘 인력이 필요하게 되었다.

컨벤션기획사

- **컨벤션기획사 2급**
  1차 필기시험 과목은 컨벤션 기획, 컨벤션 운영, 부대행사 기획이며, 2차 실기는 컨벤션 기획 실무이다.

- **컨벤션기획사 1급**
  2급 취득 후 3년 이상 실무 종사자, 4년 이상 실무 종사자, 외국에서 동일한 종목에 해당하는 자격 취득자에 해당하는 사람만 응시 가능

국제회의와 관련된 기획, 예산 관리, 현장 관리, 회의 평가 등 컨벤션 기획 및 운영 등 다양한 업무를 수행할 수 있는 자격제도를 운영하게 되었다.

국제회의업에서 국제회의시설업과 국제회의기획업의 업무는 수행하는 기능에 따라 차이가 발생한다. 국제회의를 개최하기 위해서는 회의와 관련한 다양한 시설을 확보하고 있어야 하며, 국제회의장을 갖추고 회의를 개최할 수 있는 전문시설(컨벤션센터)의 회의장과 호텔이 보유하고 있는 회의장을 활용하여 회의를 개최할 수 있다.

컨벤션센터 · 전시장

지역	현황
서울/인천/경기	코엑스(COEX), AT센터, SETEC(세택), 송도 컨벤시아(Convensia), 킨텍스(KINTEX), 수원컨벤션센터
부산/울산/경남	벡스코(BEXCO), 울산 전시컨벤션센터, 창원 컨벤션센터
대구/경북	엑스코(EXCO), 경주화백 컨벤션센터, 구미 컨벤션센터(구미코), 안동 국제 컨벤션센터
대전/충청	대전 컨벤션센터
광주/전라	김대중(KDJ) 컨벤션센터, 군산 새만금 컨벤션센터
제주	제주 국제컨벤션센터

자료 : 한국관광공사(2023년 기준), 한국관광 데이터 랩에서 참고하여 작성함

국제회의기획업은 국제회의의 개최와 관련하여 다양한 업무를 행사의 주최 측으로부터 위임받아 부분적 또는 전체적으로 대행하는 사업체이다. 정부의 조직이나 기업에서 자체적으로 컨벤션을 담당하는 부서가 없거나 미비할 때 위임받아 업무를 수행해야 한다.

국제회의기획업은 회의, 전시, 이벤트(event) 운영 등 다양한 업무를 추진해야 하며, 기획업무, 등록 및 숙박 업무, 학술·행사 업무, 연회·이벤트 업무, 재정업무, 홍보업무, 관광·수송 업무, 의전 및 개·폐회 업무, 전시업무 등의 기능을 수행하기 위한 조직체계를 구성하고 있다.

국제회의기획업은 각종 회의를 성공적으로 수행하기 위해서 주최 측을 보좌하

고 항공사를 비롯한 교통·운송회사, 여행사, 숙박업, 쇼핑 및 기타 관련 업체들이나 관련 정부기관, 국제회의 전담기구 등 회의의 원활한 진행과 운영을 위해서 업무 협조관계를 유지한다. 외부기관과의 업무를 위해 전문적인 회의안(案)을 편성하고 회의장·숙박시설·통역사 등의 관련 서비스 제공업체와의 긴밀한 협조기 필요하다.

국제회의기획업은 업무를 위탁받아 대행하는 경우가 많기 때문에 주최 측과 참가자에게 행사가 효율적으로 기획되어 운영한다는 확신을 심어주는 것이 중요하다.

국제회의업의 역할과 업무

6. 국제회의산업의 미래

국제회의를 포함한 MICE 산업은 대규모 관광객을 유치하여 호텔, 쇼핑 등 관련 산업의 경제적인 파급효과를 높일 수 있는 부가가치 산업이라고 한다. 국제회의산업이 발달한 국가, 도시에서는 국제회의업뿐만 아니라 교통, 숙박, 오락

(entertainment), 레저, 쇼핑 및 식음료 분야가 발전한다고 한다.

국제사회는 국가 간 공동이익의 추구와 상호 협력을 위한 교류의 필요성이 날로 증대되고 있다. 국제회의는 세계적인 경기변동에 민감하지만 국제화에 따른 외국 문화에 대한 호기심과 욕구의 증가 그리고 국제적인 교통망 등의 확충으로 국제회의산업의 전망을 밝게 해주고 있다.

특히 아시아·태평양 지역 국가들의 급속한 경제성장으로 인하여 컨벤션 산업의 새로운 전환기를 맞이하고 있다. 세계의 컨벤션 시장은 유럽과 미주 등의 국제회의 성장세가 다른 대륙에 비해서 높은 것으로 나타났으며, 아시아 지역도 국가의 경제성장과 국제화로 인하여 국제회의 개최 수가 증가하고 있다. 민간부문의 교류도 활발해져 사회단체에서 개최하는 국제행사가 증가하고 있어 수요시장은 확대될 가능성이 높다고 할 수 있다.

국가들은 대규모 국제회의를 유치하기 위한 다양한 정책을 추진하고 있어 경쟁은 더욱더 치열해지고 있으며, 개최지로 선정되기 위하여 적극적인 노력을 하고 있다. 개최지 선정기준은 국가의 유치경쟁이 우선적이고 관례적으로는 순번에 의해서 결정되지만 정치적, 지리적 이유 등으로 개최지 선정의 변수가 되기도 한다.

국제회의는 국가홍보는 물론 외화 획득 및 경제에 공헌하는 파급효과가 높은 산업이며, 비중이 매우 높다. 국제회의의 유치 및 개최는 관광, 숙박, 식음료, 장비 임대 등을 비롯하여 행정서비스, 인력사업 및 관련 사업의 발전을 가져오게 되는 사업이다.

한국은 국제회의산업이 발전할 수 있는 좋은 조건이 있지만 반대로 불리한 조건을 갖춘 양면성의 사회라고 할 수 있다. 이러한 이유는 국제행사의 유치 필요성과 중요성을 인식하면서도 국제회의를 주관할 전담 기관(CVB : Convention Visitors Bureau)이 부족하며, 지역관광공사·재단에서 담당하고 있다고 한다.

국제회의의 유치를 위한 목표시장의 선정이나 유치를 위한 지원, 국제회의산업의 육성을 위한 다양한 방안의 수립이 필요하며, 컨벤션 시설의 확충 여부는 국제회의산업의 발전에 중요한 관건이 된다. 지방화 시대의 지역개발과 발전을 위하여 국제회의 유치를 위한 센터 건립은 중요한 과제라는 것이 확실하지만 지역의 여건이나 건립의 당위성이 입증되지 못한 상황에서 무분별한 건립은 배제되어야 한다.

정부에서는 국제회의산업의 지속적인 성장을 위해 생태계 기반을 구축하기 위한 계획을 수립하였으며, 국제회의기획업의 성장 비즈니스 모델 발굴과 전문 인력의 양성, 법·제도의 정비, K-culture와 국제회의와의 융합을 위한 방안 등 다양한 정책을 제시하고 있다.

고화독, 한국 국제회의 산업의 활성화 방안에 관한 연구(호텔 컨벤션 사업을 중심으로), 경원대학교 석사학위논문, 1994.

류광훈, 외국의 카지노 관련 법·제도 연구, 한국문화관광연구원, 2001.

안영면, 국제회의 부산지역 유치 전략에 관한 연구, 동아논총 32, 1995.

오수철, 카지노 경영학, 백산출판사, 1998.

오수철, 카지노산업·기획론, 백산출판사, 1994.

이동희, 한국 카지노산업 진흥정책에 관한 연구, 경기대학교 경영대학원 석사학위논문, 1998.

정은영, 한국 호텔 카지노업의 효율적 마케팅 믹스에 관한 연구, 세종대학교 경영대학원 석사학위논문, 1996.

문화체육관광부, 제5차 국제회의산업 육성 기본계획(2024~2028), 2024.

문화체육관광부, 2022년 관광동향에 관한 연차보고서, 2023.

대전광역시, 컨벤션산업 현황보고, 1999.

한국관광공사, 2023년 국제회의 개최실적 조사(보고서), 2024.

한국관광공사, 국제회의 유치 매뉴얼, 2019.

한국관광공사, 국제회의 운영요령(제6호), 1994.

관광공사, 컨벤션 뉴스, No.5, 1996.

한국관광공사, 한국 국제회의 산업현황, 1995·1996.

경향신문(1998.8.17)

한국일보(1999.5.4)

Cline, Rogers, "U.S. Gaming an Economic Force-Industry Takes Stock After Rapid Growth", Arthur Andersen, 1995.

CHAPTER

TOURISM BUSINESS

12

쇼핑과 정보사업

CHAPTER 12 쇼핑과 정보사업

제1절 기념품판매업

1. 기념품의 정의

기념품이란 용어를 기프트(gift) 또는 수베니어(souvenir)로 표현하는데, 일반적으로 기프트는 선물을 뜻하며 기념품은 기프트보다는 수베니어를 지칭한다고 할 수 있다. 수베니어(souvenir)의 어원은 라틴어의 수베니레(subvenire)에서 유래된 것으로 '특별한 시간과 경험에 대한 마음을 일으키다' 또는 '생각나게 하다'라는 뜻이 있으며, 여행의 추억을 상기하고자 판매하는 제품을 사는 것이다.

기념품(記念品)은 국내·외를 불문하고 관광객이 여행하면서 거의 필수적으로 구입하는 품목이고 지역의 전통과 문화를 상징하며, 관광지의 이미지를 나타내는 기능을 한다. 기념품을 통해 관광지를 회상하게 되고 구전(口傳)으로 기념품과 방문했던 지역을 주변에 소개하는 효과가 있다고 하겠다.

안종윤 교수는 기념품의 정의를 "상품이건 사진이건 간에 지나간 여행을 회상하도록 하는 물건"이라 하였고, 더바스(C. Dervase)는 "방문한 관광지를 기념하기 위하여 여행하는 도중에 구입한 것"이라고 하였다.

관광기념품은 관광객이 관광지 방문을 기념하고 여행경험에 대해 회상(回想)하기 위해 구입하거나 취득할 수 있는 상품으로 정의되며, 관광객이 방문한 지역에서 의미 있다고 여기는 물품을 주관적 기준에 의해 구매하는 상품이라고 할 수 있다.

관광기념품에 대한 정의는 기관 및 학자 등에 따라 다양하고 경계가 모호하다고 할 수 있다. 그러나 관광객이 방문하는 방문국가 또는 지역의 고유한 전통성과 독창성, 지역적 특성이 표출된 토산품, 공예품, 민예품, 특산품 등 관광객이 구입 취득할 수 있는 상품이라고 정의하고자 한다.

관광지에서는 기념품뿐만 아니라 다종다양한 상품이 관광객에게 판매되고 있으나, 관광기념품은 여행자로 하여금 구매의욕을 유발할 수 있어야 한다. 관광기념품의 일반적 속성은 다음과 같다.

관광기념품의 일반적 속성

구분	내용
독창성	관광지의 상징이나 그곳만의 독특함으로 해석될 수 있는 속성
문화성	관광지의 역사, 문화를 내포하고 있는 요소
심미(審美)성	외형에서 구매욕구를 자극하는 디자인 및 예술적 요소
편리성	관광의 특성상 이동에 따른 휴대 및 보관을 고려한 요소
경제성	관광객의 여행비용 등을 고려한 적정한 가격

자료 : 서울디자인재단, 관광문화기념품 실태분석 및 활성화 전략 연구, 2015, p.28

2. 관광기념품의 분류

문화체육관광부는 관광기념품의 범주를 일반 공산품을 포함하여 식품, 공산품, 공예품으로 분류하고 있다. 또한 생산지나 생산방식에 상관없이 여행지에서 구입하는 모든 상품이 포함될 수 있으므로 그 범주 역시 포괄적이고 분류하기 어렵다고 정의하고 있다.

한국공예협동조합연합회에서는 공예품의 종류를 섬유(纖維), 목(木), 칠기(漆器), 도자(陶磁), 석(石), 보석(寶石), 금속(金屬), 초자(硝子), 죽세(竹細), 초경(草莖), 피혁(皮革), 종이(紙), 기타로 구분하고 있다.

한국공예협동조합연합회에서 분류한 공예품의 종류

품목	종류
섬유(纖維)	인형, 수예품, 민속의상, 매듭, 실크 가방, 자수 등
목(木)	목각(인형, 동물, 용기, 장신구), 가구(고전 가구, 화각공예) 등
칠기(漆器)	나전칠기, 건칠 공예(화병류, 함류, 상류, 쟁반류, 용기류) 등
도자(陶磁)	토기, 토령(土鈴), 민속 도자기(청자, 백자, 분청), 공업 도자기 제품(노벨티) 등
석(石)	석각제품(화병, 용기, 석등, 동물상, 장신 용구 등), 벼루 등
보석(寶石)	루비, 사파이어, 오팔, 산호, 진주, 비취 등의 귀석 장신구 및 장식용품 등
금속(金屬)	금·은·동 합금 공예품, 칠보 제품, 모조 장신구류, 금속 및 비금속제 실내장식용품 등
초자(硝子)	유리 세공품, 구슬 백, 인조진주 등
죽세(竹細)	죽세공품, 부채(합죽선, 태극선 등), 돗자리 등
초경(草莖)	인초, 완초, 옥초, 수세미, 맥간, 갈저, 갈포 등의 생활용품 및 장식품 등
피혁(皮革)	우피, 양, 사피, 만피, 인조피혁 제품 등
종이(紙)	한지, 지(紙)공예품, 조화, 지등, 지(紙)우산 등
기타	휘장, 우모, 수각, 피각, 부착화(보석, 코르크, 석화), 수실 인쇄물 등

자료 : 허갑중, 관광토산품 국제경쟁력 강화방안, 한국관광연구원, 1997, p.10 ; 한국공예협동조합연합회, 광주공예협동조합, http://www.gjhand.or.kr을 참고하여 작성함

산업 공예품이란 기술자 또는 기계에 의해 어떤 하나의 모형으로 대량 생산되는 제품을 말하며, 수(手) 공예품은 장인(匠人)에 의해 장시간의 제작 기간에 걸쳐 손수 만들어내는 것을 지칭한다. 한편 일상용품은 공산품(의류, 신발류, 피혁제품 등)과 식품(인삼, 민속주 등)으로 구분하고 있다.

중소벤처기업부와 중소벤처기업진흥공단은 민예품(民藝品)의 종류를 섬유, 나무(木), 칠기(漆器), 도자(陶磁), 돌(石), 보석, 초자(硝子), 죽세공(竹細工), 초경(草莖), 피혁(皮革), 종이, 기타로 분류하고 있다.

농림축산식품부의 농·특산품은 민속(民俗)공예품, 농수산 자재, 섬유직물, 석재품(石材品)으로 구분하고 있으며, 행정안전부에서는 농·특산품, 민·공예품, 향토전통음식 등으로 분류하고 있다.

관광기념품의 용어나 분류방법은 특성이나 품목의 인식에 따라 차이가 있으며, 공산품과 음식까지도 관광기념품에 포함하기도 하여 일정한 한계가 없다고 할 수 있다.

관광기념품의 분류

구분	정의	사례
공예품 (工藝品)	전통적으로 내려온 기술, 기법, 원료를 근간으로 옛것을 재현하거나 응용하여 생산하는 제품으로 제작 기간이 비교적 길고 정성이 필요한 상품	섬유(纖維), 목(木), 칠기(漆器), 도자(陶瓷), 석(石), 보석(寶石), 금속(金屬) 등
민예품 (民藝品)	지역적 전통과 산물을 바탕으로 일상생활에 필요한 물건을 제작하는 조형 예술적 의미이며, 장인(匠人)정신이 요구되고 대량으로 제조가 가능한 상품	
토산품 (土産品)	지역 고유의 특징을 반영한 1차, 2차 생산물로서 지역적 정취와 풍토성이 가미된 제품	채소류(과일, 약초), 식품류, 죽세(竹細)품

자료 : 유지윤, 외래 관광자의 관광활동 유형에 따른 관광기념품 구매행동에 관한 연구, 관광연구논총, 한양대학교 관광연구소, 1996, p.82를 참고하여 정리함

3. 관광기념품의 육성과 과제

정부에서는 우수한 관광기념품 발굴 및 육성을 위해서 관광기념품 공모전을 개최하여 상품과 아이디어를 접수하고 수상작의 지원활동으로 우수 컨설팅 및 민간 기업과의 협업을 통해 온·오프라인 홍보 및 유통 확대를 지원하고 입점(入店) 편의를 제공하고 있다.

정부에서는 내·외국의 관광객들을 대상으로 모바일 기반의 편리한 쇼핑관광 경험을 제공하고 지역의 관광소비를 활성화하고자 스마트 쇼핑관광 시범사업을 개선 및 보완하고 있으며, 가맹업체를 확대하여 서비스 제공의 편의를 도모하고 있다.

기념품 사업은 일반적으로 규모가 작고 상품가치의 의미를 고려하지 않는다는 것이 일반인들의 인식이다. 그러나 기술력이 있고, 예술적 가치, 문화적 가치가 있는 상품을 지속적으로 공급할 수 있도록 제도적으로 지원하는 것은 매우 중요한 의미가 있다고 할 수 있다.

관광기념품은 지역의 스토리와 가치를 공유하고 지역경제와 상생이 가능한 것을 발굴해야 한다. 지방자치단체에서는 「관광기념품 개발 및 육성조례」를 제정하여 관광기념품의 경쟁력을 강화하여 부가가치 산업화를 통한 지역경제 활성화 및

관광 기념품 산업의 발전기반을 조성하는 데 목적을 두고 있다고 한다. 기념품의 판매를 위한 목적을 관광객에 한정함으로써 수요시장의 확대가 어려운 상황이 될 수 있어 지역주민의 시장도 반드시 고려해야 한다고 제안하고 있다.

관광기념품은 상품 판매로서의 의미도 있으나 지역의 역사와 문화, 한국의 문화를 널리 홍보하여 관광객 유치에도 기여할 수 있으며, 지역의 고용창출과 더불어 지역경제 효과에 중요한 역할을 하고 있다.

관광기념품은 여행의 추억과 이미지를 회상하는 쇼핑상품으로써 그 의미와 가치는 높다. 한국 사람들은 대부분 기념품이 전국적으로 유사하고 지역을 대표하는 상품이 부족하다고 언급한다.

기념품을 제작하는 업체의 특성, 유통과정, 수(手)작업에 의한 상품이냐에 따라서 가격 등 다양한 변수가 작용하는 것은 사실이다. 관광지의 특색을 살린 기념품이지만 소비자가 외면하는 경우도 있다. 지역 특성에 맞는 기념품 개발은 지방자치단체의 의지와도 관련되며, 기념품 업체의 지원과 상품에 대한 홍보, 유통과정 개선 등 정부의 적극적인 지원이 필요하다.

제**2**절 **면세점업**

1. 면세점의 의의

면세점(免稅點)이란 여행자에게 부과되는 세금을 면제하여 판매하는 곳으로 주로 공항, 항만, 도시의 번화가에 있다. 면세점은 항해에 필요한 물건을 공급하는 중요 항구에서 시작되었으며, 정부가 항해(航海)에 필요한 음식물과 비품 등을 세금이 면세된 가격으로 구매할 수 있도록 허용하면서 시작되었다는 견해도 있다.

면세점은 아일랜드의 브렌든 오리건(Brenden O'Regan)이 섀넌(Shannon) 공항에 설립(1947)한 것이라고 한다. 1960년 미국의 찰스 피니(Charles Feeney)와 로버트 밀러(Robert Miller)가 면세점 사업이 수익성을 창출할 수 있다는 점을 인식하여 DFS를 창업하였다고 알려지고 있다.

많은 국가에서는 외국에서 들어오는 상품에 세금을 부과하게 된다. 그러나 관세의 납부 의무를 특정한 경우에 무조건 또는 일정 조건하에 면제하는 것을 면세라고 하는데, 이러한 면세제도는 여러 가지 목적을 달성하기 위한 수단으로 이용되고 있다.

면세점(duty free shop)은 소비를 목적으로 한국에 수입되는 외국산 상품에 부과되는 관세와 자국(自國)에서 생산되어 유통되는 상품에 부과되는 제(諸) 세금을 일정한 지역을 지정하여 자격을 갖춘 특정인에게 면세로 판매하도록 하는 점포이다.

면세점은 외국인 여행자들과 출국하는 내국인 여행자들에게 매력적인 장소로 부각되고 있으며, 외화획득과 내국인의 외화 유출을 감소시켜 관광산업뿐만 아니라 국가 경제에도 기여하고 있어 정책적으로 보호·육성되는 분야이기도 하다.

2. 면세점의 특성

면세점이란 여행자에게 부과되는 세금(소비세, 주세, 수입품의 관세 등)을 면제하여 판매하는 소매점으로 외화획득이나 외국인 여행자의 편의를 도모하기 위하여 세관장이 특허한 구역이다. 판매하는 면세품목이 국내 시장에 반출된다거나, 일반시장에 유입되어 판매된다면 상품의 가치뿐만 아니라 면세점으로의 역할도 모두 상실하게 된다고 할 수 있다.

면세점에서 판매되는 상품은 국가 경제권 내에서 면세된 가격으로 유입될 수 없으므로 수출로 간주하고 있으며, 외국인 여행자들과 출국하는 내국인 여행자들에게 면세가격으로 제공하고, 판매하도록 함으로써 상품을 저렴하게 구매할 수 있다는 매력요인이 있다.

관광사업과 관련된 면세점의 일반적인 특성은 다음과 같다.

첫째, 특허성 사업의 형식이다. 면세점의 개설은 관세법상 특허가 가능한 지역이나 장소에서 여행자가 이용하고 구매할 수 있으며, 시장규모에 의하여 그 수를 제한하고 있다.

둘째, 외화획득에 공헌하고 있다. 면세점은 일반적으로 외국인을 대상으로 하기 때문에 수출사업으로서의 역할을 하고 있다.

셋째, 면세물품의 반입이나 반출에는 엄격한 통제를 받는다. 면세점에서 가장 중요하게 취급하는 것이 특허의 취지이며 상품의 반입·반출에 대하여 세관이 엄격한 관리 통제를 하고 있다.

넷째, 여행자와 관련성이 높다. 면세점의 주요 고객은 외국인 및 출국하는 내국인으로 제한되어 여행자와 관련성이 있다는 것이다.

3. 면세점의 분류

국가의 국제공항에는 물품을 외국으로 반출하거나 관세를 면제받을 조건으로 판매하는 구역을 설정하고 있다. 판매구역을 설정하여 판매 행위를 할 수 있도록 한 곳이 보세 판매장이다. 외국으로 반출할 외국물품을 판매하는 장소로서 국제공항의 출국장에 있는 '면세점'과, 주한 외국공관의 외교관에게 외국 물품을 판매하는 판매점(commissary)의 2종류로 구분된다.

면세점은 설치장소와 목적에 따라 다음과 같이 구분하고자 한다.

1) 시내 면세점

시내에 설치되어 출국하는 내·외국인에게 판매하는 면세점이며, 출국하기 전에 물건을 직접 보고 구매할 수 있는 특징이 있다.

2) 출국장 면세점

공항 및 항만의 출국장에 설치되어 출국하는 내·외국인에게 면세물품을 판매하는 것이며, 물품을 구매하면 바로 수령할 수 있다.

3) 입국장 면세점

공항 및 항만의 입국장에 설치되어 우리나라에 입국할 때 이용할 수 있는 면세점이며, 면세한도 내에서 구매가 가능하다.

4) 지정 면세점

제주특별자치도 여행객에 대한 면세점 특례규정에 따라 출국이 아닌 다른 지역으로 출도(出道)하는 내·외국인이 이용 가능한 면세점이다.

5) 외교관 면세점

우리나라에 주재하는 대사관, 영사관, 공사관 직원 및 가족 등에게 외국물품을 판매하는 면세점이다.

4. 면세제도의 운영

국가에서는 외화획득을 전제로 외국인전용 면세점과 백화점의 면세점에서 물품의 국내 유출을 막기 위해 주문한 후 공항에서 수령하는 제도를 도입하고 있다. 많은 국가는 자국(自國)의 상품 판매를 확대하기 위해 사후 면세제도를 도입하여 운영하는 국가도 있다.

한국에서도 시내 면세점에서 물품을 구입하면 프리 오더시스템(free order system)을 적용하고 있으며, 관광객에게는 쇼핑 편의를 제공하면서 외화획득을 위한 각종 면세제도를 도입하여 시행하고 있다.

한국의 면세제도는 크게 사전 면세제도와 사후 면세제도로 구분할 수 있다.

사전(事前) 면세제도란 물품을 구입할 시 세금이 이미 면세되어 있는 제도로서 관세 및 내국세(부가가치세·특별 소비세·주세·담배소비세 등)가 면세된 상태에서 물품이 판매되는 것을 의미한다.

사후(事後) 면세란 외국인 여행자가 세금이 포함된 가격으로 물품을 구매하고, 출국장 등에서 부가가치세·특별소비세를 환급받을 수 있는 제도로서 사후 면세판매장(tax refund)이 이에 해당한다.

면세제도 현황

구분	사전 면세		사후 면세	
	지정 면세점 (내국인 면세점)	보세판매장 (시내·출·입국장 ·외교관 면세점)	면세판매장 (사후면세점)	종합보세구역
근거규정	• 제주특별자치도 특별법 • 조세특례제한법	관세법	조세특례제한법	관세법
허가(지정)기관	관할세관장	관할세관장	관할세무서장	관세청장
면제대상 조세	관세, 내국세, 지방세	관세, 내국세, 지방세	부가가치세, 개별소비세	관세, 내국세, 지방세

대상품목	• positive 방식 • 내·외국인 물품 중 지정품목 (주류, 담배, 시계, 화장품 등)	• negative 방식 • 내·외국인 물품 • 총포·도검·마약류 등 제외	• negative 방식 • 내국인 물품 • 총포·도검, 문화재, 중독성 의약품 제외	• negative 방식 • 내·외국인 물품 • 총포·도검·마약류 등 제외
이용자	내국인, 외국인	입·출국 내국인, 외국인	외환거래법상 거주자	외국인
면세한도	1회 6백 불 (미화, 연 6회)	6백 불(미화)	제한 없음	제한 없음

자료 : 문화체육관광부, 2021년도 관광동향에 관한 연차보고서, 2022, pp.93-94

보세 판매장 및 내국인 면세점 현황

구분		업체현황	비고
외교관		동화 외교관 면세점	
시내	서울	동화, 호텔롯데 명동, 호텔롯데 월드타워, 호텔신라(서울점), 현대백화점(동대문), 신세계 명동, 롯데 면세점(코엑스), 에이치디씨 신라, 현대백화점(무역센터)	
	부산	호텔롯데, 신세계	
	대구	그랜드면세점	
	울산	울산면세점	
	청주	중원면세점	충북
	수원	앙코르면세점	경기
	제주	호텔롯데, 호텔신라 신제주	제주
입국장	인천공항	경복궁(제1, 제2 여객터미널)	
	김해공항	경복궁	
출국장	인천공항	경복궁, 그랜드, 중소기업유통센터, 현대백화점, 호텔신라, 호텔롯데, 신세계, 시티 플러스	
	김포공항	호텔롯데, 호텔신라	
	부산항	부산면세점	
	김해공항	롯데, 듀프리토마스쥴리	

	제주공항	호텔신라	
	대구공항	그랜드면세점	
	청주공항	청주국제공항	충북
	평택항	(주)더 포춘 트레이딩	경기
	군산항	GADF(군산항 여객선터미널 면세점)	전북
	양양공항	디엠면세점	강원
지정	제주	JDC 제주공항, JDC 제주항 1호, JDC 제주항 2호, JTO(제주 컨벤션센터), JTO(성산)	

자료 : 문화체육관광부, 2022 관광동향에 관한 연차보고서, 2023, pp.546-547 ; 관세청, 2022.12.31
　　　을 참고하여 작성함

제 **3** 절 　 **전통주 판매업**

1. 전통주의 역사

전통주(傳統酒) 또는 전통 민속주는 민족의 식생활 풍속에 담겨 있는 술, 지방에서 전해 내려오는 방법으로 빚은 술을 의미한다. 제조방법은 전통적인 기술과 원료를 사용함으로써 일반 주류와 차별화하기 위해 민속주, 전통주, 전통 민속주(民俗酒)라고도 하며, 지역의 부존자원 활용, 제조 방법, 역사와 문화 등에서 유래하여 토속주, 지역 특산주(特産酒), 텃술 등 다양한 이름으로 불린다.

우리나라의 술에 대한 기록은 고구려 건국신화에 등장했다고 하며, 고려시대에는 곡주(穀酒) 양조법이 정립되어 탁주와 약주의 종류가 다양해졌다. 고려 말에는 아라비아에서 증류 기술이 들어와 우리나라의 술 문화를 크게 변화시켰으며, 이를 계기로 고려 후기에 탁주(濁酒)와 약주(藥酒), 소주(燒酒) 세 가지의 주종이 완성되었다고 한다.

조선시대에는 다양한 양조 방식의 술이 빚어졌지만 일제 강점기에는 술 문화도 쇠퇴기를 맞게 되는데, 조선통감부에서 주세법(1909)을 공포하여 집에서 만드는 가양주(家釀酒)도 면허가 있어야 빚을 수 있게 하였다. 이로 인하여 한국의 토속주는 일제 강점기를 거치면서 그 자취가 감소하게 되었고 해방 이후에는 외국 술(酒)의 급속한 유입과 일반에서 술 빚는 것을 금지한 정책으로 인하여 많이 발전하지 못했다.

1980년대 후반 정부의 전통주 육성 정책과 쌀을 사용한 양조(釀造)의 허용(1990) 및 제조 면허의 개발, 지역 제도의 폐지, 가양주 제도가 허용되면서 전통주가 부활하는 기회를 맞이하게 되었다. 특히 1990년대 초반 주세법 개정으로 제조와 판매 제한이 완화되면서 다양한 전통주가 활발하게 개발되었다.

한국의 토속주는 관광 진흥을 위하여 심사대상의 주류 중에서 무형문화재로 지정받지 못한 민속주에 대해서 관광산업 육성 차원에서 관광토속주로 지정(1991년 이전)하게 되었다고 한다.

그러나 관광진흥법이 개정되면서 토속주 판매업이 제외되면서 한국 전통의 주류에 대한 관심도가 낮아지게 되었다. 본 내용에서는 지역산업과 연계하여 전통주 판매와 관련된 사업이 활발히 진행되어 한국의 전통을 계승하고 보존하는 계기가 되었으면 하는 차원에서 제시하여 보았다.

2. 전통주의 의의

전통주의 정의는 문화적으로 명확하게 규정되거나 대중적으로 합의된 것은 없지만 계통을 이어받아 전하는 술의 의미와 관습 가운데서 역사적 배경이 있고 규범적 의미를 지닌 술로 해석할 수 있다. 전통주는 오랜 세월 조상 대대로 가문(家門) 고유의 비법으로 집에서 빚어 대물림한 가양주(家釀酒)와 그 문화에서 정의를 내릴 수 있다.

전통주에 대한 정의는 관습적 정의와 법률적 정의로 구분할 수 있다. 관습적으로 한국 전통의 양조(釀造)방법을 계승 보존하고 시대상을 반영하는 술로서 한국의 풍토와 생활방식, 문화가 담긴 술로 정의하고 있다. 법률적 정의는 「전통주 등의 산업진흥에 관한 법률」에서 예로부터 전승되어 오는 원리를 계승·발전시켜 진흥이 필요하다고 인정한 술이다.

법률상 전통주의 정의

구분	요건
무형유산의 보전 및 진흥에 관한 법률	지정된 주류 부문의 국가무형유산 또는 시·도 무형유산의 보유자가 제조하는 주류
식품산업진흥법	주류 부문의 대한민국 식품명인이 면허를 받아 제조하는 주류
농업·농촌 및 식품산업 기본법 수산업·어촌 발전 기본법 전통주 등의 산업진흥에 관한 법률	농업 경영체 및 생산자단체와 어업 경영체 및 생산자단체가 직접 생산하거나 주류 제조장 소재지 관할 특별자치시·특별자치도·시·군·구(자치구를 말한다. 이하 같다) 및 그 인접 특별자치시·시·군·구에서 생산한 농산물을 주원료로 하여 제조하는 술로서 특별시장·광역시장·특별자치시장·도지사·특별자치도지사의 제조 면허 추천을 받아 제조하는 주류

자료 : 국가법령센터의 주세법, 전통주 등의 산업진흥에 관한 법률 등의 법령집을 참고하여 정리함

한국의 전통주는 형태에 따라 청주, 탁주, 소주(증류주)로 구분할 수 있으며, 대부분 곡주(穀酒)이면서 발효주이다. 또한 술을 거르는 방법에 따라 청주와 탁주로 나뉘는데, 이것을 다시 증류기를 이용해서 순수한 알코올만 추출하면 소주가 된다. 전통주의 발달은 한국인 고유의 생활 관습과 밀접한 관계가 있으며, 전통주는 다섯 가지 맛(五味)이 난다고 한다. 즉 달고(甘), 시고(酸), 쓰고(苦), 떫고(澁), 매운(辛)맛이 난다고 하며, 빛깔은 황금색을 띠고, 꽃이나 과일의 향과 같은 아름다운 향기가 나는 게 특징이라고 한다. 한국의 전통주라는 의미에서는 주세법과 「전통주 등의 산업진흥에 관한 법률」에 의해 국가가 지정한 장인이 만든 술(무형문화재), 식품 명인이 만든 술(식품 명인술), 지역농민이 그 지역 농산물로 만든 술(지역 특산주)이라고 할 수 있다.

전통주 산업의 지속적인 성장을 위해서는 현재의 양적인 성장도 중요하지만 질적인 성장을 위한 부단한 제품 및 기술개발·품질관리 노력이 동반되어야만 균형감 있는 성장이 계속 이어질 수 있다고 언급하고 있다. 우선 과제는 전통주에 대한 소비자의 인식과 법령상 정의가 일치하지 않아, 지역 특산주의 기준 등에 대한 소비자, 산업계, 정부 등 모든 이해관계자가 혼란을 겪고 있다고 한다. 따라서 전통주 발전과 진흥을 위해서는 전통주의 개념에 대한 재정립이 필요하다고 하겠다.

지역 특산주 및 민속주 지정 근거

분류	개념	추천기관 (지정기관)
지역 특산주 (농민주)	농림업인, 생산자단체가 직접 생산하거나 제조장 소재지 인근 지역에 농산물을 주원료로 제조하여 추천받은 주류	시·도지사
민속주	무형문화재 보유자가 주세법에 의해 면허를 받아 제조한 술	시·도지사 (국가유산청장)
	주류 부문 식품명인이 주세법에 따라 면허를 받아 제조한 술	시·도지사

자료 : 최종우·허덕·이동소, 지역 특산주 산업실태와 정책과제, 한국농촌경제연구원, 2016, p.8 및 기타 자료를 참고하여 작성함

3. 전통주와 관광상품

전통주는 향토음식으로서 국가 간에 상이한 생활습관이나 예절, 음식 등은 관광객에게도 흥미와 관심의 대상이 되어왔으며, 관광의욕을 갖게 하는 매력적인 자원이 되고 있다. 토속주(土俗酒)란 그 나라와 지역 고유의 향토적 의미가 있는 주류(酒類)로서 관광객에게는 중요한 문화적 가치를 소개할 수 있는 좋은 계기가 된다.

관광객이 전통을 탐구하고 풍물과 미각(味覺)을 즐기려는 관광행태가 증가하고 있으며, 많은 국가에서는 양조장 투어(tour)가 인기를 끌고 있는데, 국가를 대표하는 주류뿐만 아니라 민간기업의 브랜드만으로도 양조장 투어가 활성화되기도 한다.

관광상품으로 활용되고 있는 와이너리(winery) 투어는 양조장을 둘러보는 프로그램들이 생겨나게 되었으며, 술의 역사와 스토리텔링의 힘이 큰 영향을 미치고 있다. 국가·지역별 환경과 역사, 품종에 따라 다양한 스토리텔링(storytelling)이 가능하고 어울리는 음식을 소개하는 등 마케팅 요소들이 더해져 중요한 상품으로 자리 잡아 가고 있으며, 맥주공장 투어를 비롯하여 맥주 박물관은 인기 관광지로 발전하고 있다.

많은 국가에서 자연환경을 활용하여 다양한 술들을 생산해 왔고 전 세계 각국에서는 특색 있는 술 문화를 발전시켜 그들의 맛과 멋을 자랑하고 있으며, 세계적으로 알려진 술들은 관광객들에게 애호되며, 선물용으로도 인기를 끌고 있다.

우리나라는 외국인 관광객에게 수입 주류를 제공하는 것이 보편화되어 있었기 때문에 한국 고유 토속주의 개발 및 판매가 부진하였으나 관광객들은 방문하는 국가 및 지역 고유의 토속주를 음미하려는 욕구가 강해지고 있으며, 외국인의 입맛에 맞는 토속주의 개발과 보급이 필요하다는 인식이 확산되고 있다.

전통주는 조상의 정성으로 빚은 우리의 술을 세계적으로 알리며, 문화상품이라는 새로운 인식과 주조(酒造)과정의 견학과 체험, 시음(tasting)을 통해 K-food로 통칭되는 한식 열풍과 더불어 전통주의 시장이 확대되길 기대해 본다.

특히 지방자치시대에 향토음식 및 특산물은 지역관광을 활성화하는 관광자원으로써의 가치가 있으며, 지방자치단체는 이를 활성화하기 위한 노력이 필요하다.
따라서 적극적인 홍보와 지원방안을 마련하는 것이 필요하다.

전통주 현황 사례

구분	사례
서울	삼해 소주
부산	금정산성 막걸리
인천	칠선주
경기	대통주(가평), 와송주(양평), 홀로(파주), 문배주(김포), 계명주(남양주), 옥로주(안산)
강원	청일 하향주(횡성), 옥선주(홍천)
충북	고본주(제천), 덕산 약주(진천), 홍선 21(괴산)
충남	청양 둔송 구기주(청양), 민속주 왕주(논산), 한산 소곡주(서천), 계룡 백일주(공주), 금산 인삼주(금산), 들국화(서산), 짚가리술(아산)
전북	이강주(전주), 모주(전주), 죽력고(정읍), 병영소주(강진), 송화 백일주(완주), 송순주(김제), 선운산 복분자주(고창), 무주 머루와인(무주)
전남	추성주(담양), 보성 녹차주(보성), 사삼주(순천), 상이 오디주(나주)
경북	김천 과하주(김천), 명인 안동소주(안동), 민속주 안동소주(안동), 설련주(칠곡), 스무주(고령), 호산춘(문경), 불로주(청송), 감그린(청도), 초화주(영양)
경남	솔송주(함양)
제주	오메기술(서귀포)

자료 : 한국관광공사, 지방관광 활성화방안, 1997.12, pp.33-176, 한국전통민속주협회 홈페이지 및 기타 자료를 참고하여 작성하였으나, 향후 지속적으로 연구해서 정리해야 할 내용이 많다고 판단됨

제**4**절 **관광과 정보사업**

1. 정보기술과 관광

　현대인은 일상생활의 단조로움을 떠나 새로운 변화를 추구하려는 욕구가 증가하고 있다. 관광욕구는 경제발전에 따른 소득의 증가와 생활수준의 향상, 교육의 확대에 따른 지적 수준의 증가, 가치관의 변화, 자유시간의 증가, 교통수단의 발전에 따른 이동의 편리성은 미지(未知)의 세계에 대한 동경심을 생기게 하였다. 그러나 관광활동을 하기 위해서는 여러 가지 문제에 직면하게 되었으며, 정보기술의 발전으로 여행자들이 더 많은 정보를 접하게 되었고 여행의 편의를 제공하는 데 기여하게 되었다.

　관광사업은 고객 만족을 최대화하는 것이며, 인적 서비스를 활용하여 목적을 달성할 수 있다. 서비스 분야에서는 정보기술(IT : Information Technology) 사용이 목적에 부합되지 않는다고 인식하였다. 이러한 이유로 관광산업에서는 정보기술의 활용도를 낮게 평가하였고 다른 산업보다 늦게 도입하였는데 정보 등의 기계적 환경을 도입하는 것은 인적 의존도가 높은 서비스업과는 융합성이 떨어진다는 인식이 팽배했기 때문이다.

　정보기술은 관광사업의 업무 효율성을 높이게 되었고 서비스의 향상에도 기여하고 있으며, 고객만족의 극대화를 추구하는 강력한 수단이 되고 있다고 하겠다. 관광상품을 판매하는 관광사업은 소비자들의 욕구를 충족시킬 수 있는 다양한 시스템 개발이 필요하게 되었으며, 마케팅 활동을 전개하기 위한 이러한 시스템들의 활용은 중요한 요소가 되고 있다.

2. 관광환경과 스마트 관광

　정보화 사회는 정보기술, 통신기술의 발전에 의해 발전하고 있는데, 정보의 수집, 처리, 분석, 보관, 분배 등에 관련된 방법 및 그 적용에 필요한 장치를 말한다.

정보기술은 기업의 경영, 국가관리 등 사회 전반에 걸쳐 지대한 영향력을 발휘하는 전략적인 자원이 되고 있으며, 관광 등의 환경을 변화시키고 있다.

정보기술은 경영자가 의사결정을 하는 시간 폭을 단축시키고, 정보를 활용하여 노동력을 효율적으로 운영하기 위한 방안 등 경영활동에 도움이 되는 경영정보시스템(MIS : Management Information System)을 비롯하여 컴퓨터 예약시스템(CRS : Computer Reservation System) 등이 등장하면서 기업과 소비자에게 필요한 기술이 되었다.

전통적 관광산업에서 인식이 부족했던 정보기술(IT : Information Technology)이 등장하면서 관광객, 관광매체, 관광객체 등에 미치는 영향이 중요한 요소가 되었고 그 영역은 점차 확대되고 있다.

환경변화와 스마트 관광

관광주체	스마트 기기를 통해 이동 중에 구매·소비하는 스마트관광객의 등장
관광매체	정보통신 기반으로 복잡하게 연결된 네트워크형 관광산업구조로 변화
관광객체	ICT기술을 기반으로 한 네트워크형 중심으로 비즈니스 창출

자료 : 최자은, 스마트관광의 추진 현황 및 과제, 한국문화관광연구원, 2013, p.99

정보기술의 발전으로 인한 여행자의 증가는 관광에도 그 변화양상이 나타나게 되었고 이러한 혁신의 시장에 등장한 하나의 솔루션(solution)이 스마트 관광이다.

스마트 관광은 유비쿼터스(ubiquitous) 기술이 관광에 적용되어 관광객에게 유용한 정보를 제공하는 서비스를 의미하며, 디지털 투어리즘(digital tourism)은 관광객의 경험 전·중·후 활동에 대한 디지털 지원을 의미한다.

스마트 관광은 유투어리즘(u-tourism)과 디지털 투어(digital tour)라는 의미를 포괄한 개념이며, 정보통신기술(ICT : Information and Communications

Technology)을 기반으로 한 집단 커뮤니케이션과 위치기반 서비스를 통해 관광객에게 실시간 맞춤형 관광정보 서비스를 제공하는 것을 의미한다.

관광객은 관광활동을 위해 최신 정보를 원하며, 관광대상 및 관광지 교통 여건을 비롯하여 각종 편의시설 등에 대한 정확하고 신속한 정보를 요구하고 있으며, 정보 욕구에 부응하기 위해 기업들은 정보기술을 기반으로 차별화된 서비스를 제공해야 하는 시대가 되었다.

관광산업에서 정보기술은 기업의 업무 효율성 증진 및 고객에 대한 서비스 품질(品質) 향상에 기여할 수 있고, 새로운 서비스 개발을 통해 고객 만족을 극대화하는 강력한 수단이 되고 있다.

3. 관광벤처사업의 의의

벤처(venture)의 사전적 의미는 위험이 따르는 의미와 달리 모험(adventure)적 사업, 투기적 기업을 일컫는데, 사업에 있어서는 금전상의 위험을 무릅쓴 행위 즉 위험과 불확실한 성과에 도전하는 것을 말한다.

관광 벤처기업이란 다양한 사업 간 기술이나 서비스의 결합을 통해 관광객이 새로운 경험과 창의적인 활동을 할 수 있도록 새로운 시설, 상품 또는 용역을 제공하는 사업을 말한다.

관광 벤처기업이란 광의로는 '관광 중소기업 중에서 신기술을 이용하거나 지식 집약도가 높은 사업'이라고 할 수 있으며, 협의로는 '중소기업 확인 요령상 관광벤처기업의 요건을 갖춰 정부로부터 관광벤처기업으로 확인받은 업체'라고 정의할 수 있다.

관광 벤처사업은 전통적인 관광부문에 정보화 시대에 부응하는 정보통신기술(ICT : Information and Communications Technology), 문화예술, 스포츠 · 레저 등 다양한 산업분야의 기술이나 서비스를 창의적으로 융합한 관광을 말한다.

관광 벤처사업들이 다채로운 융합으로 새로운 경험과 감동을 창출하면서 관광산업의 새로운 미래를 개척하는 분야로 발전하고 있으며, 다양한 사업 간 기술이나 서비스의 결합을 통해 관광객이 새로운 경험과 창의적인 관광활동을 할 수 있도록 새로운 시설, 상품 또는 용역을 제공하는 사업이라고 할 수 있다.

4. 관광벤처사업의 육성

관광산업의 일자리를 창출하고 경쟁력을 높이며 관광산업의 범위를 확대하고자 관광벤처기업 발굴 지원사업을 추진해 왔다. 이를 위해 한국관광공사는 관광 벤처팀을 신설(2011)하였으며, 관광 벤처기업 육성을 통한 창업 및 고용 창출 확대를 주요 목표로 하고 있다.

한국관광공사에서는 성장 가능성이 있는 기업에서 융합성, 확장성, 기술성이 뛰어나고 신규 관광시장과 일자리 창출 효과 등의 효과가 높다고 평가되는 기업을 대상으로 관광 벤처사업을 선정하고 있다.

관광 벤처사업의 국내·외 사례 분석 및 전문가 조사 등을 통해 추진전략을 수립하고 향후 실행체계를 구축하였으며, 이를 바탕으로 관광 벤처(창조관광)사업 창업 경진대회를 개최(2012)하기도 하였다. 또한 관광 벤처사업의 유형을 분류하여 고부가가치 창출, 녹색성장, 사회통합, 연계 시너지, 감성 만족, 체험창조, IT 창조, 기타형으로 구분하여 업체를 선정하기도 하였다.

문화체육관광부와 한국관광공사는 관광 벤처사업 공모(2023)를 4가지로 설정하여 다음과 같은 분야를 모집하였다. ① 관광 딥 테크(deep tech : 관광업계의 생산성·효율성을 높이는 기업 간 거래 서비스), ② 관광인프라(기반 시설 및 물적 자원 기반 관광사업), ③ 실감형 관광콘텐츠(관광 체험·콘텐츠 개발 및 운영), ④ 관광 체험 서비스(예약, 결제 등 관광편의 제공) 등

관광 벤처사업의 지속적인 육성과 발굴을 통해 사업화에 따른 자금 지원, 국내·외 홍보·판로 개척 지원, 컨설팅, 관광벤처 아카데미 등 기업의 성장에 도움을 주고 있다.

관광 벤처사업의 유형

2023년 이전			2023년 이후		
구분	내용	사례	구분	내용	사례
시설 기반형	사업을 추진할 때 활용할 수 있는 시설이나 물적 자원을 기반으로 하는 사업	관광 벤처형 숙박시설 생태길 공원, 카누, 목장, 생태 마을 등	관광 인프라	기반 시설 및 물적 자원 기반 관광사업	테마공원, 목장·농원 등을 활용한 체험상품
체험 기반형	인식 및 치유의 감성 만족, 타 분야의 산업과 융합, 직접 참여해서 느끼고 공감할 수 있는 체험 중심 사업	지역 축제, 뷰티케어, 드라마·행사·전시 연계 관광, 마음 치유 여행 등	실감형 관광 콘텐츠	관광 체험·콘텐츠 개발 및 운영	테마여행(한류, 미식, 공연, 의료 등)
IT 기반형	IT를 기반으로 한 관광사업으로 IT 자체가 수익 모델인 사업	스마트 관광, 소셜 플랫폼 사업	관광 딥테크 (deep tech)	관광업계의 생산성·효율성을 높이는 기업 간 거래 서비스	고객관리(CRM), 숙박 운영에 관한 경영 관련 기술 제공
기타 (아이디어 등)	타 유형에 속하지 않은 창의적인 관광사업		관광 체험 서비스	예약, 결제 등 관광편의 제공	관광상품 예약

주 : 2023년을 기준으로 하여 구분하였으며, 모집분야에 따라 다양한 표현이 있고 통일성을 기하기 어려워 상기와 같이 분류하였음

자료 : 여행신문, 2023.02.02

김덕기·유지윤, 관광벤처기업 육성 방안, 한국관광연구원, 1999.

김상훈, 관광학개론, 빅벨출판사, 1992.

김창호, 전통주 산업의 동향과 전망, 한국농촌경제연구원(논단), 2023.

김천중, 관광정보시스템(관광사업과 정보통신), 대왕사, 2000.

백록담, 전통주의 정의, 한국전통민속주협회 자료, 2018.

백록담, 한국 전통술, 다섯 가지 맛과 아름다운 향기가 나는 술(기고 칼럼), 해외문화홍보원, 2022.

유지윤, 외래 관광자의 관광활동 유형에 따른 관광기념품 구매 행동에 관한 연구, 관광연구논총, 한양대학교 관광연구소, 1996.

유진이, 관광 동기와 기념품 특성이 구매 의도에 미치는 영향, 신라대학교 석사학위논문, 2002.

이동필, 한국의 주류제도와 전통주 산업, 한국농촌경제연구원, 2013.

정석중 외 8명, 관광학, 백산출판사, 1997.

최자은, 스마트 관광의 추진 현황과 향후 과제, 한국문화관광연구원, 2013.

최연수, 관광기념품, 생각을 바꾸면 산업이 보인다, 관광투자 뉴스레터, 2015.

최종우·허덕·이동소, 지역 특산주 산업실태와 정책과제, 한국농촌경제연구원, 2016.

허갑중, 관광토산품 국제경쟁력 강화방안, 한국관광연구원, 1997.

문화체육관광부, 2022년 관광동향에 관한 연차보고서, 2023.

문화체육관광부, 2021년 관광동향에 관한 연차보고서, 2022.

한국문화관광연구원, 관광분야 벤처 평가 방안, 2001.

서울디자인재단, 관광문화기념품 실태분석 및 활성화 전략 연구, 2015.

광주공예협동조합, http://www.gjhand.or.kr

여행신문(2023.02.02)

여행신문(2024.07.18), 효자상품 양조장 투어, 한국에서는 시큰둥

CHAPTER

TOURISM
BUSINESS

13

관광과 환경

관광과 환경

제1절 관광환경의 의의와 유형

1. 관광환경의 의의

관광현상에 있어 그 중심은 바로 인간이다. 인간은 환경에 의해 형성되고 환경의 제약을 받는 존재로 인간과 자연은 상호 의존성이 높아지는 현대사회에서 환경에 대한 중요성을 인식하게 된다.

스튜어트(R. Stewart)는 환경의 대상을 사회적 환경(social environment)과 물리적 환경(physical environment)으로 구분하고, 인공(人工)성의 여부에 따라 자연환경(natural environment)과 인공환경(manmade environment)으로 구분하였다. 또한 환경학자들은 이른바 환경에는 자연·물리·사회적 환경이 존재한다고 하였다.

고전적 산업구조의 이론에서 기업 행위는 성장률과 집중도 등과 같은 산업구조의 특성에 따라 좌우되며, 기업의 성과도 산업구조에 의해 결정되며, 영향을 받는다고 하였다. 이러한 환경을 일반환경과 과업(課業)환경으로 구분하고, 일반환경은 정치·경제·사회·인구통계·기술·법률·생태·문화 환경 등의 다양한 요소로 구성되어 있다고 하였다.

인간의 환경에 영향을 주는 관광환경이란 용어는 그 방향과 활용하는 용도에 따라 기본적인 개념이 변화된다. 관광의 구조에서 관광주체인 관광객에게 영향을 주는 요인이 무엇이며, 관광객의 행동으로 발생하는 요인이 관광사업에 미치는 영향에 대해서 인식할 필요성이 있으며, 이를 체계적으로 정립하기 위한 과정을 관광환경이라고 정의하고자 한다.

오늘날 관광사업은 외부로부터 가해지는 지배, 제약, 압력, 규제 및 이해관계에서 오는 영향력과 교섭하여 자기 기업에 유리하도록 관계를 맺고 기업의 생존, 발전을 도모하는 사회적 존재이다. 따라서 관광사업도 생존 발전하기 위해서는 내·외부에서 가해지는 영향력을 인식하고 사업에 유리하도록 대처하기 위한 노력이 필요하게 되었다.

2. 관광환경의 유형

관광사업에 영향을 끼치는 환경을 어떻게 분류할 것인가 하는 것은 연구자의 종합적인 판단에 맡겨질 수밖에 없다. 관광은 환경에 영향을 받기도 하고, 반대로 환경에 영향을 주기도 하는데, 이것은 관광과 환경과의 관계를 설명하는 중요한 요인이 된다.

학자들이 분류한 관광환경의 유형을 살펴보면 다음과 같다.

해스와 월(Emnie Heath & Geoffrey Wall)은 거시적 환경을 분석하기 위한 요소로 경제적 환경, 사회·문화적 환경, 정치적 환경, 기술적 환경, 생태적 환경으로 구분하였다.

안종윤은 관광환경을 외부적 환경과 내부적 환경으로 구분하였다. 즉 외부적 환경으로는 정치적 환경, 경제적 환경, 사회·문화적 환경, 자연·생태적 환경으로 구분하고 있는데, 관광정책의 주체를 정부뿐만 아니라 기업까지 확대한 것으로 해석할 수 있다.

안해균은 정책체계를 둘러싼 환경을 유형적 환경과 무형적 환경으로 구분하였으며, 무형적 환경에는 정치행정 문화와 공익 및 사회경제적 여건 등이 있고 유형적 환경에는 구체적 행위자로서의 정당·이익집단·언론기관 등이 있다고 하였다.

교통개발연구원의 연구보고서에 따르면 관광현상에 영향 미치는 환경을 국제적 환경과 국내적 환경으로 대별하고, 이를 다시 정치·경체·사회·지역·시장·산업·기업·기술적 환경으로 분류·제시하였다.

관광환경의 유형은 국가 및 사회뿐만 아니라 관광객에도 영향을 주며, 관광객을 대상으로 하는 관광사업도 환경으로부터 직·간접적으로 영향을 받아 왔다는 것을 의미하며, 관광환경의 유형을 거시적(巨視的) 관광환경과 미시적(微視的) 관광환경으로 분류하고자 한다.

• 관광환경의 유형

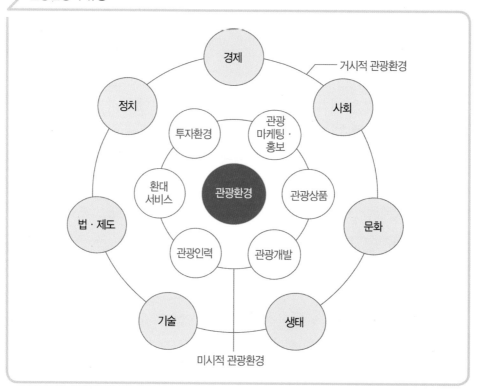

제 **2** 절 거시적(巨視的) 관광환경

1. 정치적 환경

  정치적 환경이란 모든 기업의 경영과 연관되는 정치적 상황을 의미한다. 정치적 사건이나 과정에서 야기될 수 있는 경영상의 위험이 되는 환경이다. 엘리어트 (J. Elliot)는 정치적 환경을 지역의 안정성, 지리적 위치와 기후 등의 외부적 환경과 정치체제, 지도자의 지도력과 개성, 행정수행 능력, 관료제도 등의 내부적 환경으로 구분하였다. 홀(Colin Michael Hall)은 정치적 범주를 정부의 역할, 관광정책, 국제관계, 테러(폭력)와 정치적 혁명, 관광개발, 정치체제, 정치사회의 가치변화, 자본주의 사회로 분류하였다.

  정치적 환경의 변수에는 정치적 안전성, 법체계, 정부의 계획과 정책방향, 그리고 국제정세 등이 있다. 법체계는 국가 범위 내에서 가장 명시적으로 규율하는 사회적 지침이라 할 수 있는데, 정부의 공공정책이나 기업의 경영정책은 법률이 정하는 범주 내에서 그 효과를 인정받을 수 있기 때문이다.

  국제정세는 세계 각국의 정치 · 경제 · 사회 · 문화 등 다양한 측면에서 상호 의존하고 있기 때문이다. 냉전 종식 후 세계질서의 재편성이 급속도로 진행되었으며, 국제 간에 경제교류의 장애를 극복하려는 노력과 이념의 몰락 등과 같은 정치적 변화는 국제관광의 교류 증진에 크게 공헌하였다.

  정치적 변화는 이념을 초월한 개발과 국가들의 실리 추구를 가속화했고, 각 국가의 민주화 진전과 아시아 신흥공업국들의 선진국 대열에의 참여, 세계의 중심축이 유럽 및 태평양 국가 등으로 다극화되고 아시아 · 태평양지역에 대한 세계 관심의 증대, 중국과 일본의 변화 등이 다양한 양상을 띠고 있다.

  정치적 안정성은 관광에 막대한 영향을 끼친다. 정치상황에 따라 정부의 관광에 대한 지원이나 규제 등과 같은 일련의 조치들이 파생된다. 관광개발에는 막대한 투자비용이 필요하고 이러한 투자에 들어가는 막대한 재정은 민간기업이 담당하기 어렵다. 특히 관광은 공공성과 외부효과로 인하여 공공기관의 개입이 불가피한 측면이 있다. 따라서 정부의 관광 중요성에 대한 인식 여부에 따라 결정적인 영향을 받게 된다.

정치 트렌드

주요 트렌드	세부 트렌드
거버넌스(governance)의 중요성 증대	• 글로벌 거버넌스(global governance)의 위기 • 세계 정치주의의 다자주의 시대 • 협력적 거버넌스 구축 필요성의 증대
남·북 및 국제협력의 중요성 확대	• 한반도 신뢰 프로세스를 통한 남·북 관계 진전 • 유라시아 이니셔티브를 통한 농반 성장 및 번영 도모 • 공적개발 원조(ODA : Official Development Assistance)의 지속 확대 • 자유무역협정(FTA : Free Trade Agreement)의 확대

자료 : 최경은·안희자, 최근 관광트렌드 분석 및 전망, 한국문화관광연구원, 2014, p.76

2. 경제적 환경

경제적 환경에는 기업 활동에 직접적인 영향을 미치는 성장률, 산업구조, 물가수준 변화, 환율, 금융 정책 등이 포함된다.

국가들은 이념적·정치적 논리에 따라 협력하던 시대와 달리 실용주의의 원칙에 따라 자국의 경제적 이익을 최우선시하게 되었다. 세계 경제는 이미 무한 경쟁 시대에 돌입하여 국가 간 경제 전쟁이 치열해지고 있으며, 자본주의 시장원리에 입각한 자유무역주의의 확산으로 국가 간 경쟁이 심화되는 결과를 초래하였다. 유럽연합(EU : European Union)이라는 단일시장의 실현, 이러한 경제의 블록화 현상으로 세계화와 지역화가 동시에 진행되어 협력과 경쟁이라는 상반된 개념이 존재하게 되었다. 이러한 블록화를 추진하는 선진국들은 세계를 하나의 시장으로 완전 통합하기 위한 과도기인 블록의 필요성을 강조하고 있다.

경제적 환경은 통치행위에 미치지는 못하지만 직·간접적으로 관광발전에 영향을 끼치는 경제 제도이며, 정치적 위험이 상호 존재한다. 경제적 제국주의, 국가안전, 사회변화에 역행하는 민간기업의 활동, 외교 관계, 종교적 지침이나 문화적 이질성, 정치적 편의주의 등이다.

　경제적 환경에서 가장 중요한 요인은 물가 수준이다. 물가는 소득수준과 비용(費用)에 의해 결정되는데, 특히 환율은 해외여행에 있어 국가 간에 발생하는 상대적인 비용의 개념으로 의사결정에 지대한 영향을 끼치며, 관광객의 대부분은 고환율 국가에서 저환율 국가로 이동하게 된다.

경제 트렌드

주요 트렌드	세부 트렌드
세계경제의 변화	• 지역 블록화의 강화 • 글로벌 경쟁의 심화
융합 패러다임 및 공유경제 확산	• 산업 융합의 고도화 • 공유경제의 산업화 • 협력적 소비형태 증가
저성장 및 양극화 심화	• 저성장을 특징으로 하는 뉴노멀(new normal)시대의 도래 • 빈부격차 해소를 추구하는 자본주의 5.0의 부상
주력 소비시장으로서 여성 및 아시아의 부상	• 소비시장에서 여성 구매력 및 영향력 확대 • 중국 소비시장의 세분화·다양화 • 중국 소비자의 명품 구매욕 증가 • 미래 소비세대로서 핫 아시안(hot Asians) 부상
신흥 경제국의 성장	• 경제 대국으로 도약하는 중국의 파워 • 성장 가능성이 큰 신흥경제국(BRICS)의 등장 • 유망 신흥시장으로 새롭게 부상하는 MINTs • 아시아니제이션(Asianization)으로 전환

자료 : 김향자, 제3차 관광개발기본계획 수립을 위한 기초연구, 2009, p.46 ; 최경은·안희자, 최근 관광트렌드 분석 및 전망, 한국문화관광연구원, 2014, p.76을 참고하여 재작성함

뉴노멀(New normal)

시대 변화에 따라 새롭게 부상하는 표준으로, 위기 이후 5~10년간 세계 경제를 특징짓는 현상으로 과거를 반성하고 새로운 질서를 모색하는 시점에 등장하였다. 저성장, 저소비, 높은 실업률, 고위험, 규제 강화, 미 경제 역할축소 등이 글로벌 경제 위기 이후 세계 경제에 나타날 뉴노멀로 논의되고 있다. 과거 사례로는 대공황 이후 정부 역할 증대, 1980년대 이후 규제 완화, IT기술 발달이 초래한 금융 혁신 등이 대표적인 변화의 사례이다.

> ### 브릭스(BRICS)
>
> 브릭스라는 용어를 처음 만든 사람은 영국의 짐 오닐(Jim O'Neill)로 당시 "더 나은 글로벌 경제 브릭스의 구축(Building Better Global Economic BRICs)"이라는 보고서를 발표하면서 브라질(Brazil)·러시아(Russia)·인도(India)·중국(China)의 신흥경제 4개 국가를 일컫는 용어였으며, 남아프리카공화국(Republic of South Africa)이 회원국으로 가입하여 확장되었다.

> ### 민트(MINTs)
>
> 멕시코(Mexico), 인도네시아(Indonesia), 나이지리아(Nigeria), 튀르키예(Türkiye, 터키) 등 4개 국의 영문명 이니셜(initial)을 조합한 신조어로 미국계 자신 운용사 피델리티(Fidelity)가 처음 만들었다고 한다. 고령화 문제를 겪고 있는 선진 국가와 달리 풍부한 인구를 기반으로 젊은 층의 비중이 높아서 경제가 성장할 가능성이 높다고 하였다.

관광은 일반적으로 '자유무역산업'으로 간주하고 있지만 정치·경제적 블록(block)화 과정에서 블록지역 내의 여행을 촉진시켜 통합된 지역 내의 화합은 지역관광에는 좋은 영향을 끼치겠지만 블록(block) 간의 관광객 이동은 새로운 장애 요인으로 작용하게 될 것이다.

3. 사회적 환경

사회적 환경이란 연령, 인종, 성별, 유형, 가치관의 다양화, 소비생활 양식, 인구문제, 소비자운동, 노사관계 등이다. 유엔 보고서에 따르면 전 세계 60세 이상 노인 인구가 2050년에는 20억 명에 이를 것이며, 고령 인구의 증가로 고령 친화 산업의 수요가 급증할 것으로 전망하고 있다.

고령 친화 제품에는 노인을 위한 여가·관광·문화 또는 건강지원 서비스가 포함되어 있다. 베이비붐(baby boom) 세대가 생산과 소비의 중심계층에서 소비 중심의 계층으로 전환될 것이며, 베이비붐 세대는 자산과 소득수준이 이전 세대보다 높을 것으로 예상되고 능동적인 소비 주체로서의 성향도 갖고 있다고 하겠다. 건강, 여유 있는 자산, 적극적인 소비 의욕을 가진 전후 베이비붐 세대가 고령화 시대의 새로운 소비계층인 '뉴시니어(new senior)'로 부상하고 있다.

베이비붐(baby boom) 세대

한국에서는 통상 한국전쟁 전후에 태어난 1955~1963년생을 말하며(1차 베이비붐 세대), 추가로 연간 90만 명 이상 출생한 1968~1974년생을 2차 베이비붐 세대로 분류하고 있다. 미국에서는 제2차 세계대전 후부터 1960년대에 걸쳐서 태어난 사람들을 의미하며, 여피(yuppie)로 대표되는 교육 정도가 높고 진보적인 사고를 가진 것이 특징이라고 한다.

소비구조에 있어서 개성화 추구의 증가와 소비 선택 기준의 질적 변화 그리고 여성시장·노인시장·대도시의 젊은 엘리트 시장·맞벌이 부부시장 등과 같은 새로운 시장의 출현 현상 등이 나타난다.

체계화된 교육제도를 바탕으로 문맹률의 저하와 고학력 사회, 컴퓨터 중심의 사회로 변화, 발전되고 있다. 그러나 경제성장의 역기능으로 인한 도시와 농촌 간 소득격차의 심화와 실업률 등은 사회적 안정성을 저해할 수 있다.

산업사회에서 발생하는 노사분규 현상과 농촌과 도시의 문화 격차 증대 및 상대적 빈곤계층의 등장으로 인한 소외감의 대두, 각종 공해문제의 유발, 가치관의 이질화에 따른 제반 파생적 문제 등 경제성장의 역기능적 현상을 쉽게 찾아볼 수 있다. 또한 산업화로 인한 도시화의 진전, 환경오염의 사회 문제화 등과 기계화로 인한 노동시간의 단축에 따른 여가시간의 확대와 문화 활동 참여욕구의 증대, 문화수준의 중요성에 대한 인식의 확산과 국제화, 개방화에 따른 문화개방 등도 사회·문화적 환경에 영향을 미친다고 할 수 있다.

사회 트렌드 변화

주요 트렌드	세부 트렌드
저출산 및 고령화 사회	• 저출산으로 인한 인구성장률 둔화 • 고령화 사회로 인한 관련 산업의 지속적인 성장 • 독거노인의 증가 • 신세대 노년층, 뉴시니어 세대의 부상 • 주요 소비층으로서 중년층의 부상 • 중·장년층을 위한 복고(復古)열풍의 부상
새로운 가구 유형	• 소규모 가구(1~2인)의 증가 • 솔로 이코노미(solo economy) 부상 • 다문화 가정의 증가
개인화 증대	• 자기만의 스타일 중시 • 마이너리즘(minorism)의 확산 • 개인주의 만연에 대한 저항
안전에 대한 인식	• 인적 재난사고에 대한 심각성 대두 • 사회적 재난으로서 전염성 질병의 인명피해 확산 • 프리 크라임(pre-crime) 관심 증대
소비문화의 변화 및 세분화	• 맞춤형 소비문화 확산 • 칩 시크(cheap chic) 확산 • 럭셔리(luxury) 구매욕구의 증가에 따른 프리미엄(premium)제품의 다양화 • 전통에 대한 관심 증대 및 확산 • 체험 및 경험 소비 추구의 확대 • 인터넷 엘리트(internet elite)의 등장
라이프 밸런싱 추구	• 일과 생활의 균형에 관한 사회적 논의 확산 • 가족 중심의 가치관으로 변화 • 다운시프트(downshift), 호모 루덴스(Homo ludens)적 삶의 추구 • 호모 모투스(homo motus)의 등장
웰빙 및 힐링 라이프 스타일의 확산	• 웰빙(well-being) 식문화에 대한 지속적인 관심 증대와 웰빙족의 증가 • 새로운 사회문화 코드로서 힐링(healing)의 부상

자료 : 김향자, 제3차 관광개발기본계획 수립을 위한 기초연구, 2009, p.47 ; 최경은·안희자, 최근 관광트렌드 분석 및 전망, 한국문화관광연구원, 2014, p.75을 참고하여 재구성함

신세대 노인층

고령화 사회의 진입에 따른 소비자 집단의 출현 현상으로 자녀에게 부양받기를 거부하고 부부끼리 독립적으로 생활하려는 노인세대(통크족, tonk : 'two only no kids'의 약칭), 손자 및 손녀를 돌보느라 시간을 빼앗기던 전통적인 모습을 초월하여 자신들의 인생을 추구하는 신세대 노인층으로서 이를 계기로 실버 마케팅(silver marketing)이라는 용어도 등장하게 되었다.

스웩(swag)

스웩(swag)은 셰익스피어(William Shakespeare)에 의해 탄생한 말로 '허세', '자유분방함', '으스대는 기분' 등을 표현하는 힙합 용어로 사용되다가 사회문화적인 측면에서 '가벼움', '여유', '자유로움' 등을 상징하는 용어로 통용되고 있다.

치프 시크(cheap chic)

합리적인(cheap) 가격에 세련된(chic) 디자인, 실용적인 기능을 겸비한 제품 및 서비스를 의미하는 용어이다. 명품과 저가 제품으로 양분돼 있던 기존 시장의 틈새를 겨냥한 것으로 단순히 가격만 낮춘 것이 아니라 성능과 디자인이 고가제품과 같이 우수하다는 특징을 강조하는 개념이다.

인터넷 엘리트(Internet Elite)

디지털 시대의 인터넷과 벤처의 발달로 인하여 정보기술을 선도하고 정보기술에 대한 높은 적응력을 보이며, 자기에게 필요한 제품을 구매하는 소비 패턴을 보이는 집단이다. 일명 예티(yetties)족이라고 하며, 젊고(young), 기업가적(entrepreneurial)이며, 기술에 바탕을 둔(tech-based) 집단을 약칭하는 용어로 국립국어원(2008)에서 자기가치개발족(族)으로 순화하였다.

다운시프트(downshift) 문화

현대인들은 바쁘게 살아가며 치열한 경쟁 속에서 성공이라는 목표를 정하고 최선을 다해 생활하지만 과연 행복하게 살고 있는가라는 질문에 대해 삶의 방식을 되돌아본다는 의미에서 나온 용어이다. 고소득이나 빠른 승진보다는 비록 저소득일지라도 여유 있는 직장생활을 즐기면서 삶의 만족을 찾으려는 행태를 지칭하는데, 사회적 지위 및 금전 수입에 연연하지 않고 삶을 즐기는 문화를 의미한다. 일명 슬로비(slobbie)족이라고 하는데 천천히 그러나 더 훌륭하게 일하는 사람(slow but better working people)의 약칭으로 속도를 늦추고 보다 느긋하게 생활하기를 원하며 물질과 출세보다는 마음과 가족을 중시한다고 한다.

> ### 호모 루덴스(Homo ludens)
>
> 놀이하는 인간, 노는 인간을 지칭하는 용어로 인간은 놀면서 행복을 추구하는 존재이며, 삶을 놀이로 만드는 것은 인간의 의무이자 성공의 길이며, 행복의 길이 된다는 의미이다.
> 우리의 시대보다 더 행복했던 시대에 인류는 자신을 '호모 사피엔스(Homo sapiens : 합리적인 생각을 하는 사람)'라고 불렀다. 그러나 세월이 흐르면서 인류는 합리주의와 순수 낙관론을 숭상했던 18세기 사람들의 주장과는 달리 합리적인 존재가 아니라는 게 밝혀졌다.

> ### 호모 모투스(Homo motus)
>
> 코로나19가 엔데믹(endemic)으로 전환되면서 사회적 거리 두기 및 출입국 규제 완화의 영향으로 여행과 야외활동에 대한 수요가 증가하는 추세에서 호모 모투스(homo motus)가 나타났다. 호모 모투스는 해외여행과 운동, 문화생활과 같은 역동적인 인생을 추구하는 삶의 현상이다.

4. 문화적 환경

정보·통신의 획기적인 발달로 과거보다 생산성과 부가가치가 높은 지식정보사회로 변화되었다. 또한, 교육과 의식 수준이 높아진 신세대형 소비자들이 등장하였고 늘어나는 여유시간을 보람 있게 소비하려는 경향이 증가하게 되었다. 도시 근교 농·어촌지역의 도시화 확산과 농촌지역 인구감소 지속 등의 변화 및 전원생활을 즐기려는 도시민들이 점차 늘어나게 될 것이다.

특히 도시화, 산업화의 과정에서 파생된 환경에 관한 문제에 관심이 증가하고 컴퓨터 중심의 사회로 인한 테크노스트레스(techno-stress)의 해소를 위한 여가 욕구의 증가는 필연적이라고 할 수 있다.

교육수준의 향상, 통신기술의 발달로 다른 문화에 대한 지식욕구가 증대되어 세계가 하나의 국가(cosmopolitan world)라는 인식을 하게 되었으며, 이러한 요인은 관광에도 많은 영향을 끼치고 있다.

세계인이 공유하는 생활방식의 정착과 '세계적인 생활양식(global life style)'으로 변화되고 있어 단편적인 생활보다는 다른 문화의 체험을 추구하는 것이 관광의 특성이며, 이러한 동기는 문화적 환경에 영향을 주게 될 것이다. 그러나 문화를 상품화하는 추세는 전통적인 문화의 파괴와 변형적인 상품으로 변질되어 문화적 가치를 파괴하는 우려가 발생할 수도 있다.

문화 트렌드

주요 트렌드	세부 트렌드
신한류	• 한류 열풍의 확산 • 음악(K-Pop), 드라마, 영화, 게임 등과 같은 문화 관련 콘텐츠
문화마케팅	• 미디어 문화 마케팅의 글로벌화 • 문화예술 가치의 중요성 확대 • 라이프 밸런싱(life balancing)을 위해 추구하는 가치 변화 • 엔터테인먼트 · 문화콘텐츠 소비자 증가 • 다운시프트(downshift) 문화의 확산 • 로하스(LOHAS, 환경친화적) 문화를 추구하는 소비자 증가
창조산업	• 서적, 영화, 음악, 소프트웨어 등 관련 산업 • 디자인, 패션, 영화, 비주얼 아트(visual arts), 광고, 건축 등 문화 · 예술 산업

자료 : 심원섭, 미래관광환경변화와 신 관광정책 방향, 한국문화관광연구원, 2012, pp. 91, 119-125를 참조하여 작성함

로하스(LOHAS)

로하스(LOHAS : Lifestyle Of Health And Sustainability)는 개인의 건강뿐만 아니라 사회의 지속 성장을 추구하고 환경을 생각하는 생활 스타일을 의미한다. 건강과 환경의 공존을 위해 자원 가치를 보호 보전하여 후손에게 물려주는 것을 추구한다. 로하스족은 상업화된 웰빙(well-being)문화에 대한 반성과 친자연, 웰빙 트렌드를 주도할 소비 세력으로 등장하게 되었다.

5. 생태적 환경

인류문명의 발전과 더불어 표출된 인구의 증가는 자연자원에 대한 과도한 수요를 유발하고 있으며, 빈곤한 국가와 개발도상국가는 생존경쟁이 치열해지고 있고 선진국의 대량소비는 인류의 생존과 번영의 기반이 된 세계자원을 파괴, 훼손시킴으로써 지구 생태계에 많은 영향을 주고 있다.

특히 관광과 관련하여 환경은 관광객 유인에 필수적인 자연자원·문화자원에 대하여 관광적 가치를 부여하고 있기 때문에 환경의 보호는 관광의 장기적인 발전을 보장하는 가장 중요한 요소가 되고 있다. 오늘날 관광목적지로 성공한 대부분은 물리적 환경의 청결성과 환경의 보호, 지역의 특성이 명확하게 구분되는 문화적 패턴을 갖추고 있는 곳이다.

환경보호와 관련되는 관광산업을 적극적으로 개발·장려해야 하며, 관광산업을 위해서는 중앙정부와 지방정부가 공동으로 지방·지역의 환경파괴를 유발하는 개발을 자제하고 민간자본의 관광개발을 환경보호의 차원에서 규제할 필요성이 있다.

무분별한 개발과 세계 주요 지역의 자연환경 파괴는 수질·대기오염이 심각한 문제로 대두되고 있다. 이는 그린라운드(GR : Green Round)의 인식 확산과 자연환경 보호를 위한 관심 증대, 환경기술의 개발과 환경보전을 위한 범세계적인 기술을 축적하게 하고 환경보호에 대한 압력을 더욱 증대시키게 되었다.

개발도상국들은 경제개발을 위한 정책의 일환으로 관광을 최상의 경제성장 도구로 인식하고 있으며, 관광에 대해 더욱 현실적인 접근을 하기 시작했다. 개발도상국들은 '최적의(optimum),' '지구력 있는(sustainable)' 관광을 추구하게 되었으며, 이는 경제·사회·문화·환경적 관심사를 고려한 것이다. 이러한 목적을 위해서 관광 발전에는 포괄적이고 종합적인 계획이 필요하다. 따라서 환경보호 운동 등의 확산과 친환경 상품이 개발되고 있다.

환경 트렌드

주요 트렌드	세부 트렌드
지구환경의 변화	• 기후 협정과 환경변화 • 지속 가능한 개발논리 확산 • 환경보전과 개발의 통합적 접근
에너지 절감 및 자원 활용의 가치 제고	• 에너지 절약 추구형 소비 증가 • 에너지 절약형 스마트 시티(smart city)에 대한 관심 증대 • 대체 에너지 개발 확대 • 업사이클링(upcycling) 문화 확산
기후변화 대응노력 강화	• 자연재해 확산 및 피해 증가 • 녹색성장을 위한 국제협력 강화 • 산업계 비즈니스 성장동력으로 녹색산업의 성장
친환경 패러다임 확산	• 일상생활에서 친환경적 삶의 추구 • 친환경 소비 증대

자료 : 김향자, 제3차 관광개발기본계획 수립을 위한 기초연구, 2009, p.46 ; 최경은·안희자, 최근 관광트렌드 분석 및 전망, 한국문화관광연구원, 2014, p.76을 참고하여 작성함

6. 기술적 환경

정보기술의 발전으로 세계 각국에서는 정보를 이용한 상품판매가 가속화되고 있으며 정보의 양은 급속도로 증가하고 있다.

선진국에서 노동인력의 대부분은 정보를 다루는 직업에 종사하고 정보기술은 기업의 경영, 국가관리 등 사회 전반에 걸쳐 지대한 영향력을 발휘하고 있으며, 관광산업의 환경 등을 변화시키는 전략적인 자원으로 부상하고 있다.

사람들의 여가와 관광에 대한 욕구 증가와 산업 및 기술에서도 그 경향이 변해가는 유비쿼터스(ubiquitous) 환경이 조성되었다. 온라인(on-line)·오프라인(off-line)이 통합되고 그 경계가 불분명해지고 있으며, 서비스 위주의 경제로 전환되는 체제를 갖추게 되었다.

관광상품은 일반 제품과 달리 구매 시점에서 직접 눈으로 확인할 수 없기 때문에 관광산업에서 정보가 차지하는 역할은 다른 산업에 비해 높다고 할 수 있다. 더욱이 현대의 관광객은 여행경험이 풍부해졌으며, 다양한 동기와 특별한 목적을

갖고 여행을 떠나기 때문에 기존의 정태(靜態)적 정보에는 만족하지 않고 보다 동적(動的)이고 깊이 있는 정보를 요구하고 있다.

소비자의 정보 욕구에 대응하기 위해서 관광기업들은 고도의 정보기술을 바탕으로 한 차별화된 관광서비스를 제공해야만 한다. 관광산업에서의 정보기술은 관광기업의 업무 효율성 증진 및 서비스 질(質)의 향상에도 기여하고, 새로운 서비스 개발을 통해 고객 만족의 극대화를 추구하는 강력한 수단이 되고 있다.

기술 트렌드

주요 트렌드	세부 트렌드
SNS의 무한 확장	• SNS(Social Network Services/sites)의 일상 생활화 • 정보 민주주의 확산 • 클라우드 소싱(cloud sourcing)의 발달 • 온라인 사생활 보호 중요성 확대
초연결사회로의 진전	• 사물 인터넷(IoT : Internet of Things) 확산 • 빅 데이터(big data)의 영향력 강화 • 클라우드(cloud) 서비스의 확산 • 가상세계로 이어지는 넓은 생활 영역 • 인터넷 엘리트(Internet Elite)의 등장
모바일의 심화	• 디지털 노마드(digital nomad)시대 도래 • 증강 인류(augmented humanity)로 진화
ICT 기반 융합산업 확대	• ICT(Information and Communications Technology) 기반산업 활성화 • 창의성에 기반을 둔 스타트 업체 증가

자료 : 최경은·안희자, 최근 관광트렌드 분석 및 전망, 한국문화관광연구원, 2014, p.74를 참고하여 작성함

디지털 노마드(Digital Nomad)

디지털(digital)과 유목민(nomad)을 합성한 단어로 프랑스의 자크 아탈리(Jacques Attali)가 '21세기 사전에서 처음 소개한 용어(1997)이다. 주로 장소에 상관하지 않고 여기저기 이동하며 노트북이나 스마트 폰 등으로 업무를 보는 사람을 표현한다. 일과 주거에 있어 땅에 뿌리 내리고 토박이로 살며 정체성과 배타성을 지닌 민족을 이루기보다는 어떤 정해진 형상이나 법칙에 구애받지 않고 바람이나 구름처럼 이동하며 정착하여 살아가는 정주민의 고정관념과 위계질서로부터 해방된 유목인을 의미한다.

증강인류(Augmented Humanity)

스마트 폰 도입 초기에 유행했던 '증강현실(Augmented Reality : AR)'의 개념을 확장한 것으로 음성 인식, 자동 번역 등을 통해 외국어를 배우지 않고도 서로 다른 언어를 쓰는 사람들끼리 의사소통할 수 있는 기술을 대표적으로 제시하였는데, 미래에는 사람이 하기 어려운 일은 컴퓨터가 처리해 줄 것이라는 의미이다. 스마트 폰이 제공하는 정보를 이용해 인간의 능력을 확장시킨다는 개념으로 스마트 폰을 가진 사람은 인터넷과 연결돼 이전에 할 수 없었던 일을 할 수 있게 된다는 의미이다.

7. 법·제도적 환경

관광을 전략적 사업(strategic business)으로 육성하기 위해 국가 및 공공단체의 정책 방향 설정은 관광에 직접적인 영향을 미치는 요인이 된다. 관광활동에 직접적인 영향을 미치는 환경으로 법률적 환경(legal government)이 있는데, 이를 정부환경 또는 행정적 환경(government environment)이라고도 한다.

행정부는 정책 결정에도 참여하고 정책결정 기능이 확대됨으로써 가치판단의 개입에 따른 재량권과 자주성이 커지게 되었다. 행정기능의 확대와 행정권의 강화 그리고 행정재량권은 권한 행사를 하는데 경제 관료의 영향력 정도가 증대되면서 바람직하지 못한 권력 남용 및 무책임한 행정행위의 가능성이 커지고 있다. 또한 공정성의 결여와 형식적이고 행정 편의적인 역기능이 발생하고 있다.

국가가 추구하는 목표를 달성하기 위해서는 지원적 성격을 가질 수도 있지만, 이에 부합되지 않을 경우 강력한 규제적 성격을 갖게 된다. 정부의 규제업무는 시장의 내적 요인뿐만 아니라 정치·경제·사회적 요인을 고려하여 수행하게 되는데, 이는 오히려 행정기능에 정부의 규제를 강화하는 요인으로 작용하기도 한다.

많은 국가에서는 환차 손해보험, 관광사업을 위한 용지매입 및 개발비 지원, 호텔 개보수 비용의 융자와 같은 금융지원을 하고 있다. 그러나 이와 반대로 일부 국가에서는 정부의 재정적자로 인하여 관광이 새로운 세금의 표적이 되기도 한다. 즉 각종 관광시설, 서비스에 대해 세금이나 요금을 부과하고 심지어 관광을 '사치 상품'으로 인식하여 차별 과세하고 이를 확대하려는 사례가 발생하고 있다.

제**3**절 ┃ 미시적(微視的) 관광환경

1. 관광마케팅 · 홍보

정보화 환경의 폭이 넓어지면서 최첨단 기술에 의한 관광홍보에 관심이 높아지고 있다. 국가나 도시별로 이루어지는 다양한 목적지의 홍보, 마케팅 노력을 로케이션 브랜딩(location branding)으로 개념화하고 있으며, 이를 종합적인 인지도 관리모델이라고 할 수 있다.

마케딩 활동의 목적은 이미지 전달을 통해 관광객을 유치하고자 하는 것이며, 이미지 광고를 비롯한 홍보 활동이나 각종 이벤트를 개최하여 알리려고 노력하는 것은 관광에서의 경쟁력을 높이기 위한 의도라고 할 수 있다.

관광은 이미지를 활용하여 교류를 증진하고, 직접방문을 통해서 보고, 느끼며, 감명받는 과정을 통해 새로운 사실을 발견하고 잘못 형성된 이미지를 변화시키는 중요한 역할을 한다. 관광하는 목적지까지의 먼 거리도 이미지를 활용한 홍보는 심리적 거리를 단축시키는 역할을 하는 산업이 바로 관광이 될 수 있기 때문이다.

관광홍보는 방문객들을 대상으로 한 전략이 최우선 과제이자 필수였다. 이로 인해 그동안 대부분의 관광은 외지(外地) 방문객을 위한 것으로 인식되어 왔으며, 관광객은 손님 입장에서 주민보다 우선해서 배려되어야 한다는 사고가 일반적이었다. 그러다 보니 관광산업은 수입을 목적으로 외지인에게 보여주기 위한 관광, 잘 포장되어 화려한 모습으로 손님을 맞는 형식적인 관광에서 벗어날 수 없었다.

관광의 이미지는 만드는 것이 아니라 만들어지는 것이다. 따라서 주민들이 고장의 독특성과 특징을 관광객들과 공유하면서 관광객을 맞이하는 개념으로 발전되어야 한다. 관광사업은 관광객을 위해 주민이 불편함을 감수해야 하는 사업이 아니라 주민의 자존심을 회복시켜 줄 수 있는 사업도 되어야 한다.

지역과 도시에 대한 애정과 자부심이 없다면 자연자원과 문화자원, 산업자원 등과 같은 자원의 가치를 방문객에게 자랑하고 설명할 수 없다. 그러면 방문객이 방문할 이유가 없을 것이다. 따라서 지역 및 도시에 대한 자부심을 가진 곳에서 더 강한 감동을 받는 것은 주민들의 문화에 대한 애정에서 비롯된다는 인식이 필요하다. 지역주민들의 고장 사랑이야말로 가장 큰 홍보 전략일 것이다.

관광객의 욕구는 다양해지고, 정보를 쉽게 획득할 수 있는 시대가 되어 관광업체 간의 경쟁은 더욱더 치열해졌기에 마케팅은 중요한 역할을 하게 될 것이다. 관광산업의 세분화와 전문화로 인하여 유통혁명을 가져왔으며, 상품을 홍보하기 위한 마케팅 활동은 일반 마케팅보다 고차원적인 통합마케팅(total marketing)이 요구된다. 관광객 유치와 관련된 기관 및 업체에서는 관광마케팅 활동을 위한 예산 확보와 전문가를 고용하는 것이 필수적인 시대가 되고 있다.

2. 관광상품

관광상품은 소비자의 욕구와 성향에 초점을 맞추는 상품을 개발하게 된다. 사회, 경제, 환경, 기술, 정치적 환경이 급속도로 변화하고 있으며, 관광부문 역시 다양한 변화를 겪고 있다. 현대사회에 Z세대(1990-2010년대 초반)와 밀레니얼(millennial) 세대의 등장, 일과 삶의 균형을 추구하는 인식, 근로시간의 단축으로 인한 여가 시간의 증대와 공유경제 확산, 4차 산업혁명에 따른 기술진보, 기후 변화와 지속가능성에 대한 인식, 글로벌 정치·외교 환경변화 등으로 여행행태 등에 많은 변화가 나타나고 있다.

관광객들의 여행경험 증가는 여행 동기부터 정보 획득 방법, 목적지 선택, 활동, 소비 지출 등에 이르기까지 전반적인 관광 트렌드에 큰 영향을 미친다.

여행으로 종전보다 더 쉽고 편리하게 정보를 얻게 되었으며, 다양한 수단으로 여행지로 이동할 수 있고 자기가 원하는 때 원하는 여행을 할 수 있는 여건이 조성되어 관광은 이제 특별한 이벤트가 아니라 여가의 일부분이라는 인식이 강화되고 있다.

여행 트렌드 변화를 이끌어갈 핵심시장은 밀레니얼 세대뿐 아니라 Z세대로 확장되었고, 고령 인구의 구매력과 활동성을 겸비한 뉴시니어(new senior)층이 관광 소비시장으로 부상하고 있다. 미래의 관광상품은 주제(theme)와 행위(activity)라는 두 가지 특성을 고려한 상품개발에 초점을 맞추게 될 것이며, 관광정책도 하드

웨어 중심에서 소프트웨어로 전환될 것으로 예견하고 있다.

주문(order)에 의한 신축성 있는 여행상품이 기획되고 개성이 고려되지 않은 기존의 획일적인 단체관광(group tour) 및 패키지(package tour) 형태의 여행상품이 점차 감소할 것으로 예상한다.

미래 여행상품

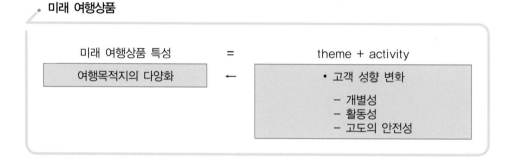

기술 발전으로 인해 관광영역에서 나타나는 트렌드는 '여행 플랫폼 비즈니스의 성장과 관광지형 변화'를 꼽을 수 있다. 여행서비스 유통구조는 플랫폼을 기반으로 급속하게 전환되고 있으며, 관광소비 트렌드뿐만 아니라 관광산업 지형에도 많은 변화를 야기하고 있다. 여행객의 측면에서 플랫폼 비즈니스는 똑똑한 소비자의 등장이라는 사회 · 문화 트렌드와 맞물리면서 급속도로 성장하고 있다.

플랫폼 비즈니스의 성장은 소비자의 선택을 확대하여 개인 여행의 증가, 모바일 플랫폼을 이용한 정보 탐색, 상품 예약, '경험'을 공유함으로써 여행행태의 변화에 많은 영향을 주고 있고, 고객의 개성, 활동성, 고도의 안전성을 확보한 상품이 소비자가 선택하게 되는 필수적인 과제가 되고 있다.

3. 관광개발

관광을 발전시키기 위해서는 관광 계획과 개발은 필요한 과제이다. 관광개발은 관광을 적극적으로 진흥시키기 위한 과정으로서 관광자원 특징을 부각시키고 관광편익을 증진하여 관광객을 유치하기 위한 사업이다.

정부의 관광 진흥 전략회의에서는 관광 진흥을 위한 주요 추진 전략으로 관광개발 정책을 포함하고 있으며, 주요 내용은 지역관광 역량 강화 및 지역특화 콘텐츠 발굴, 계획 공모형의 관광개발, 지역 관광거점 및 관광콘텐츠에 집중 투자한다는 것이다.

관광개발 정책에는 지역의 고유성을 기반으로 한 특화 관광개발을 도모하고 있으며, 정부 주도의 톱다운(top down)방식이 아닌 지역의 주도로 개발하는 방안은 지역의 경쟁력을 강화하기 위한 정책이다.

관광시장의 수요증가에 따라 중앙과 지방, 공공과 민간 차원에서 각종 관광지역 개발 및 시설 공급이 급증하고, 낙후지역·침체도시에 대한 경제개발 전략으로 다양한 관광개발 사업을 통해 지역 주도의 개발계획을 수립·실천하기 위한 정책으로 전환되고 있다.

관광개발은 입지가 중요하며, 도서·해안·저습지·유휴지 등을 활용하는 방안이 필요하다. 새로운 관광개발의 추세는 휴양지 개발·각종 주제공원·도시형 관광지 등을 비롯하여 골프장·경마장·경주장·노인휴양촌·문화센터 등과 같은 다양한 시설의 확충도 개발에 포함된다. 국제화된 도시로 성장하기 위해서는 컨벤션의 유치 및 센터의 건립, 국제 간·도시 간 운송 수단의 다양화, 지방 공항들의 역할이 중요하다. 이를 강조하는 것은 지역의 관광을 발전시키는 데 중요하기 때문이다.

자연과의 접촉을 통한 모험, 생태관광 등의 선호도가 높아지는 트렌드의 변화는 국·내외 관광에서 나타나는 공통적인 현상이다. 도시가 아닌 지역의 자연환경과 고유한 문화 자체뿐 아니라 다양한 축제와 행사 등을 찾는 관광객 수가 증가하고 있다. 관광객 스스로가 관광 가치를 창출하는 능동적 창조관광으로 전환되고 있으며, 지역 곳곳에 알려지지 않은 목적지들을 관광객들이 직접 찾는 소비자 주도형 관광 추세가 많아질 것으로 전망된다.

관광개발을 통한 지역경제 활성화는 회생과 복원을 위해서 불가피한 정책이며, 지역을 찾는 관광객이 만족할 수 있도록 하는 것이 무엇보다 중요하다. 트렌드 변화에 부응하고 관광객을 분산하기 위한 정책은 우리나라 관광이 당면한 과제이며, 관광의 활성화를 위해서는 관광개발이 필요하고 방향 설정이 중요하다.

관광개발의 유형

기준	관광개발 유형
자연자원 활용	산악, 해안, 온천, 동굴, 해수욕 등
문화자원 활용	유·무형 관광자원, 문화재, 역사적 건축물, 유적지, 생활관습, 풍속, 유물 등
교통편 활용	접근성 개선 및 교통수단의 확충
지명도 활용	이미지를 연상하게 하는 개발
대상 창조형	기존 및 신규자원에 특별한 인공적 시설 확충
지역산업 활용	특화산업(농·임·어업, 특산품, 향토 음식, 문화 축제 등) 등

자료 : 고석면·김영호·김재호·고주희, 관광학개론, 양림출판사, 2024, p.256

4. 관광인력

세계 인구의 변화는 산업사회의 노동력 제공 차원에서 매우 중요한 요소가 되고 있다. 오늘날 젊은 층 인구 비율이 감소하는 선진국에서는 양질의 노동인력 확보 문제가 심각해지고 있으며, 인구정책은 관광산업에서도 중요한 문제로 부각되고 있다. 관광분야는 사람이 중심이 되는 노동집약적 산업이다. 따라서 관광분야로의 노동력 유인을 위한 근무조건, 이미지 향상을 위한 전략 개발이 중요한 문제로 대두되었다.

국제노동기구(ILO : International Labour Organization), 세계관광기구(UNWTO), 유엔 아시아·태평양경제사회위원회(ESCAP : United Nations Economic and Social Commission for Asia and the Pacific) 등의 국제기구에서도 고령화와 노년 보장을 위한 분석과 정책 방향을 제시하고 있다.

급격한 인구 고령화로 인한 관광인력의 부족 문제는 인구 증가가 둔화하거나 감소하여 노동력 부족이 심화되는 가운데 관광산업은 향후 신규 인력의 확보가 어려워질 것이라는 전망이며, 정보화 사회의 진전으로 인한 노동력 대체 등 인력 수급의 불균형 현상은 중요하게 인식해야 할 시대적 과제가 되었다.

노동력 부족과 관광산업 분야의 인재 고용을 위한 필요성이 대두되었으며, 일부 국가에서는 관광산업에서 필요한 전문 기술을 가르쳐줄 만한 교육기관이 충분하지 않으며, 노동시장에 대한 국가의 개입도 적다. 그러나 관광분야의 노동시장이 일반적 규제로부터 영향을 받지 않는다는 것은 아니다. 다만 최저임금, 근로시간과 근로조건, 이민에 대한 제한 등이 노동력의 공급과 가격에 큰 영향을 끼치고 있다는 것이다.

국제노동기구(ILO)에서도 '훈련은 그 자체가 목적은 아니지만 향상된 직원의 능력을 통해 생산성을 증대시키기 위한 것'이라는 취지하에 훈련을 통한 관광산업의 생산성 향상을 위한 각종 지원방안을 모색해야 한다고 언급하고 있다.

관광산업에서 필요로 하는 인력을 확보하기 위해서는 교육훈련에 필요한 재정확충과 지원할 조직을 설립하여 인재양성을 위한 프로그램을 마련해야 한다는 것이다.

관광산업은 인력의 불균형에서 초래할 수 있는 직업적 이민 수요의 증가와 직업목적의 인구 이동의 증가는 많은 국가에서 겪게 되는 사회적 이슈가 되었으며, 이주민들을 위한 고국방문이라는 특수 관광상품(ethnic tourism)도 증가하게 될 것으로 예견하고 있다.

일부 국가이기는 하지만 인력의 불균형에서 오는 채용의 어려움은 관광사업 경영자에게 심각한 위험요소가 되고 있으며, 양질의 직업을 찾는 젊은 층은 고용 불안으로 이어지기도 한다. 관광분야는 고객의 욕구에 맞는 상품과 서비스를 제공하기 위해 인력 확보 및 양성에 관심을 가져야 하며, 인력 수요의 변화에 능동적으로 대처하는 방안을 수립할 필요가 있다.

5. 환대서비스

관광과 관련된 사업에 종사하는 사람들은 친절과 서비스 정신이 매우 중요하다고 인식하고 있다. 환대(歡待)란 환영하고 대접한다는 의미이며, 일반적으로 표현하는 용어는 호스피탤리티(hospitality)로서 이는 현대어에서는 병원을 뜻하지만 중세기에는 '여행자의 숙박소(宿泊所)'라는 의미가 내포되어 있다. 관광사업은 관광객에게 서비스를 제공하는 영리 기업이고, 서비스는 관광객에게 중요한 영향을 끼치며, 관광지에서의 환대정신과 서비스의 품질은 관광사업의 성공여부와 직결된다고 하겠다.

방문객에 대한 예의와 친절, 진지한 관심, 봉사하고 친해지려는 정신 그리고 따뜻하고 우정 어린 표현들은 환대산업에서 중요하며, 기본적인 태도라는 생각을 갖게 해준다. 서비스의 핵심은 상대방에 대한 기본적인 이해와 정신으로 서로가 감사하는 마음자세를 갖는 것에서 출발해야 한다.

관광산업은 인적 서비스자원을 중심으로 이루어지는 사업으로 다른 산업에 비해 인적 자원 구성비가 높고 중요하며, 훌륭한 안내, 쾌적하고 안락한 숙박시설, 맛있고 특색 있는 다양한 서비스의 제공은 관광의 핵심요소가 되었다. 즉 여행사의 가이드, 호텔 종사원, 식당의 종사원, 판매원, 오락시설 종사자 등 방문객들과 직접 접촉하는 모든 종사자에 대한 교육이 중요하다고 하겠다.

많은 국가에서는 관광분야의 인력을 양성하기 위해 자격제도를 도입하고 심도 있는 교육을 실시함으로써 국가 및 지역사회의 이미지를 향상·개선하는 데 노력하고 있다. 인구의 감소는 환대산업에도 많은 영향을 끼치고 있으며, 서비스 교육의 정착과 훈련방법의 개발, 전문지식과 기술향상을 위한 투자, 주인의식의 고취, 종사원의 사기앙양 및 근무의욕 고취를 통한 이직률의 방지를 위한 노력과 경영자층의 인적 자원에 대한 관심과 배려가 요구된다.

6. 투자환경

투자의 목적은 투자에 따른 수익성의 확보와 성과 그리고 회수에 있다고 할 수 있으며, 투자환경을 조성하는 것은 관광에 있어 주요한 사업이 된다.

관광은 관광객이 관광활동을 하는 과정으로 관광객의 이동을 가능하게 하는 운송수단과 목적지에서 관광활동을 할 수 있는 다양한 시설들이 필요하며, 국가의 관광환경은 인프라(infra) 확충을 위하여 제도적 기반이 구축되어 운영되고 있는지가 평가의 기초가 된다.

인프라의 확충은 국가 경쟁력 강화를 위해 추진되는 사업이며, 도로, 철도, 항만,

공항과 같은 국가 기반시설의 건설은 중요한 투자 계획이다. 기반시설은 공공투자 사업의 성격으로 많은 예산이 장기간 지속적으로 투입되어야 하며, 투자할 때에는 직접적인 수익보다는 이용객들의 편의를 위한 시설 효용성에 비중을 두게 된다.

관광객은 새롭고 신기한 것을 끊임없이 추구한다. 사회·문화, 경제적 환경은 관광객들의 관광·여가 형태에도 영향을 미치게 되었으며, 유적지, 명승고적 등을 단순히 탐방하는 수준에서 벗어나 휴양, 스포츠, 체험 등의 오감(五感) 만족을 추구하는 형태로 변화하고 있다.

트렌드 변화에 부응하는 것은 관광의 잠재력을 확보하는 것이며, 관광객에게 상품을 판매하기 위해서는 판매자(seller)로서 무엇인가를 소유하고 있어야 한다. 관광 공급자는 자원의 매력성(attraction), 접근성(accessibility), 수용태세(accommodation)가 확보되어야 관광 목적지로 발전할 수 있는 조건이 되며, 개발이라는 과정이 수반되어야 하고 투자에 따른 재원의 확보는 중요한 관건이 된다.

관광산업에 대한 투자는 자금의 회수 기간이 비교적 길고, 토지 등 부동산에 대한 투자를 전제로 하고 있어 사업 초기의 인·허가, 건설, 사업 투자자의 복합적 구조로 인하여 사업의 위험(risk)부담이 크다는 것이다. 따라서 위험부담을 극소화하고 투자를 유도하기 위해서 다양한 정책들을 시행하게 되었으며, 관광산업에 대한 각종 규제를 정비하고 세제 지원 혜택, 개발관련 절차를 통합하여 간소화시키고 있다.

중앙정부는 예산의 한계로 직접투자 방식에서 민간투자 유인책 또는 간접·공동 투자방식으로 전환하게 되었으며, 투자 활성화를 위해서 중앙정부는 입법·조정·계획·지원기능을 확대하고 있다. 중앙정부는 지역 균형과 관광 발전을 위한 방안으로서 행정 집행 권한을 지방정부에 위임하여 투자 환경을 조성하기 위한 정책을 시도하였다.

중앙정부의 투자가 감소함으로써 민·관 합동방식(제3섹터 개발)의 도입이 확대되었고, 대기업 또는 전문회사, 지역민 등에 의한 민간투자, 민간 잠재능력을 활용한 투자 여건을 조성하고 있는 것이다.

지방 분권화의 가속화는 지방정부가 지역발전을 위해서 무엇인가를 해야 하는 상황에 있으며, 재정을 확충하는 것이 중요한 관건이 되었다. 지역의 관광발전을 위해 일부 지방정부는 지방관광공사(RTO)를 활용하여 투자 활성화를 유도하고 있지만 개발에 따른 부담이 증가할 수밖에 없으며, 지방정부에서 투자 유도 및 활성화를 위한 환경이 법·제도적으로 조성되어 있는지에 대한 검토가 필요하다.

고석면 · 김영호 · 김재호 · 고주희, 관광학개론, 양림출판사, 2024.

김남조, 지역중심형 관광개발 체계평가와 향후과제, 한국문화관광연구원, 2007.

김선용, 관광산업 펀드 조성 및 투자운용방안, 한국문화관광연구원, 2007.

김용근, 지역발전에 있어서 관광의 역할, 한국문화관광연구원, 2007.

김향자, 제3차 관광개발기본계획 수립을 위한 기초연구, 2009.

박경열, 2020 관광개발 전망, 한국관광정책연구, 한국문화관광연구원, 2019.

박주영, 2020-2024 한국관광트렌드 전망, 한국관광정책연구, 한국문화관광연구원, 2019.

심원섭, 미래관광환경변화와 신관광정책 방향, 한국문화관광연구원, 2012.

안종윤, 관광정책론(공공정책과 경영정책), 박영사, 1997.

안해균, 정책학원론, 다산출판사, 1991.

유기준, 2020 지역관광과 전망, 한국관광정책연구, 한국문화관광연구원, 2019.

이선희, 관광마아케팅개론, 대왕사, 1998.

이원희 · 박주영 · 조아라, 관광트렌드 분석 및 전망(2010-2024), 한국문화관광연구원, 2019.

이태희, 외래 관광객 유치를 위한 홍보/마케팅의 효율성 확보방안, 한국문화관광연구원, 2007.

이태희, 한국관광정책의 허와 실, 국회관광발전연구회 · 한국관광포럼 발표논문집, 1998.

이학종, 전략경영론, 박영사, 1994.

이항구, 관광 법리학 논총, 백산출판사, 1993.

정기영 편저, 서비스 경영, 신지서원, 2008.

최경은 · 안희자, 최근 관광트렌드 분석 및 전망, 한국문화관광연구원, 2014.

한국관광공사, Tourism Technology 비전 및 중장기 전략수립, 2005.

교통개발연구원, 관광 진흥 중장기 계획에 관한 연구, 1990.

V. Poon, Flexible Specialization and Small-size : the Case of Caribbean Tourism, World Development, 1990.

Colin Michael Hall, Tourism and Politics, John Wiley & Sons, 1994.

Elliot James, Political, Power and Tourism in Thailand, Annals of Tourism research, Vol. 10, No. 3, 1983.

Heath, Emnie & Geoffrey Wall, Marketing Tourism Destination : A Strategic Planning Approach, John Wiley & Son, Inc., 1992.

K. Waren, There Search for Administration Responsibility, PAR, Vol. 34, No. 2, 1973.

M.S. Gertler, Flexibility Revisited Districts, Nation-states and the Forces of Production, Transaction, The Institute of British Geograpers, Vol. 17, 1992.

Michael, E. Porter, The Structure within Industries and Companies Performance, Review of economics and statistics, Vol. 61, 1979.

R. Miewaid, Public Administration : A Critical Perspective, McGraw-Hill, 1978.

World Tourism Organization, Sustainable Tourism Development : Guide for local Planners, A tourism and the Environment Publications, 1993.

저자약력

고석면

現 인하공업전문대학 관광경영학과 명예교수
    인천관광공사 연구업무 심의위원
    안전여행상품 심사위원
    관광산업 활성화 전문위원
    호텔업 등급평가 위원

경기대학교 관광경영학과(경영학 학사)
경희대학교 경영대학원 관광경영학과(경영학 석사)
경기대학교 대학원 관광경영학과(경영학 박사)
한국관광협회중앙회 호텔 및 기획조사부
인천광역시 관광진흥위원회 위원
국가직무능력(NCS) 여행상품 개발위원
국가직무능력(NCS) 식음료서비스 개발 심의위원
인천관광공사 평가위원
한국관광학회 평생회원
한국호텔외식경영학회 평생회원

[저서]
관광학개론(양림출판사, 2023)
호텔경영정보론(백산출판사, 2023)
호텔경영론(기문사, 2019)
호텔회계(대왕사, 2019)
식음료관리(대왕사, 2019)
관광정책론(대왕사, 2018)

[논문]
한국관광호텔업의 투자환경에 관한 연구
한국관광산업의 진흥방안에 관한 연구 외 다수

고종원

現 연성대학교 호텔관광전공 교수(학과장)
    주제여행포럼 공동위원장

인하대학교 불어불문학과(문학사)
경희대학교 경영대학원 관광경영학과(경영학 석사)
경희대학교 대학원 국제경영전공(경영학 박사)
천지항공여행사, 계명여행사 해외여행부 부서장
오네뜨(Honnete) Tour 대표
서울시 인바운드 활성화/수용태세 시정/외국인
    관광객 유치 자문
한국능률협회 등록전문위원
프랑스 kov commanderie(와인기사작위)
한국관광서비스학회 부회장, 편집위원
국제관광무역학회 수석부회장
한국여행발전연구회 고문

[저서]
세계의 축제와 관광문화(신화, 2018)
복합리조트(기문사, 2017)
와인의 세계(기문사, 2017) 외 다수

[논문]
한국관광기념품의 국제경쟁력 제고에 관한 연구
기독교 성지순례를 통한 건전관광상품에 관한 실
    증적 연구 외 다수

김재호

現 인하공업전문대학 관광경영과 교수
    국가균형발전위원회 문화관광 전문위원
    국무총리실 접경지역 심의위원
    문화체육관광부 관광거점도시 조정위원
    문화체육관광부 근로자휴가지원사업 운영위원장
    문화체육관광부 관광자원개발 제도개선 자문단
    국토교통부, 해양수산부, 농림축산식품부, 한국관광
        공사 정책자문위원
    관광통역안내사, 국외여행인솔자, 문화관광해설사,
        국내관광안내사 교육강사
    한국관광공사 시민참여단 전문위원
    여행칼럼니스트(여행작가) 활동

경기대학교 관광개발학과 졸업(관광학 박사)
20년간 관광 관련 공공 및 민간기업에서 근무
관광호텔 등급심사위원
한국문화관광연구원 관광연구실 위촉연구원
(주)디이파트너스 관광컨설팅실 실장

한국관광공사 관광컨설팅팀 전문위원
한국관광학회 제도개선위원장

[논문]
The Effects of Tourism Ritualization, Ritual
    Performance on Tourism Satisfaction
섬 관광객의 관광동기와 방문 후 태도에 미치는 영향
폐철도 활용 관광시설 이용자의 재방문행동 연구
유네스코 세계문화유산의 관광자원개발 지표에 관한 연구
재난사고에 따른 크루즈관광 위험지각과 태도의 차이분석
관광수용태세 경쟁력 요인이 관광 후 태도에 미치는 영향
관광캠페인의 인지도와 태도, 여행의도에 관한 연구

서영수

現 (주)지디투어 이사
　(주)고려투어 대표이사
　선문대학교 글로벌관광학과 겸임교수

세종대학교 관광대학원 호텔관광외식경영학과 석사
한양대학교 일반대학원 관광학과 박사 수료
(주)한국여행사, (주)미도파관광, (주)고려관광, (주)KBC여행
　사, (주)투어박스 해외영업부 이사 근무
한양대학교 호스피탈리티 전임강사
한국관광학회 회원
한국레저관광학회 회원
한국호텔외식관광경영학회 회원
한양대학교 관광연구소 회원
한국관광진흥학회 회원

[논문]
확장된 계획행동이론을 적용한 사회적 자본과 주민참여의도
　관계분석
계획행동이론(TPB)을 적용한 농촌관광개발사업의 주민참여
　에 관한 연구
산악회 참여자의 여가몰입이 여가만족과 생활만족에 미치는
　영향
실버관광객의 관광위험지각이 정보탐색행동과 관광만족에
　미치는 영향
기업 출장 지정여행사의 업무효율성이 구전의도, 재이용의
　도에 미치는 영향 외 다수

유을순

現 동서울대학교 항공서비스학과 교수

경북대학교 윤리교육과(문학사)
단국대학교 대학원 관광경영학과(경영학 석사)
경기대학교 대학원 외식산업경영전공(외식경영학 박사)
관광경영학회 학술이사
식공간학회 학술이사

[논문]
호텔조리종사자의 환경의식적 변수가 친환경경영활동
　수용의도에 미치는 영향
환경지식과 환경관심이 친환경 와인 구매의도에 미치는
　영향 외 다수

정연국

現 국립한국해양대학교 교양교육원 교양교육부 크루즈산업
　전공 교수
　한국크루즈교육연구센터 센터장

동국대학교 경영학 학사
경희대학교 경영학 석사
세종대학교 경영학 박사
동의과학대학교 호텔크루즈관광과 정교수
해양수산부 크루즈 전문인력 양성사업 양성기관사업
　책임교수
고용노동부 해양서비스산업 전문인력 양성과정 책임교수
동의과학대학교 크루즈 전문인력 양성사업 사업단장
부산광역시 크루즈 관광통역안내사 양성 지원사업 책임교수
부산관광공사 정책연구용역 심의위원

(사)한국관광학회 제27대 해양 · 크루즈 · 항공위원장
　(부회장)
미국 국제 총지배인 자격증 취득(AH&LA CHA)
부산광역시 크루즈산업 육성 종합계획(2022~2026) 수립
　연구 연구원
2010년 문화체육관광부 장관 표창장
2019년 해양수산부 장관 표창장
2023년 교육부 장관 표창장

[논문]
Service Quality, Relationship Outcomes, and
　Membership Types in the Hotel I

관광사업론

2020년 3월 10일 초 판 1쇄 발행
2022년 2월 25일 제2판 1쇄 발행
2025년 2월 28일 제3판 1쇄 발행

지은이 고석면 · 고종원 · 김재호 · 서영수 · 유을순 · 정연국
펴낸이 진욱상
펴낸곳 (주)백산출판사
교 정 성인숙
본문디자인 오행복
표지디자인 오정은

등 록 2017년 5월 29일 제406-2017-000058호
주 소 경기도 파주시 회동길 370(백산빌딩 3층)
전 화 02-914-1621(代)
팩 스 031-955-9911
이메일 edit@ibaeksan.kr
홈페이지 www.ibaeksan.kr

ISBN 979-11-6567-982-8 93980
값 31,000원